信息类专业湖北高校省级重点实验教学示范中心重点项目

应用型本科信息类实验实训系列教材
主编 鞠剑平 吴斌

Access数据库二级
实训教程

主 编 李翠琳 韩桂华
副主编 张星云 方 洁

WUHAN UNIVERSITY PRESS
武汉大学出版社

图书在版编目(CIP)数据

Access 数据库二级实训教程/李翠琳,韩桂华主编. —武汉:武汉大学出版社,2016.2

应用型本科信息类实验实训系列教材/鞠剑平,吴斌主编

ISBN 978-7-307-17587-7

Ⅰ.A…　Ⅱ.①李…　②韩…　Ⅲ.关系数据库系统—水平考试—自学参考资料　Ⅳ.TP311.138

中国版本图书馆 CIP 数据核字(2016)第 028964 号

责任编辑:罗晓华　　　责任校对:李孟潇　　　版式设计:韩闻锦

出版发行:**武汉大学出版社**　　(430072　武昌　珞珈山)

(电子邮件:cbs22@whu.edu.cn　网址:www.wdp.com.cn)

印刷:武汉中科兴业印务有限公司

开本:787×1092　1/16　印张:21.25　字数:491 千字　插页:2

版次:2016 年 2 月第 1 版　　2016 年 2 月第 1 次印刷

ISBN 978-7-307-17587-7　　　定价:35.00 元

应用型本科信息类实验实训系列教材

编委会名单

主编

鞠剑平　吴斌

编委会（按姓氏笔画排序）

王晓静	方　洁
江文斌	李　旻
李翠琳	朱　毅
陈小常	杜　鹃
林明玉	吴　斌
张胜利	张秋生
张星云	姚三九
韩桂华	彭　莉
詹翠丽	熊才高
蔡书田	鞠剑平

总　序

信息技术的发展日新月异，近几年来，云计算、物联网、大数据等新技术以排山倒海之势席卷全球，这既为信息类专业人才的培养提供了巨大的机遇，也带来一系列的挑战。一方面，社会对信息类专业人才的需求量日益增加，人才能力要求逐渐趋于多样化，很多企业招不到所需要的人才。另一方面，一些信息类专业毕业生由于缺乏解决实际问题的能力、自主学习能力不足，找不到满意的工作。

面对这样的现状，从中央到地方掀起了普通高校向应用型本科转型的热潮。应用型本科专业的教学内容和教学方式应该从人才培养的产出层次，去响应行业市场所需要的专业能力标准的要求。信息类专业应用型本科应致力于培养应用型人才，必须响应和满足信息行业需求的能力标准，重视在校期间使学生获得分析和解决实际问题的能力。

实验是自然科学的根本，是工程技术的基础，是学生对理论知识消化理解、应用于实践的有效途径。信息类专业的实验实训教学是加强学生基本技能训练、培养学生严谨的科学态度、分析问题与解决问题的综合能力以及创新能力的重要环节，在应用型人才培养中起着关键作用。

为了在教学中进一步加强对学生实验技能的培养、提升学生的实验动手能力，我们在信息类专业多年实验室建设和实验实训教学的基础上，组织了一批有着丰富实验实训教学经验的教师编写了这套"应用型本科信息类实验实训系列教材"，希望能对应用型本科信息类专业的实验实训教学质量的提高起到促进作用。

本套系列教材的使用对象是高等院校计算机科学与技术、电子信息工程等信息类专业的本科生，也可作为相关专业的工程技术人员的参考书。

本套系列教材能够最终付梓，一方面获得了信息类专业湖北高校省级重点实验教学示范中心建设经费的资助，特别感谢何艾兵教授和杨夷平教授的大力关怀和支持！另一方面，武汉大学出版社的领导和编辑们付出了大量的艰辛劳动，在此谨向他们表示诚挚的谢意！

编者

2016 年 1 月

前　　言

随着办公自动化系统的广泛应用，数据库技术的基础理论知识和应用技能已经成为高校非计算机专业必须掌握的内容。为了促进学生对数据库的学习，教育部门在全国计算机等级考试中设置了二级 Access 数据库考试科目。

本书紧扣 2013 年计算机等级考试新大纲的要求，对公共基础知识和 Access 考点进行了深入的剖析，以考试大纲涉及的知识点为脉络编写本书内容，重要考点部分都给出了历年考试相关例题，并将基本操作题、简单应用题和综合应用题相关知识点融入到实验操作部分，让学生能够既掌握选择题涉及的理论知识，也掌握相应操作应用能力。

全书共分为四编，第一编为考试指南，介绍了考试的环境和操作流程以及考试涉及的主要知识点。第二编为公共基础，主要介绍了数据结构基础、程序设计基础、软件工程基础和数据库设计基础。第三编为 Access 数据库考点，其中，第 3 章主要介绍了数据库基础知识和 Access 简介；第 4 章主要介绍了建立表、维护表、操作表的方法；第 5 章主要介绍了创建查询和使用查询的方法；第 6 章主要介绍了创建窗体和使用控件设计窗体的方法；第 7 章主要介绍了创建报表的方法；第 8 章主要介绍了宏的创建方法；第 9 章主要介绍了 VBA 模块和编程基础。第四编为上机操作，以实验目的、实验内容与要求、实验步骤和实训练习为主线，介绍了 Access 2010 二级考试涉及的各种操作，其中，实训练习中的题目大多以历年真题为原型，并结合新考纲做了适当的修改。

本书由湖北商贸学院的李翠琳、韩桂华主编，张星云、方洁担任副主编。其中，李翠琳完成了全书的体系结构设计、统稿，并编写了第 1 章、第 5 章、第 6 章和上机操作部分的所有实验，韩桂华负责编写了公共基础部分，方洁负责编写第 3 章、第 4 章，张星云负责编写了第 7 章、第 8 章和第 9 章。

由于作者水平有限，书中难免有错误和不妥之处，恳请读者批评指正。

编者

2015 年 11 月

目　　录

第四编　上机操作

第一编　考试指南

第1章 考试环境与考试简介

1.1 最新考试大纲解读

1.1.1 基本要求

① 具有数据库系统的基础知识。

② 基本了解面向对象的概念。

③ 掌握关系数据库的基本原理。

④ 掌握数据库程序设计方法。

⑤ 能使用 Access 建立一个小型数据库应用系统。

1.1.2 考试内容

(一)数据库基础知识

大纲要求	专家解读
① 基本概念:数据库、数据模型、数据库管理系统、类和对象、事件	
② 关系数据库基本概念:关系模型(实体的完整性,参照的完整性,用户定义的完整性)、关系模式、关系、元组、属性、字段、域、值、主关键字等	考查题型:选择题 选择题主要考查考生对数据库基础知识的了解,此部分出题范围广,在选择题中所占的比重较大,考生需要全面复习
③ 关系运算基本概念:选择运算、投影运算、连接运算	
④ SQL 基本命令:查询命令、操作命令	
⑤ Access 系统简介: ·Access 系统的基本特点 ·基本对象:表、查询、窗体、报表、宏、模块	

（二）数据库和表的基本操作

大纲要求	专家解读
① 创建数据库： ·创建空数据库 ·使用向导创建数据库	
② 表的建立： ·建立表结构：使用向导、使用表设计器、使用数据表 ·设置字段属性 ·输入数据：直接输入数据、获取外部数据	考查题型：选择题、基本操作题 考查的内容大多是 Access 中最基本的知识，大多属于送分题，如：字段的数据类型、设置数据表字体大小、行高、列宽、隐藏或显示字段、添加字段、删除字段、冻结字段、解冻字段、更改表名称、设置主键、设置字段属性、添加记录等
③ 表间关系的建立与修改： ·表间关系的概念：一对一、一对多。 ·建立表间关系 ·设置参照完整性	
④ 表的维护： ·修改表结构：添加字段、修改字段、删除字段、重新设置主关键字 ·编辑表内容：添加记录、修改记录、删除记录、复制记录 ·调整表外观	
⑤ 表的其他操作： ·查找数据 ·替换数据 ·排序记录 ·筛选记录	

(三)查询的基本操作

大纲要求	专家解读
① 查询分类: ·选择查询 ·参数查询 ·交叉表查询 ·操作查询 ·SQL 查询	考查题型:选择题、简单应用题 主要考查查询,包括选择查询、条件查询、参数查询、操作查询、交叉表查询等。 其中,选择查询是最常见的查询类型,它可以从一个或多个表中通过指定条件检索数据,并且按照顺序在数据表中显示数据,还可以对记录进行求和、计数、平均值、最大值、最小值计算
② 查询准则: ·运算符 ·函数 ·表达式	
③ 创建查询: ·使用向导创建查询 ·使用设计器创建查询 ·在查询中计算	
④ 操作已创建的查询: ·运行已创建的查询 ·编辑查询中的字段 ·编辑查询中的数据源 ·排序查询的结果	

(四)窗体的基本操作

大纲要求	专家解读
① 窗体分类: ·纵栏式窗体 ·表格式窗体 ·主/子窗体 ·数据表窗体 ·图表窗体 ·数据透视表窗体	考查题型:选择题、综合应用题 窗体主要考查常见的几种控件及其属性的设置
② 创建窗体: ·使用向导创建窗体 ·使用设计器创建窗体:控件的含义及种类,在窗体中添加和修改控件,设置控件的常见属性	

（五）报表的基本操作

大纲要求	专家解读
① 报表分类： · 纵栏式报表 · 表格式报表 · 图表报表 · 标签报表 ② 使用向导创建报表 ③ 使用设计器编辑报表 ④ 在报表中计算和汇总	考查题型：选择题、综合应用题 报表主要考查在报表页眉、主体节、报表页脚添加几种常见控件及其属性的设置，其中，计算控件是常考内容。计算控件的控件源是计算表达式，当表达式变化时，会重新计算结果并输出显示

（六）宏

大纲要求	专家解读
① 宏的基本概念 ② 宏的基本操作： · 创建宏：创建一个宏，创建宏组 · 运行宏 · 在宏中使用条件 · 设置宏操作参数 · 常用的宏操作	考查题型：选择题、综合应用题 该部分考试的频率不高，主要考查宏的基础知识以及宏与窗体上控件的关联

（七）模块

大纲要求	专家解读
① 模块的基本概念： · 类模块 · 标准模块 · 将宏转换为模块 ② 创建模块： · 创建 VBA 模块：在模块中加入过程，在模块中执行宏 · 编写事件过程：键盘事件，鼠标事件，窗口事件，操作事件和其他事件	考查题型：选择题、综合应用题 该部分考试出现的频率不高，主要考查 VBA 编程的基础知识，需要考生通过编程来实现一定的功能

续表

大纲要求	专家解读
③ 调用和参数传递	
④ VBA 程序设计基础： ・面向对象程序设计的基本概念 ・VBA 编程环境：进入 VBE，VBE 界面 ・VBA 编程基础：常量，变量，表达式 ・VBA 程序流程控制：顺序控制、选择控制、循环控制 ・VBA 程序的调试：设置断点、单步跟踪、设置监视点	

1.2　上机考试环境及简介

　　从 2013 年开始，全国计算机等级考试实施无纸化考试(即全部上机考试)，取代传统的考试模式(笔试加上机)。

1.2.1　考试环境简介

(一)硬件环境

无纸化考试系统所需要的硬件环境，见表 1-1。

表 1-1　硬件环境

硬件	配置
CPU	1GHz 以上(含 1GHz)
内存	1GB 以上(含 1GB)
显卡	SVGA 彩显
硬盘空间	500MB 以上可供考试使用的空间(含 500MB)

(二)软件环境

无纸化考试系统所需要的软件环境，见表 1-2。

表 1-2　软件环境

软件	配置
操作系统	Windows 7 简体中文版
应用软件	Microsoft Office Access 2010

（三）题型及分值

全国计算机等级考试二级 Access 考试满分为 100 分，共有 4 种题型，即选择题（40 小题，每小题 1 分，含公共基础知识部分 10 分，共 40 分）、基本操作题（共 18 分）、简单应用题（共 24 分）、综合应用题（共 18 分）。

（四）考试时间

全国计算机等级考试二级 Access 的考试时间为 120 分钟，考试时间由无纸化考试系统自动计时，考试结束前 5 分钟系统自行报警，以提醒考生及时存盘。考试结束后，考试系统自动将计算机锁定，考生不能继续进行考试。

1.2.2　上机考试流程演示

考生考试过程分为登录、答题、交卷等阶段。

（一）登录

在实际答题之前，需要进行考试系统的登录。

1. 启动考试系统

双击桌面上的"考试系统"，或从开始菜单的"程序"中选择"第？（？为考次号）次 NCRE"命令，启动"考试系统"，开始考试的登录过程，界面大致效果如图 1-1 所示。

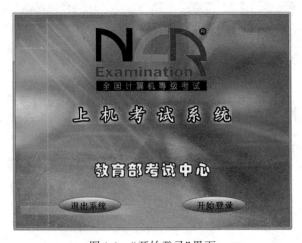

图 1-1　"开始登录"界面

2. 输入准考证号

单击图 1-1 中"开始登录"按钮或按回车键进入"考号验证"窗口，界面大致效果如图 1-2 所示。

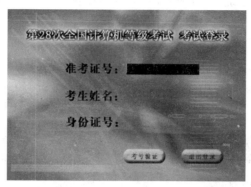

图 1-2 "考号验证"窗口

3. 考号验证

考生输入准考证号后（若输入的准考证号不存在，考试系统会提示并要求考生重新输入准考证号），单击图 1-2 中的"考号验证"按钮或按回车键后，将弹出考生信息窗口，需要对准考证号以及姓名、身份证号进行验证，界面大致效果如图 1-3 所示。

如果准考证号错误，选择"否(N)"重新输入；如果准考证号正确，选择"是(Y)"继续。

图 1-3 "身份验证"窗口

4. 登录成功

当考试系统抽取试题成功后，屏幕上会显示二级 Access 的考试须知，考生单击"开始考试并计时"按钮开始考试并计时。界面大致如图 1-4 所示。

图 1-4 "考试须知"窗口

(二)答题

1. 试题内容查阅窗口

登录成功后,考试系统将自动在屏幕中间产生试题内容查阅窗口,如图 1-5 所示,单击其中的"选择题"、"基本操作题"、"简单应用题"、"综合应用题"按钮,可以分别查看各题型的题目要求,单击其中的"考生文件夹"可以查看考生文件夹里的文件和文件夹。注意:当试题内容查阅窗口中显示上下或左右滚动条时,表示该窗口中的试题尚未完全显示,考生可用鼠标操作显示余下的试题内容,以防因漏做试题而影响考试成绩。

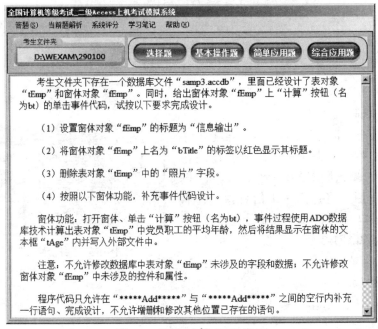

图 1-5　"试题内容查阅"窗口

2. 考试状态信息条

屏幕中出现试题内容查阅窗口的同时,屏幕顶部显示考试状态信息条,如图 1-6 所示。

图 1-6　考试状态信息条

(三)考生文件夹

考生文件夹的命名是系统默认的。考生在考试过程中所操作的文件和文件夹绝对不能脱离考生文件夹，同时也绝对不能随意删除此文件夹中的任何与考试要求无关的文件及文件夹，否则影响考试成绩。

（四）交卷

在考试过程中，考试系统会自动为考生计算剩余考试时间。在剩余 5 分钟时，系统会显示一个提示警告信息。考试时间用完后，系统会锁住计算机并提示输入"延时"密码。这时考试系统并没有自行结束运行，它需要监考人员输入延时密码才能解锁计算机并恢复考试界面，考试系统会自动再运行 5 分钟，在此期间可以单击"交卷"按钮进行交卷处理。如果考生要提前结束考试并交卷，则在屏幕顶部的考试状态信息条上单击"交卷"按钮，考试系统会弹出"确认交卷"的信息提示框，界面大致如图 1-7 所示。此时考生单击"确定"按钮则退出考试系统进行交卷处理，若单击"取消"按钮，则返回考试界面，继续进行考试。

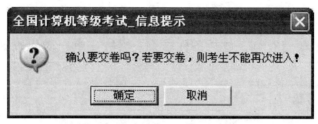

图 1-7 "确认交卷"信息提示框

如果进行交卷处理，系统首先锁住屏幕，并显示"系统正在进行交卷处理，请稍后！"。当系统完成了交卷处理，就会在屏幕上显示"交卷正常，请输入结束密码："，这时只要输入正确的结束密码就可结束考试。

1.3 Access 二级考试分析

二级考试考什么、怎么考，对考生来说是非常重要的问题。本节从试题本身出发，通过对考试大纲和历年考试真题的仔细分析，总结出二级 Accesss 考试出题的题型和重难点。

1.3.1 考试重点

· 数据库与表的创建
· 查询
· 窗体设计
· 报表

1.3.2 考试难点

· 模块与 VBA 编程

1.3.3　考试题型

(一)选择题

选择题主要涉及公共基础知识和数据库基础知识。

(二)基本操作题

基本操作题考查的内容基本上是 Access 中最基本的知识，大多是送分题。基本操作题中所考查的知识点主要包括以下几个方面：
① 建立表。
② 维护表。
③ 操作表。

(三)简单应用题

简单应用题主要考查询，包括条件查询、参数查询、操作查询、交叉表查询，等等。

(四)综合应用题

综合应用题一般难度较大，考查内容也较广，一般涉及窗体、报表、宏和 VBA 模块编程。

第二编　公共基础

第2章 公共基础知识

主要内容

1. 基本数据结构与算法

① 掌握数据结构的基本概念，并了解数据的逻辑结构和存储结构，学会利用图形的方式表示数据结构。

② 了解算法的基本概念和一些常用的算法，学会计算算法的时间复杂度。

③ 了解线性表的基本概念，并掌握线性表的顺序存储结构以及顺序存储的线性表的基本运算。

④ 了解栈和队列的基本概念，并掌握它们的基本运算。

⑤ 了解线性链表的基本概念，并掌握线性链表的基本运算，同时，了解循环链表的基本概念和基本操作。

⑥ 理解树的概念，尤其是二叉树的基本概念和相关性质，掌握二叉树的存储结构和遍历技术。

⑦ 掌握查找技术，学会利用顺序查找和二分查找在数列中查找指定的数据。

⑧ 学会利用相关的排序技术实现无序数列的排序操作。

2. 程序设计基础

① 了解程序设计的方法，以及程序设计风格确立的一些因素，掌握程序设计的基本规则。

② 了解结构化程序设计的基本原则，掌握结构化程序设计的基本结构与特点。

③ 了解面向对象的程序设计方法，并理解面向对象方法的一些基本概念。

3. 软件工程

① 了解软件工程的基本概念。

② 了解软件工程过程与软件的生命周期，以及软件工程的目标和原则。

③ 了解利用结构化分析法进行软件工程中的需求分析的方法，并了解需求分析的方法和需要完成的任务。

④ 了解数据流图的使用方法。

⑤ 了解如何利用结构化设计方法进行软件设计，并了解软件设计的一些常用工具。

⑥ 了解软件测试的目的和方法，以及软件测试的准则，并了解常用的软件测试方法的区别和各自的功能与特点。

⑦ 了解程序调试的方法和原则。

4. 数据库设计基础

① 了解数据库系统的基本概念，以及数据库系统的发展。

② 了解数据模型的基本概念，并对 E-R 模型、层次模型、网状模型和关系模型进行了解，并掌握关系模型的数据结构、关系的操作和数据约束等知识。

③ 了解关系模型的基本操作，掌握关系模型的基本运算及扩充运算。

④ 了解数据库的设计与管理，掌握数据库设计的几个阶段的方法和特点。

2.1　数据结构基础★★★★

考什么

2.1.1　基本概念

1. 数据(Data)

在计算机科学中，数据的定义很广泛，指一切能被计算机识别和处理的符号。即数据是描述客观事物的数值、字符以及能输入机器且能被处理的各种符号集合。例如：数字、字母、图形、图像、声音等都称为数据。

2. 数据元素(Data Element)

数据元素是组成数据的基本单位，是数据集合的个体，在计算机中通常作为一个整体进行考虑和处理，数据元素也称为节点。

3. 数据对象(Data Object)

数据对象是性质相同的数据元素的集合，是数据的一个子集。例如：整数数据对象的集合可表示为：N={0, ±1, ±2, ±3, …}，大写字符数据对象的集合可表示为：C={'A', 'B','C', …, 'Z'}。由此可知，不管数据元素集合是有限集还是无限集，只要数据元素性质相同，就属于同一个数据对象。

4. 数据结构(Data Structure)

数据结构是指相互之间存在一种或多种特定关系的数据元素集合，是带有结构的数据元素的集合，它指的是数据元素之间的相互关系，即数据的组织形式。具体来说，数据结构包括三方面的内容，即数据的逻辑结构、数据的存储结构和对数据所施加的运算。这三方面的关系为：

数据的逻辑结构独立于计算机，是数据本身所具有的。

存储结构是逻辑结构在计算机存储器中的映像，必须依赖于计算机。

运算是指所施加的一组操作的总称。运算的定义直接依赖于逻辑结构，但运算的实现必须依赖于存储结构。

5. 数据类型（Data Type）

数据类型是一组性质相同的值集合以及定义在这个值集合上的一组操作的总称。

6. 逻辑结构（Logical Structure）

数据的逻辑结构是指数据之间逻辑关系。大多数情况下，数据的结构可以用二元组 S = (D, R) 来表示。其中，D 表示数据元素的集合，R 是 D 上关系的有限集，表示 D 上的一种关系。

【例 2-1】一年四季的数据结构可表示成：

B = (D, R)

D = {春，夏，秋，冬}

R = {(春，夏)，(夏，秋)，(秋，冬)}

【例 2-2】家庭成员数据结构可表示成：

B = (D, R)

D = {父亲，儿子，女儿}

R = {(父亲，儿子)，(父亲，女儿)}

【例 2-3】二元组 list = (D, R1)，tree = (D, R2)，graph = (D, R3) 分别描述了 5 个节点的三种不同的逻辑结构：

D = {a, b, c, d, e}

R1 = {<a, b>, <b, c>, <c, d>, <d, e>}

R2 = {<a, b>, <a, c>, <b, d>, <b, e>}

R3 = {<a, b>, <a, c>, <d, a>, <c, e>, <e, d>, <d, c>}

则，R1、R2、R3 的逻辑结构分别如图 2-1 所示。

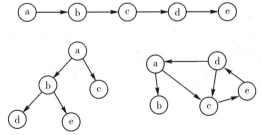

图 2-1　逻辑结构示意图

根据数据元素之间关系的不同特性，通常有下列四种基本结构，如图 2-2 所示。

① 集合关系：结构中的数据元素之间除了同属于一个集合的关系外，无任何其他关系。

② 线性结构：结构中的数据元素之间存在着一对一的线性关系。

③ 树形结构：结构中的数据元素之间存在着一对多的层次关系。

④ 图状结构或网状结构：结构中的数据元素之间存在着多对多的任意关系。

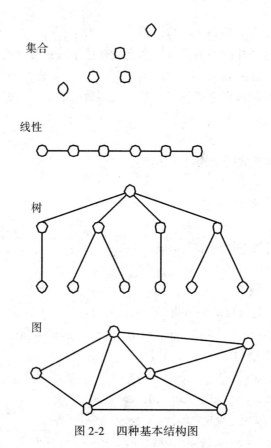

图 2-2　四种基本结构图

由于集合关系中只有属于或不属于这种简单的属于关系，可以用其他的结构代替，故数据的 4 种基本逻辑结构可概括如下：

$$逻辑结构\begin{cases}线性结构——线性表、栈、队、字符串、数组、广义表\\非线性结构——树、图\end{cases}$$

一般将数据结构分为两大类型：线性结构与非线性结构。

如果一个非空的数据结构满足下列两个条件：

① 有且只有一个根节点；

② 每一个节点最多有一个前件，也最多有一个后件。

则称该数据结构为线性结构。线性结构又称线性表。在一个线性结构中插入或删除任何一个节点后还应是线性结构。栈、队列、串等都为线性结构。

如果一个数据结构不是线性结构，则称之为非线性结构。数组、广义表、树和图等数据结构都是非线性结构。

7. 存储结构

存储结构(又称物理结构)是逻辑结构在计算机中的存储映像，是逻辑结构在计算机中的实现，它包括数据元素的表示和关系的表示。

8. 算法(Algorithm)定义

算法是规则的有限集合，是为解决特定问题而规定的一系列操作。

2.1.2 算法分析

1. 算法的特性

① 有限性：有限步骤之内正常结束，不能形成无穷循环。

② 确定性：算法中的每一个步骤必须有确定含义，无二义性得以实现。

③ 输入性：有多个或 0 个输入。

④ 输出性：至少有一个或多个输出。

⑤ 可行性：原则上能精确进行，操作可通过已实现基本运算执行有限次而完成。

在算法的五大特性中，最基本的是有限性、确定性、可行性。

2. 算法设计的要求

一般应该具有以下几个基本特征：

(1)正确性

算法的正确性是指算法应该满足具体问题的需求，其中"正确"的含义大体包括三个方面：

① 算法对几组不同的输入数据能够得出满足要求的结构。

② 算法对于精心选择的典型、苛刻而带有刁难性的输入数据能够得出满足要求的结果。

③ 算法对于一切合法的输入数据都产生满足要求的结果。

(2)可读性

算法主要是为了人的阅读与交流，其次才是机器执行。可读性好有利于人对算法的理解；晦涩难懂的程序易于隐蔽较多错误，难以调试和修改。

(3)健壮性

即对于非法输入的抵抗能力。它强调了即使输入了非法数据，算法应能够识别并做出正确处理，而不是产生莫名其妙的输出结果。例如，一个求凸多边形面积的算法，是采用求各三角形面积之和的策略来解决问题。当输入的坐标值集合表示的是一个凹多边形时，不应继续计算，而应报告输入出错。并且，处理错误的方法是返回一个表示错误或错误性质的值，而不是打印错误信息或异常，并终止程序的执行，以便在更高的抽象层次上进行处理。

(4)高效率和低存储量

算法的效率通常指算法的执行时间。对于一个具体的问题,通常有多个算法可以解决,执行时间短的算法其效率就高。所谓存储量,指算法在执行过程中所需要的最大存储空间。效率与低存储量需求这两者与问题的规模有关。

求解同一个问题,可以有许多不同的算法,那么怎样来衡量这些算法的优劣呢? 首要的条件是选用的算法必须是正确的,其次是要考虑以下三个方面:

① 执行算法所耗费的时间。

② 执行算法所占用的内存开销(主要考虑占用的辅助存储空间)。

③ 算法应易于理解、易于编码、易于调试等。

(一)时间复杂度

1. 语句频度

一个算法执行时所耗费的时间,从理论上来讲是不能算出来的,必须上机测试才能知道,但我们不可能也没有必要对每个算法都上机测试(因为,计算机的运行速度与 CPU 等因素有关,同一算法在不同的计算机上运行的时间是不同的),只需要知道在相同条件下,哪个算法花费的时间多,哪个算法花费的时间少就可以了。并且一个算法花费的时间与算法中语句的执行次数成正比,哪个算法中语句执行次数多,它所花费的时间就多。

语句频度是指该语句在一个算法中重复执行的次数。一个算法的时间耗费是该算法中所有语句频度之和。

【例 2-4】

① for(int i = 0; i<n; i++)　　　　　　　　　　　　　　$n+1$

② for(int j = 1; j<=n; j++)　　　　　　　　　　　　　$n(n+1)$

③ A[i][j] = 0;　　　　　　　　　　　　　　　　　　n^2

【分析】语句(1)的循环控制变量 i 从 0 增加到 n,测试条件 $i = n$ 成立才终止,故它的语句频度是 $n+1$,但是它的循环却是只能执行 n 次。语句(2)作为语句(1)的循环体应该执行 n 次,但语句(2)的循环控制变量 j 从 1 增加到 $n+1$,测试条件 $j = n+1$ 成立才终止,故它的语句频度是 $n(n+1)$。同理可得语句(3)的频度为 n^2。

该算法中所有语句频度之和(即算法的时间耗费)为:

$$T(n) = 2n^2 + 2n + 1$$

2. 时间复杂度

在刚才提到的时间频度中,n 称为问题规模,当 n 不断变化时,时间频度 $T(n)$ 也会不断变化。但有时我们想知道它变化时呈什么规律,为此,引入时间复杂度概念。

设 $T(n)$ 的一个辅助函数为 $f(n)$,定义为当 n 大于或等于某一个足够大的正整数 n_0 时,存在正的常数 C,使得当 $n \geq n_0$ 时满足 $0 \leq T(n) \leq Cf(n)$,则称 $f(n)$ 是 $T(n)$ 的同数量级函数。把 $T(n)$ 表示成数据量级的形式为：$T(n) = O(f(n))$。其中，大写字母 O 为英文 Order(数量级)一词的第一个字母。其含义是，当问题规模 n 足够大时，算法的执行时间 $T(n)$ 和函数 $f(n)$ 成正比。时间复杂度 $T(n) = O(f(n))$，其中 $f(n)$ 一般是算法中频度最大的语句频度。

如果算法的执行时间 $T(n)$ 与问题规模 n 无关，是个常数，则记作 $T(n) = O(1)$。

通常情况下，随 n 的增大，$T(n)$ 的增长较慢的算法为最优的算法。

【例 2-5】在下列三段程序段中，给出原操作 x=x+1 的时间复杂度分析。

① for (j=1；j<=80；j++)

x=x+1；其时间复杂度为 $O(1)$，我们称之为常量阶；

② for (j=1；j<=n；j++)

x=x+1；其时间复杂度为 $O(n)$，我们称之为线性阶；

③ for (j=1；j<=n；j++)

   for (i=1；i<=n；i++)

x=x+1；其时间复杂度为 $O(n^2)$，我们称之为平方阶。

【例 2-6】下列程序段：

for (i=1；i< n；i++)

for (j=i；j<=n；j++)

    x++；

是一个二重循环，语句 x++的执行频度为：

$$n+(n-1)+(n-2)+\cdots+3+2+1=n(n+1)/2$$

而该语句执行次数关于 n 的增长率为 n^2，即时间复杂度为 $O(n^2)$。

此外，算法还能呈现的时间复杂度有对数阶 $O(\log_2 n)$，指数阶 $O(2^n)$ 等。

3. 最坏时间复杂度

算法中基本操作重复执行的次数还随问题的输入数据集的不同而不同。

【例 2-7】下列程序段：

① for(i=n-1；i>=0&&a[i]! =k ；)

② i--；

③ return (i)；

此算法中，语句②的频度不仅与问题规模 n 有关，还与数组中各元素的值——k 值有关。

① 最好情况下，数组最后一个元素的值等于 k，则语句②的频度 $f(n)$ 是常数 0，时间复杂度为 $O(1)$.

② 最坏情况下，数组中各元素的值都不等于 k，则语句②的频度 $f(n) = n$，时间复杂度为 $O(n)$。

最坏情况下的时间复杂度称为最坏时间复杂度，一般不特别说明，讨论的时间复杂度都是最坏时间复杂度。因为，最坏时间复杂度是算法在任何输入实例上运行时间的上界，这就保证了算法的运行时间不会比这一时间更长。因此，上述算法的时间复杂度为：$T(n) = O(n)$。

2.1.3 线性表

线性结构是最简单、最常用的一种数据结构。线性结构的特点是，在数据元素的非空有限集合中，除第一个无直接前驱，最后一个元素无直接后继外，其余每个元素有且仅有一个直接前驱和一个直接后继。本小节主要讲线性表的基本概念、线性表的存储结构以及线性表的基本运算。

(一)线性表的定义

在实际应用中，线性表是最常用而且是最简单的一种数据结构。例如，一副扑克牌的点数是一个线性表，可表示为(2，3，4，5，6，7，8，9，10，J，Q，K，A)，26 个英文字母是一个线性表(A，B，C，D，E，F，G，H，I，J，K，L，M，N，O，P，Q，R，S，T，U，V，W，X，Y，Z)。

1. 线性表的定义

线性表(Linear_ List)是由 n ($n \geq 0$) 个类型相同的数据元素 a_1，a_2，$\cdots$，a_n 组成的有限序列，记作(a_1，a_2，$\cdots$，a_{i-1}，a_i，a_{i+1}，$\cdots$，a_n)。这里的数据元素 a_i($1 \leq i \leq n$)只是一个抽象的符号，其具体含义视具体情况而定，但同一线性表中的数据元素必须属于同一数据对象。此外，线性表中相邻数据元素之间存在着序偶关系，即对于非空的线性表(a_1，a_2，$\cdots$，a_{i-1}，a_i，a_{i+1}，$\cdots$，a_n)，表中 a_{i-1} 领先于 a_i，称 a_{i-1} 是 a_i 的直接前驱，而称 a_i 是 a_{i-1} 的直接后继。除了第一个元素 a_1 外，每个元素 a_i 有且仅有一个被称为其直接前驱的节点 a_{i-1}，除了最后一个元素 a_n 外，每个元素 a_i 有且仅有一个被称为其直接后继的节点 a_{i+1}。线性表中元素的个数 n 被定义为线性表的长度，$n=0$ 时称为空表。本书中，我们将它的类型设定为 elemtype，表示某一种具体的已知数据类型。

2. 线性表的特征

线性表的特点可概括如下：

① 同一性：线性表由同类数据元素组成，每一个 a_i 必须属于同一数据对象。

② 有穷性：线性表由有限个数据元素组成，表长度就是表中数据元素的个数。

③ 有序性：线性表中表中相邻数据元素之间存在着序偶关系<a_i，a_{i+1}>。

由此可看出，线性表是一种最简单的数据结构，因为数据元素之间是由一前驱一后继的直观有序的关系确定；线性表又是一种最常见的数据结构，因为矩阵、数组、字符串、堆栈、队列等都符合线性条件。

3. 线性表的表示

线性表是一种典型的线性结构，用二元组表示为：

liner_ list(A, R)

其中：

$A = \{a_i \mid 1 \leq i \leq n, \ n \geq 0, \ a_i \in \text{elemtype}\}$

$R = \{r\}$

$r = \{<a_i, \ a_{i+1}>, \ \mid 1 \leq i \leq n-1\}$

对应的逻辑结构如图 2-3 所示。

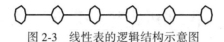

图 2-3　线性表的逻辑结构示意图

(二) 线性表的运算

给出了线性表的逻辑结构后，就可以直接定义它的一些基本运算，但这些运算要实现，还必须依赖于具体的存储结构。

线性表常见的运算有：

① 置空表 setnull(&L)：将线性表设置成空表。

② 求长度 length(L)：求给定线性表的长度。

③ 取元素 geti(L, i)：若 $1 \leq i \leq \text{length}(L)$，则取线性表中第 i 个元素，否则取得的元素为 NULL。

④ 取元素 locate(L, x)：在线性表 L 中查找值等于 x 的元素的位置，若有多个为 x，则以第一个为准，若没有，则位置为 0。

⑤ 插入 insert(&L, x, i)：在线性表中第 i 个位置上插入值为 x 的元素。

⑥ 删除 dele(&L, i)：删除线性表 L 中第 i 个位置上的元素。

(三) 线性表的顺序存储结构

线性表的顺序存储是指用一组地址连续的存储单元依次存储线性表中的各个元素，使得线性表中在逻辑结构上相邻的数据元素存储在相邻的物理存储单元中，即通过数据元素物理存储的相邻关系来反映数据元素之间逻辑上的相邻关系。采用顺序存储结构的线性表通常称为顺序表。

假设线性表中有 n 个元素，每个元素占 k 个单元，第一个元素的地址为 $\text{loc}(a_1)$，则可以通过如下公式计算出第 i 个元素的地址 $\text{loc}(a_i)$：

$$\text{loc}(a_i) = \text{loc}(a_1) + (i-1)k$$

其中，$\text{loc}(a_1)$ 称为基地址。顺序表存储结构示意图如图 2-4 所示。

线性表的顺序存储结构具有以下两个基本特点：

① 线性表中所有元素所占的存储空间是连续的；

② 线性表中各数据元素在存储空间中是按逻辑顺序依次存放的。

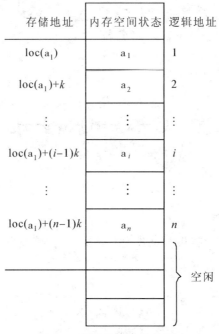

图 2-4　顺序表的存储结构

元素 a_i 的存储地址为：$ADR(a_i) = ADR(a_1) + (i-1)k$，$ADR(a_1)$ 为第一个元素的地址，k 代表每个元素占的字节数。

顺序存储结构可以借助于高级程序设计语言中的一维数组来表示，一维数组的下标与元素在线性表中的序号相对应。

2.1.4　栈和队列

栈和队列是两种特殊的线性表，它们因为对线性表中的插入、删除操作进行了限定而具有不同于一般线性表的特点，也因为如此，它们也被称为限定性数据结构（restricted data structure）。这两种数据结构在计算机程序设计中使用得非常广泛。

（一）栈

1. 栈的定义

栈（stack）是一种特殊的线性表，这种表只能在固定的一端进行插入与删除运算。通常称固定插入、删除的一端为栈顶（top），而另一端称为栈底（bottom）。位于栈顶和栈底的元素分别称为顶元和底元。当表中没有元素时，称为空栈。为了与一般线性表相区别，通常将栈的插入操作称为入栈，删除操作称为出栈。如图 2-5 所示。

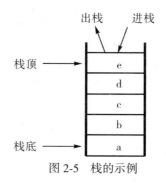

图 2-5　栈的示例

2. 栈的顺序存储及运算

与一般线性表类似,栈的实现可以采用顺序存储结构,采用顺序存储结构实现的栈成为顺序栈。在程序设计语言中,用一维数组 S(1：m) 作为栈的顺序存储空间,其中 m 为栈的最大容量。通常,栈底指针指向栈空间的低地址一端(即数组的起始地址这一端)。

栈的初始化操作作为按指定的大小为栈动态分配一片连续的存储区,并将该存储区的首地址同时送给栈顶指针 top 和栈底指针 base,表示栈里没有任何元素,此时的栈为空栈。若 base 的值为 NULL,则表明栈不存在。当插入一个新元素时栈顶指针加 1,当删除一个元素时栈顶指针减 1。栈顶指针 top 始终比顶元超前一个位置,因此栈满的条件是 top-base＝stacksize。图 2-6 展示了栈顶指针和栈中元素的关系。

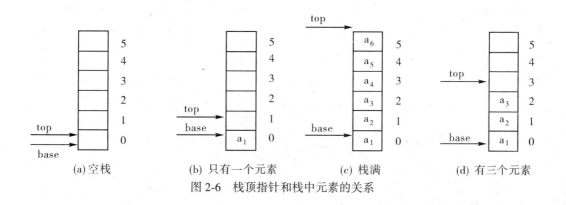

(a) 空栈　　　　　　(b) 只有一个元素　　　　(c) 栈满　　　　　(d) 有三个元素

图 2-6　栈顶指针和栈中元素的关系

值得注意的是,栈在运算过程中可能发生"溢出"。溢出有两种,一种称为"上溢"(overflow),另一种称为"下溢"(underflow)。若系统作为栈用的存储区已满,还有元素要求进栈,则称发生上溢;反之,若系统作为栈用的存储区已空,这时还要退栈,则称发生下溢。上溢是一种错误现象,一旦发生上溢,就要给栈分配一个更大的存储空间,以避免有用信息的丢失。而下溢则常用来作为控制转移的条件或程序结束的标志。

栈的基本运算有三种:入栈、退栈与读栈顶元素。

① 入栈运算:在栈顶位置插入一个新元素。这个运算有两个基本操作:首先将栈顶元素(栈顶指针指向的元素)赋给一个指定的变量,然后将栈顶指针退一(即 top 减 1)。

② 退栈运算：取出栈顶元素并赋给一个指定的变量。这个运算有两个基本操作：首先将栈顶指针进一（即 top 加 1），然后将新元素插入栈顶指针指向的位置。

③ 读栈顶元素：将栈顶元素赋给一个指定的变量。必须注意，这个操作不删除栈顶元素，只是将它的值赋给一个变量，栈顶指针不会改变。

【例 2-8】栈底至栈顶依次存放元素 A、B、C、D，在第五个元素 E 入栈前，栈中元素可以出栈，则出栈序列可能是(　　)。

(A) ABCED　　　　　(B) DCBEA　　　　　(C) DBCEA　　　　　(D) CDABE

答案：B

(二) 队列

1. 队列的定义

队列(queue)是另一种特殊的线性表。在这种表中，删除运算限定在表的一端进行，而插入运算则限定在表的另一端进行。约定把允许插入的一端称为队尾(rear)，把允许删除的一端称为队首(front)。位于队首和队尾的元素分别称为队首元素和队尾元素。

假设线性表 S=(a, b, c, d, e)是一个队列数据结构，并且规定只能在末尾进行插入操作，在起始端进行删除操作，则该线性表的尾端为队尾，起始端为队首，元素 e 为队尾元素，元素 a 为队首元素，如图 2-7 所示。队列最大的特点在于利用这种数据结构能够将元素按照插入的顺序进行输出。例如：将一列元素按照 a, b, c, d, e 的顺序依次插入到队列中，则从队列中取出这些元素的顺序仍然是 a, b, c, d, e。可以发现，先进入队列中的元素先出来，后进入队列中的元素后出来，因为队列的这一特性，其又被称为先进先出的线性表(first in first out, FIFO)。

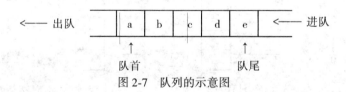

图 2-7　队列的示意图

【例 2-9】栈和队列的共同特点是(　　)。

(A) 都是先进先出　　　　　　　　　(B) 都是先进后出

(C) 只允许在端点处插入和删除元素　　(D) 没有共同点

答案：C

【例 2-10】如果进栈序列为 e1, e2, e3, e4，则可能的出栈序列是(　　)。

(A) e3, e1, e4, e2　　　　　　　　　(B) e4, e3, e2, e1

(C) e3, e4, e1, e2　　　　　　　　　(D) 任意顺序

答案：B

【例 2-11】一些重要的程序语言(如 C 语言和 Pascal 语言)允许过程的递归调用。而

实现递归调用中的存储分配通常用( )。

(A)栈 (B)堆 (C)数组 (D)链表

答案：A

2. 队列存储及运算

与栈类似，队列的实现可以采用顺序存储结构——循环队列存储。

队列的顺序存储结构和顺序栈类似，常借助一维数组来存储队列中的元素，同时设置两个指针 front 和 rear 分别指向队首和队尾的位置。图 2-8 展示了队列的顺序存储结构。

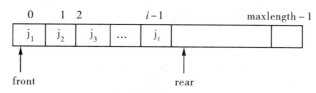

图 2-8 队列的顺序存储示意图

由于一维数组定义时需要指定最大长度，因此顺序队列实现时常设置一个符号常量 MAXQSIZE 来表示队列的最大容量。初始时建立一个空队列，此时 front = rear = 0，每当插入一个元素时，队尾指针 rear 增加 1；每当删除一个元素时，队首指针 front 增加 1。因此，在一个非空的队列中，队首指针始终指向队首，而队尾始终指向队尾元素的下一个位置。图 2-9 展示了最大容量为 6 的顺序队列中，头、尾指针的变化情况。

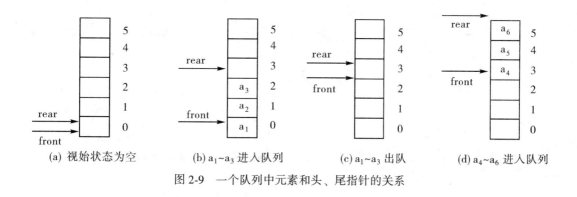

图 2-9 一个队列中元素和头、尾指针的关系

其中，图 2-9(a)表示该队列的初始状态为空，此时 rear = front = 0；图 2-9(b)表示有 3 个元素 a_1、a_2、a_3 相继进入队列，此时 rear = 3，front 的值不变；图 2-9(c)表示 a_1、a_2、a_3 先后出队，队列又变为空，此时 rear = front = 3；图 2-9(d)表示有 3 个元素 a_4、a_5、a_6 进入队列，此时 front = 3，rear = 6。

倘若还有元素 a_7 请求进入队列，由于队尾指针已经超出了队列的最后一个位置，因而插入 a_7 就会发生"溢出"。此时一种直接的想法是采用顺序栈的解决方法：扩大存储空间。但这种方法在此处并不合理，因为这时的队列并非真的满了，事实上，队列中尚有 3 个空位。也就是说，系统作为队列用的存储空间并没有真正用完，但队列却发生了溢出，这种现象称作虚溢出。解决虚溢出的方法通常有以下两种：

（1）采用平移元素的方法

该方法一旦发生虚溢出就把整个队列的元素平移到存储区的首部。如图 2-10 所示，将 a_4、a_5 和 a_6 平移到 0 号位置至 2 号位置，而将 a_7 插到第 3 个位置上。显然，平移元素的方法效率是很低的。

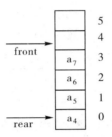

图 2-10　用平移元素的方法克服虚溢出

（2）将整个队列作为循环队列来处理

该方法的思想是将顺序队列臆造成一个环形的空间。当发生虚溢出时，将待插入的元素插入到队首位置，如图 2-11（a）所示。这样，虽然物理上队尾在队首之前，但逻辑上队首仍然在前，作插入和删除运算时仍按“先进先出”的原则。

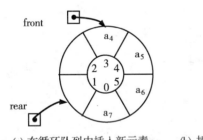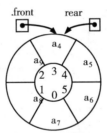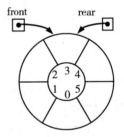

(a) 在循环队列中插入新元素a_7　　　(b) 插入 a_8、a_9 后循环队列满　　　(c) 删除 $a_4 \sim a_9$ 后循环队列空

图 2-11　用循环队列的方法克服虚溢出

但是该方法需要注意一个问题：根据等式 rear＝front＝0 无法判别队空还是队满。如图 2-11（b）展示了元素 a_8 和 a_9 进入队列后的情形。此时队列已满，如果还要插入元素就会发生上溢。而它与图 2-11（c）所示队列为空的情形一样，均有 front＝rear。由此可见，在循环队列中，根据等式 rear＝front 无法判别队空还是队满。解决方法是设置一个布尔变量来区分队空和队满；或者不设布尔变量，而把尾指针加 1 后等于头指针作为队满的标志，但此时会损失一个存储空间，也就是说必须用有 maxlength+1 个元素的数组才能

表示一个长度为 maxlength 的循环队列。队列的顺序存储结构一般采用队列循环的形式。循环队列 s=0 表示队列空；s=1 且 front=rear 表示队列满。计算循环队列的元素个数："尾指针减头指针"，若为负数，再加其容量即可。

循环队列有入队和退队两种运算：

① 入队运算：入队运算是往队列队尾插入一个数据元素。这个运算有两个基本操作：首先，将队尾指针进一（即 rear=rear+1），并当 rear=m+1（m 为表示队列空间长度）时置 rear=1；然后，新元素插入到队尾指针指向的位置。

当循环队列非空且队尾指针等于队首指针时，说明循环队列已满，不能进行入队运算(上溢)。

② 退队运算：退队运算是从队列的队首位置退出一个数据元素并赋给指定的变量。这个运算有两个基本操作：首先，将队首指针进一（即 front=front+1），并当 front=m+1 时置 front=1；然后，将队列的队首位置退出一个数据元素并赋给指定的变量。

【例 2-12】由两个栈共享一个存储空间的好处是(   )。

(A)减少存取时间，降低下溢发生的机率

(B)节省存储空间，降低上溢发生的机率

(C)减少存取时间，降低上溢发生的机率

(D)节省存储空间，降低下溢发生的机率

答案：B

【例 2-13】下列关于队列的叙述中正确的是(   )。

(A)在队列中只能插入数据　　　　　(B)在队列中只能删除数据

(C)队列是先进先出的线性表　　　　(D)队列是后进先出的线性表

答案：C

(三)线性链表的基本概念

1. 线性表的顺序存储结构的特点

前面主要讨论了线性表的顺序存储结构，线性表的顺序存储结构具有简单、运算方便等特点，特别对于小线性表或长度固定的线性表，采用顺序存储结构优点更为突出。

但是，线性表的顺序存储结构在某些情况下显得不那么方便，运算效率不那么高。实际上，线性表的顺序存储结构仍存在以下几方面的缺点：

① 顺序存储插入与删除一个元素，一般情况下，要在顺序存储的线性表中插入一个新元素或删除一个元素时，为了保证插入或删除后的线性表仍然是顺序存储，则在插入或删除过程中需要移动大量的数据元素。在平均情况下，为了在顺序存储的线性表中插入或删除一个元素，需要移动线性表中约一半的元素；在最坏情况下，则需要移动线性表中所有元素。因此，对大的线性表，特别是在元素的插入和删除很频繁的情况下，采取顺序存储很是不方便，效率很低。

② 当一个线性表分配顺序存储空间后，如果出现线性表的存储空间已满，但还需要插入新元素时，就会发生"上溢"错误，程序访问容易出问题，顺序存储结构下，存储空间不便扩充。

③ 在实际应用中，往往是同时有多个线性表共享计算机的存储空间。顺序存储空间的分配是个难题，分配多了存储空间会发生浪费现象，分配少了存储空间会发生"上溢"的问题。

2. 线性表的链式存储结构

由于线性表的顺序存储结构存在以上这些缺点，因此，对于大的线性表，特别是元素变得频繁的线性表不宜采用顺序存储结构，而是采用链式存储结构。

在链式存储方式中，要求每个节点由两部分组成：一部分用于存放数据元素值，称为数据域；另一部分用于存放指针，称为指针域。线性链表正是通过每过节点的指针域将线性表的 n 个节点按其逻辑顺序链接在一起的。由于此链表中的每一个节点只有一个 next 指针域，所以将这种链表称为单链表。如图 2-12 所示。

图 2-12　单链表

由于单链表中每个节点的存储地址是存放在其前趋节点的指针域中的，而第一个节点无前趋，因而应设一个头指针 head 指向第一个节点。同时，由于表中最后一个节点没有直接后继，则指定线性表中最后一个节点的指针域为"空"（NULL）。这样对于整个链表的存取必须从头指针开始。

通常，将链表画出用箭头相连接的节点序列，节点之间的箭头表示指针字段的值。这是因为，在使用链表时，人们只关心节点之间的逻辑顺序，而节点的实际存储地址是无关紧要的。如图 2-13 所示。

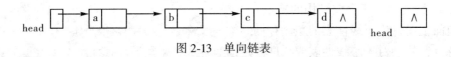

图 2-13　单向链表

线性单链表中，HEAD 称为头指针，HEAD=NULL（或 0）称为空表。

在链表中，每一个节点除了数据域外，还包含两个指针域，一个指针（next）执行该节点的后继节点，另一个指针（prior）指向它的前驱节点。如图 2-14 所示。

图 2-14　双向链表

如果是双项链表的两指针:左指针(Llink)指向前驱节点,右指针(Rlink)指向后继节点。

链式存储方式既可用于表示线性结构,也可用于表示非线性结构。

在线性链表中,各数据元素节点的存储空间可以是不连续的,且各数据元素的存储顺序与逻辑顺序可以不一致。在线性链表中进行插入与删除,不需要移动链表中的元素。

线性链表的基本运算:查找、插入、删除。

栈也是线性表,也可以采用链式存储结构。带链的栈可以用来收集计算机存储空间中所有空闲的存储节点,这种带链的栈称为可利用栈。

【例2-14】链表不具有的特点是(　　)。

(A)不必事先估计存储空间　　　　(B)可随机访问任一元素

(C)插入删除不需要移动元素　　　　(D)所需空间与线性表长度成正比

答案:B

2.1.5 树和二叉树

理解树的概念,尤其是二叉树的基本概念和相关性质,掌握二叉树的存储结构和遍历技术。

(一)树的基本概念

1. 树的定义

树是$n(n \geq 0)$个有限数据元素的集合。在任意一棵非空树T中:

① 有且仅有一个特定的称为树根(root)的节点(根节点无前驱节点)。

② 当$n>1$时,除根节点之外的其余节点被分成$m(m>0)$个互不相交的集合T_1,T_2,…,T_m,其中每一个集合$T(1 \leq i \leq m)$本身又是一棵树,并且称为根的子树。

树的定义采用了递归定义的方法,即在树的定义中又用到树的概念,这正好反映了树的固有特性。

如图2-15所示是树的结构示意图。

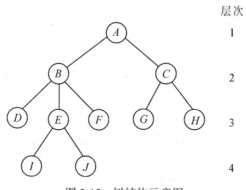

图2-15　树结构示意图

2. 基本术语

① 节点：树的节点包含一个数据元素及若干指向其子树的分支。

② 节点的度：节点所拥有的子树数称为该节点的度(degree)。

③ 树的度：树中各节点度的最大值称为该树的度。

④ 叶子(终端节点)：度为零的节点称为叶子节点。

⑤ 分支节点：度不为零的节点称为分支节点。

⑥ 兄弟节点：同一父节点下的子节点称为兄弟节点。

⑦ 层数：树的根节点的层数为 1，其余节点的层数等于它双亲节点的层数加 1。

⑧ 树的深度：树中节点的最大层数称为树的深度(或高度)。

⑨ 森林：零棵或有限棵互不相交的树的集合称为森林。

在数据结构中，树和森林并不像自然界里有一个明显的量的差别。任何一棵树，只要删去根节点就成了森林，如图 2-16 所示。

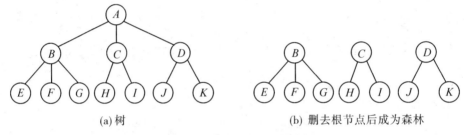

(a) 树　　　　　　　　　　(b) 删去根节点后成为森林

图 2-16　树删去根节点后成为森林

⑩ 有序树和无序树：树中节点的各子树从左到右是有次序的(即不能互换)，称这样的树为有序树；否则称为无序树。

(二)二叉树及其基本性质

在有序树中有一类最特殊，也是最重要的树，称为二叉树(binary tree)。二叉树是树结构中最简单的一种，但却有着十分广泛的应用。

1. 二叉树的定义

二叉树是有 $n(n \geqslant 0)$ 个节点的有限集合。

① 该集合或者为空($n = 0$)。

② 或者由一个根节点及两个不相交的分别称为左子树和右子树组成的非空树。

③ 左子树和右子树同样又都是二叉树。

通俗地讲：在一棵非空的二叉树中，每个节点至多只有两棵子树，分别称为左子树和右子树，且左、右子树的次序不能任意交换。因此，二叉树是特殊的有序树。

2. 二叉树的形态

根据定义，二叉树可以有 5 种基本形态，如图 2-17 所示。

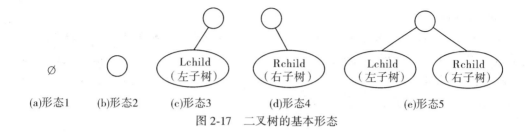

(a)形态1   (b)形态2   (c)形态3   (d)形态4   (e)形态5

图 2-17　二叉树的基本形态

其中，图 2-17(a)所示为空二叉树；

图 2-17(b)所示为仅有根节点的二叉树；

图 2-17(c)所示为右子树为空的二叉树；

图 2-17(d)所示为左子树为空的二叉树；

图 2-17(e)所示为左、右子树均非空的二叉树。

3. 二叉树的基本性质

性质 1　一棵非空二叉树的第 i 层上最多有 2^{i-1} 个节点($i \geqslant 1$)。

一棵非空二叉树的第一层有 1 个节点，第二层最多有 2 个节点，第三层最多有 4 个节点……利用归纳法即可证明第 i 层上最多有个 2^{i-1} 节点。

性质 2　深度为 h 的二叉树中，最多具有 2^h-1 个节点($h \geqslant 1$)。

证明：根据性质 1，当深度为 h 的二叉树每一层都达到最多节点数时，它的和(n)最大，即：

$$n = \sum_{i=1}^{h} x_i \leqslant \sum_{i=1}^{h} e^{i-1} = 2^0 + 2^1 + 2^2 + \cdots + 2^{h-1} = 2^h - 1$$

所以，命题正确。

性质 3　对于一棵非空的二叉树，设 n_0、n_1、n_2 分别表示度为 0、1、2 的节点个数，则有：$n_0 = n_2 + 1$。

证明：① 设 n 为二叉树的节点总数，则有：

$$n = n_0 + n_1 + n_2 \tag{2.1}$$

② 由二叉树的定义可知，除根节点外，二叉树其余节点都有唯一的父节点，那么父节点的总数(F)为：

$$F = n - 1 \tag{2.2}$$

③ 根据假设，各节点的子节点总数(C)为：

$$C = n_1 + 2n_2 \tag{2.3}$$

④ 因为父子关系是相互对应的，即 $F = C$，也即：

$$n - 1 = n_1 + 2n_2 \tag{2.4}$$

综合(2.1)、(2.2)、(2.3)、(2.4)式可以得到：

$$n_0 + n_1 + n_2 = n_1 + 2n_2 + 1$$

$$n_0 = n_2 + 1$$

所以，命题正确。

4. 满二叉树和完全二叉树

满二叉树和完全二叉树是两种特殊形态的二叉树。

① 满二叉树：一棵深度为 h，且有 2^h-1 个节点的二叉树称为满二叉树。如图 2-18 所示是一棵深度为 4 的满二叉树，其特点是每一层上的节点都具有最大的节点数。如果对满二叉树的节点进行连续的编号，约定编号从根节点起，从上往下，自左向右，如图 2-18 所示，由此可以引出完全二叉树的定义。

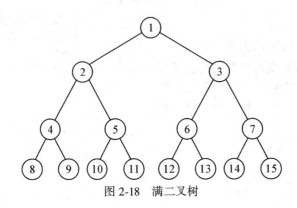

图 2-18　满二叉树

② 完全二叉树：深度为 h，有 n 个节点的二叉树，当且仅当每一个节点的编号都与深度为 h 的满二叉树中节点的编号从 1 至 n 的节点一一对应时，称此二叉树为完全二叉树。如图 2-19(a) 所示为一棵完全二叉树，而图 2-19(b) 则为非完全二叉树。

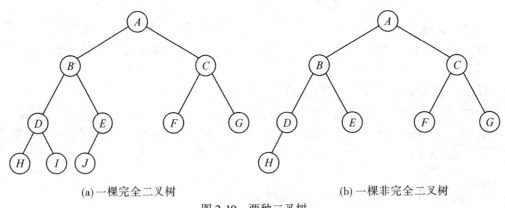

(a) 一棵完全二叉树　　　　　　　　　　　(b) 一棵非完全二叉树

图 2-19　两种二叉树

完全二叉树除最后一层外，其余各层都是满的，并且最后一层或者为满，或者仅在右边缺少连续若干个节点。

由满二叉树和完全二叉树的特点可以看出，满二叉树也是完全二叉树，而完全二叉树一般不是满二叉树。

完全二叉树还具有以下两个性质：

性质1 对于一棵有 n 个节点的完全二叉树，若按满二叉树的同样方法对节点进行编号，（见图2-18）则对于任意序号为 i 的节点，有：

① 若 $i=1$，则序号为 i 的节点是根节点。

若 $i>1$，则序号为 i 的节点的父节点的序号为 $i/2$；

② 若 $2i\leq n$，则序号为 i 的节点的左孩子节点的序号为 $2i$。

若 $2i>n$，则序号为 i 的节点无左孩子节点。

③ 若 $2i+1\leq n$，则序号为 i 的节点的右孩子节点的序号为 $2i+1$。

若 $2i+1>n$，则序号为 i 的节点无右孩子节点。

证明略。

性质2 具有 $n(n>0)$ 个节点的完全二叉树（包括满二叉树）的深度（h）为 $[\log_2 n]+1$。

证明： 由性质2和完全二叉树的定义可知，当完全二叉树的深度为 h、节点个数为 n 时有：

$$2^{h-1}-1<n\leq 2^h-1 \qquad (2.5)$$

即

$$2^{h-1}\leq n<2^h \qquad (2.6)$$

对不等式取对数则有：

$$h-1\leq \log_2 n<h \qquad (2.7)$$

由于 h 是整数，所以有 $h=[\log_2 n]+1$。

注：$[\log_2 n]$ 表示不大于 $\log_2 n$ 的最大整数，$\lceil\log_2 n\rceil$ 表示不小于 $\log_2 n$ 的最小整数。例如，当 $n=10$ 时，$[\log_2 n]\approx 3.32$，则 $[\log_2 n]=3$，$\lceil\log_2 n\rceil=4$。

规律总结如下：

对于完全二叉树而言，如果它的节点个数为偶数，则该二叉树中，叶子节点的个数=非叶子节点的个数；如果它的节点个数为奇数，则该二叉树中，叶子节点的个数=非叶子节点的个数+1，即叶子节点数比非叶子节点数多一个。

【例2-15】 设一棵完全二叉树共有700个节点，则在该二叉树中有（　　）个叶子节点。

答案：350

【例2-16】 在深度为5的满二叉树中，叶子节点的个数为（　　）（即第5层的叶子个数 $2i-1$）。

（A）32　　　　　（B）31　　　　　（C）16　　　　　（D）15

答案：C

(三)二叉树的存储结构

二叉树的存储结构也有顺序存储和链式存储两种存储结构。

1. 顺序存储结构

二叉树的顺序存储，就是用一组连续的存储单元存放二叉树中的节点。一般可以采用一维数组或二维数组的方法进行存储。

2. 链式存储结构

二叉树的链式存储结构是用链表来表示二叉树，即用链指针来指示节点的逻辑关系。二叉链表节点由一个数据域和两个指针域组成，其结构如图 2-20 所示。

图 2-20　二叉链表存储结构

其中，data 为数据域，存放节点的数据信息。

lchild 为左指针域，存放该节点左子树根节点的地址。

rchild 为右指针域，存放该节点右子树根节点的地址。

当左子树或右子树不存在时，相应指针域值为空，用符号"∧"表示。

（四）二叉树的遍历

二叉树的遍历是指按某种顺序访问二叉树中的所有节点，使得每个节点都被访问，且仅被访问一次。通过一次遍历，使二叉树中节点的非线性序列转变为线性序列。也就是说，使得遍历的节点序列之间有一个一对一的关系。

由二叉树的递归定义可知，一棵二叉树由根节点（D）、根节点的左子树（L）和根节点的右子树（R）三部分组成。因此，只要依次遍历这三部分，就可以遍历整个二叉树。若以 D、L、R 分别表示访问根节点、遍历根节点的左子树、遍历根节点的右子树，则二叉树的遍历方式有六种不同的组合：DLR、LDR、LRD、DRL、RDL 和 RLD。如果限定先左后右的次序，那么就只有：DLR、LDR 和 LRD 三种遍历。

1. 先序遍历（DLR）

先序遍历也称为先根遍历，其递归过程为：

若二叉树为空，遍历结束。否则，按以下顺序遍历：

① 访问根节点。

② 先序遍历根节点的左子树。

③ 先序遍历根节点的右子树。

2. 中序遍历（LDR）

中序遍历也称为中根遍历，其递归过程为：

若二叉树为空，遍历结束。否则，按以下顺序遍历：

① 中序遍历根节点的左子树。

② 访问根节点。

③ 中序遍历根节点的右子树。

3. 后序遍历（LRD）

后序遍历也称为后根遍历，其递归过程为：

若二叉树为空，遍历结束。否则，按以下顺序遍历：

① 后序遍历根节点的左子树。

② 后序遍历根节点的右子树。

③ 访问根节点。

【例 2-17】如图 2-21 所示二叉树，求其先序遍历、中序遍历和后序遍历的节点序列。

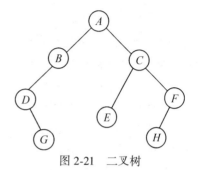

按先序遍历所得到的节点序列为：

A B D G C E F H

按中序遍历所得到的节点序列为：

D G B A E C H F

按后序遍历所得到的节点序列为：

G D B E H F C A

图 2-21　二叉树

【例 2-18】设一棵二叉树的中序遍历结果为 *DBEAFC*，前序遍历结果为 *ABDECF*，则后序遍历结果为：_____。

答案：*DEBFCA*

【例 2-19】已知一棵二叉树前序遍历和中序遍历分别为 *ABDEGCFH* 和 *DBGEACHF*，则该二叉树的后序遍历为(　　)。

(A)*GEDHFBCA*　　(B)*DGEBHFCA*　　(C)*ABCDEFGH*　　(D)*ACBFEDHG*

答案：B

2.1.6　查找技术

查找是数据处理领域中一个重要内容，查找的效率直接影响到数据处理的效率。

所谓查找就是在一个给定的数据结构中查找某个指定的元素。通常，根据不同的数据结构，应采用不同的查找方法。

(一)顺序查找

顺序查找又称顺序搜索，顺序查找是指在一个给定的数据结构中查找某个指定的元素。从线性表的第一个元素开始，依次将线性表中的元素与被查找的元素相比较，若相等则表示查找成功；若线性表中所有的元素都与被查找元素进行了比较但都不相等，则表示查找失败。

例如，在一维数组[23，59，34，99，47，67，96]中，查找数据元素 99，首先从第 1 个元素 23 开始进行比较，比较结果与要查找的数据不相等，接着与第 2 个元素 59 进行比较，以此类推，当进行到与第 4 个元素比较时，它们相等，所以查找成功。如果查找数据元素 100，则整个线性表扫描完毕，仍未找到与 100 相等的元素，表示线性表中没有要查找的元素。

在下列两种情况下也只能采用顺序查找：

① 如果线性表为无序表，则不管是顺序存储结构还是链式存储结构，只能用顺序查找。

② 即使是有序线性表，如果采用链式存储结构，也只能用顺序查找。

(二)二分法查找

二分法查找，也称拆半查找，是一种高效的查找方法。能使用二分法查找的线性表必须满足用顺序存储结构和线性表是有序表两个条件。

"有序"是特指元素按非递减排列，即从小到大排列，但允许相邻元素相等。下一节排序中，有序的含义也是如此。

对于长度为 n 的有序线性表，利用二分法查找元素 X 的过程如下：

步骤 1：将 X 与线性表的中间项比较；

步骤 2：如果 X 的值与中间项的值相等，则查找成功，结束查找；

步骤 3：如果 X 小于中间项的值，则在线性表的前半部分以二分法继续查找；

步骤 4：如果 X 大于中间项的值，则在线性表的后半部分以二分法继续查找。

例如，长度为 8 的线性表关键码序列为：[6, 13, 27, 30, 38, 46, 47, 70]，被查元素为 38。首先，将与线性表的中间项比较，即与第 4 个数据元素 30 相比较，38 大于中间项 30 的值，则在线性表[38, 46, 47, 70]中继续查找；其次，与中间项比较，即与第 2 个元素 46 相比较，38 小于 46，则在线性表[38]中继续查找，最后一次比较相等，查找成功。

顺序查找法每一次比较，只将查找范围减少 1，而二分法查找，每比较一次，可将查找范围减少为原来的一半，效率大大提高。

对于长度为 n 的有序线性表，在最坏情况下，二分法查找只需比较 $\log_2 n$ 次，而顺序查找需要比较 n 次。

2.1.7 排序

排序就是把一组无序的数据(记录)序列按关键字重新排列成有序序列的过程。换句话说，排序就是重排一组记录，使其按关键字具有递增(或递减)的顺序。

(一)交换类排序法

1. 冒泡排序法

首先，从表头开始往后扫描线性表，逐次比较相邻两个元素的大小，若前面的元素大于后面的元素，则将它们互换，不断地将两个相邻元素中的大者往后移动，最后最大者到了线性表的最后。

然后，从后到前扫描剩下的线性表，逐次比较相邻两个元素的大小，若后面的元素小于前面的元素，则将它们互换，不断地将两个相邻元素中的小者往前移动，最后最小者到了线性表的最前面。

对剩下的线性表重复上述过程，直到剩下的线性表变空为止，此时已经排好序。

在最坏的情况下，冒泡排序需要比较次数为 $n(n-1)/2$。

2. 快速排序法

任取待排序序列中的某个元素作为基准(一般取第一个元素)，通过一次排序，将待排元素分为左右两个子序列,左子序列元素的排序码均小于或等于基准元素的排序码,右子序列的排序码则大于基准元素的排序码,然后分别对两个子序列继续进行排序,直至整个序列有序。

(二)插入类排序法

① 简单插入排序法,最坏情况需要 $n(n-1)/2$ 次比较。
② 希尔排序法,最坏情况需要 $O(n^{1.5})$ 次比较。

(三)选择类排序法

① 简单选择排序法,最坏情况需要 $n(n-1)/2$ 次比较。
② 堆排序法,最坏情况需要 $O(n\log_2 n)$ 次比较。
相比以上几种(除希尔排序法外),堆排序法的时间复杂度最小。

怎么考

【试题 2-1】树是节点的集合,它的根节点数目是(   )。
(A)有且只有 1   (B)1 或多于 1   (C)0 或 1   (D)至少 2
解析:根据树的定义。
答案:A

【试题 2-2】在单链表中,增加头节点的目的是(   )。
(A)方便运算的实现   (B)使单链表至少有一个节点
(C)标识表节点中首节点的位置   (D)说明单链表是线性表的链式存储实现
解析:增加头节点是为了方便运算。
答案:A

【试题 2-3】下列数据结构中,属于非线性结构的是(   )。
(A)循环队列   (B)带链队列   (C)二叉树   (D)带链栈
解析:树和图是非线性结构。
答案:C

【试题 2-4】下列数据结果中,能够按照"先进后出"原则存取数据的是(   )。
(A)循环队列   (B)栈   (C)队列   (D)二叉树
解析:栈的特点是"先进后出",队列的特点是"先进先出"。
答案:B

【试题 2-5】下列叙述中正确的是(   )。
(A)对长度为 n 的有序链表进行查找,最坏情况下需要的比较次数为 n
(B)对长度为 n 的有序链表进行对分查找,最坏情况下需要的比较次数为 $(n/2)$
(C)对长度为 n 的有序链表进行对分查找,最坏情况下需要的比较次数为 $(\log_2 n)$
(D)对长度为 n 的有序链表进行对分查找,最坏情况下需要的比较次数为 $(n\log_2 n)$
解析:对长度为 n 的线性表进行顺序查找,最坏情况下(查找最后一个元素或查找失败时)需要比较次数为 n。

答案：A

【试题 2-6】算法的时间复杂度是指（　　　）。

(A)算法的执行时间　　　　　　　　(B)算法所处理的数据量

(C)算法程序中的语句或指令条数　　(D)算法在执行过程中所需要的基本运算次数

解析：一个算法花费的时间与算法中语句的执行次数成正比，哪个算法中语句执行次数多，它所花费的时间就多。

答案：D

2.2　程序设计部分 ★★★

考什么

2.2.1　程序设计基础

(一)程序设计的方法与风格

程序设计是一门艺术，需要相应的理论、技术、方法和工具来支持。就程序设计方法和技术的发展而言，主要经过了结构化程序设计和面向对象的程序设计阶段。除了好的程序设计方法和技术外，程序设计风格也是很重要的。因为程序设计风格会深刻影响软件的质量和可维护性，良好的程序设计方格可以使程序结构清晰合理，使程序代码便于维护。因此，程序设计风格对保证程序的质量是很重要的。

一般来说，程序设计风格是指编程时所表现出的特点、习惯和逻辑思路。程序是由人来编写的，为了测试和维护程序，往往还有阅读和跟踪程序。因此，程序设计的风格应该强调简单而清晰，程序必须是可以理解的。可以认为著名的"清晰第一，效率第二"的论点已成为当今的主导程序设计方格。

养成良好的程序设计风格，主要考虑下述因素：

1. 源程序文档化

① 符号名的命名：符号名的命名应具有一定的实际含义，以便于对程序功能的理解。

② 程序注释：在源程序中添加正确的注释可帮助人们理解程序。程序注释可分为序言性注释和功能性注释。语句结构清晰第一、效率第二。

③ 视觉组织：通过在程序中添加一些空格、空行和缩进等，使人们在视觉上对程序的结构一目了然。

2. 数据说明的方法

为使程序中的数据说明易于理解和维护，可采用下列数据说明的风格：

① 次序应规范化：使数据说明次序固定，使数据的属性容易查找，也有利于测试、

排错和维护。

② 变量安排有序化：当多个变量出现在同一个说明语句中时，变量名应按字母顺序排序，以便于查找。

③ 使用注释：在定义一个复杂的数据结构时，应通过注解来说明该数据结构的特点。

3. 语句的结构程序

语句的结构程序应该简单易懂，语句构造应该简单直接。一般应注意以下几点：

① 在一行内只写一条语句。

② 程序编写应优先考虑清晰性。

③ 除非对效率有特殊要求，程序编写要做到清晰第一，效率第二。

④ 首先要保证程序正确，然后按要求提高速度。

⑤ 避免使用临时变量而使程序的可读性下降。

⑥ 避免不必要的转移。

⑦ 尽可能使用库函数。

⑧ 避免采用复制的条件语句。

⑨ 尽量减少采用"否定"条件的条件语句。

⑩ 数据结构要有利于程序的简化。

⑪ 要模块化，使模块功能尽可能单一化。

⑫ 利用信息隐蔽，确保每一个模块的独立性。

⑬ 从数据出发去构造函数。

⑭ 不要修补不好的程序，要重新编写。

4. 输入和输出

输入输出信息是用户直接关心的，输入输出的方式和格式应尽可能方便用户的使用，因为系统能否被用户接受，往往取决于输入输出的方式和格式。无论是批处理的输入和输出方式，还是交互方式的输入和输出方式，在设计和编程时都应考虑如下原则：

① 对所有的输入数据都要检验数据的合法性。

② 检验输入项的各项重要组合的合理性。

③ 输入格式要简单，以使得输入的步骤和操作尽可能简单。

④ 输入数据时，应允许使用自由格式。

⑤ 应允许缺省值。

⑥ 输入一批数据时，最好使用输入结束标志。

⑦ 在以交互输入/输出方式进行输入时，要在屏幕上使用提示输入的请求，同时在数据输入过程中和输入结束时，应在屏幕上给出状态信息。

⑧ 当程序设计语言对输入格式有严格要求时，应保持输入格式与输入语句的一致性；给所有的输出加注释，并设计输出报表格式。

(二) 结构化程序设计

由于软件危机的出现，人们开始研究程序设计方法，其中最受关注的是结构化程序设计方法。20 世纪 70 年代提出了"结构化程序设计 (Structured Programming)" 的思想和方法。结构化程序设计方法引入了工程思想和结构化思想，使大型软件的开发和编程都得到了极大的改善。

1. 结构化程序设计的原则

结构化程序设计方法的主要原则为：自顶向下、逐步求精、模块化和限制使用 goto 语句。

① 自顶向下：先考虑整体，再考虑细节；先考虑全局目标，再考虑局部目标；不要一开始就过多追求众多的细节，先从最上层总目标开始设计，逐步使问题具体化。

② 逐步求精：对复杂问题应设计一些子目标作为过渡，逐步细化。

③ 模块化：把程序要解决的总目标分解为分目标，再进一步分解为具体的小目标，把每个小目标称为一个模块。

④ 限制使用 goto 语句：在程序开发过程中要限制使用 goto 语句。

2. 结构化程序的基本结构

结构化程序的基本结构有三种类型：顺序结构、选择结构和循环结构。

① 顺序结构：最基本、最普通的结构形式，按照程序中的语句行的先后顺序逐条执行，如图 2-22 所示。

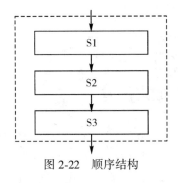

图 2-22　顺序结构

② 选择结构：又称为分支结构，它包括简单选择和多分支选择结构；这种结构可以根据设定的条件，判断应选择哪一条分支来执行相应的语句序列。如图 2-23 所示。

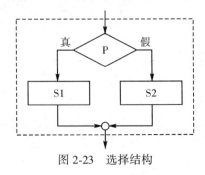

图 2-23　选择结构

③ 循环结构：根据给定的条件，判断是否要重复执行某一相同的或类似的程序段。利用重复结构可以简化大量的程序段。在程序设计语言中，循环结构对应两类循环语

句：先判断后执行的循环体称为当型循环结构；先执行循环体后判断的称为直到型循环结构。如图 2-24 所示。

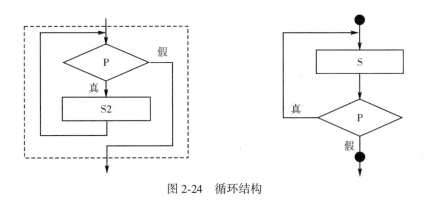

图 2-24　循环结构

总之，遵循结构化程序的设计原则，按结构化程序设计方法设计出的程序具有明显的优点：

① 程序易于理解、使用和维护。程序员采用结构化编程方法，便于控制、降低程序的复杂性，因此容易编写程序，且便于检验程序的正确性。结构化程序清晰易读，可理解性好，程序员能够进行逐步求精、程序证明和测试，以确保程序的正确性，程序容易阅读、易被人理解，便于用户使用和维护。

② 提高了编程的效率，降低了软件开发的成本。由于结构化程序设计方法能够把错误降低到最低限度，能够减少调试和查错时间。结构化程序由为数不多的基本结构模块组成，这些模块甚至可以由机器自动生成，从而极大地减轻了编程的工作量。

3. 结构化原则和方法的应用

基于对结构化程序设计的原则、方法以及结构化程序基本结构的掌握和了解，在结构化程序设计的具体实施中，要注意把握如下几点，使用程序设计语言中的顺序、选择、循环等有限的控制结构便是程序的逻辑控制。

① 使用的逻辑控制只有一个入口，一个出口。

② 程序语句组成容易识别的块，每块只有一个入口和一个出口。

③ 复杂结构应该用嵌套的基本控制结构进行组合嵌套来实现。

④ 语言中所没有的控制结构，应该采用前后一致的方法来模拟。

⑤ 严格控制 goto 语句的使用，其意义是：

a. 用一个非结构化的程序设计语言去实现一个结构化的构造。

b. 若不使用 goto 语句会使功能模糊。

c. 在某种可以改善而不是损害程序可读性的情况下。

2.2.2　面向对象方法

今天，面向对象（Object Oriented）方法已经发展成为主流的软件开发方法。面向对象的形成同结构化方法一样，起源于实现语言，首先对面向对象的程序设计语言（OOPL）开展研究，随之逐渐形成面向对象分析和设计方法。面向对象方法和技术历经 30 多年的研究和发展，已经越来越成熟和完善，应用也越来越深入和广泛。

面向对象的软件开发方法在 20 世纪 60 年代后期首次提出，以 20 世纪 60 年代挪威奥斯大学和挪威计算中心共同研究的 SIMULA 语言为标准，面向对象的基本要点首次在 SIMULA 语言中得到了表达和实现。后来一些著名的面向对象语言（Smaltalk、C++、Java）的设计者都曾从 SIMULA 得到启发。随着 20 世纪 80 年代美国加州的 Xerox 研究中心推出 Smaltalk 语言和环境，使面向对象程序设计方法得到比较完善的实现。Smaltalk-80 等系列描述能力较强，执行效率较高的面向对象编程语言的出现，标志着面向对象的方法与技术开始走向实用。

面向对象方法的基本思想是从现实世界中客观存在的事物出发来构造软件系统，并在系统构造中尽可能运用人类的自然思维方式。开发一个软件是为了解决某些问题，这些问题所涉及的业务范围称作该软件的问题域。面向对象方法强调直接以问题域的事务中心来思考问题、认识问题，并根据这些事物的本质特征，把它们抽象的表示为系统中的对象，作为系统的基本构成单位，而不是用一些与现实世界中的事务相差较远，并且没有对应关系的其他概念来构造系统。

面向对象方法之所以日益受到人们的重视和应用，成为流行的软件开发方法，是源于面向对象方法的以下主要优点：

① 可维护性。

采用面向对象思想设计的结构，可读性高，由于继承的存在，即使改变需求，维护也只是在局部模块，维护起来非常方便，成本也较低。

② 可重用性。

可重用性是面向对象软件开发的一个核心思路，事实上前面所介绍的面向对象程序设计的四大特点，都或多或少地围绕着可重用性这个核心并为之服务。

我们知道，应用软件是由模块组成的。可重用性就是指一个软件项目中所开发的模块，能够不局限于在这个项目中使用，而是可以在其他项目中重复地使用，从而在多个不同的系统中发挥作用。

首先，可重用模块必须是结构完整、逻辑严谨、功能明确的独立软件结构；其次，可重用模块必须具有良好的可移植性，可以使用在各种不同的软硬件环境和不同的程序框架里；最后，可重用模块应该具有与外界交互、通信的功能。

③ 高效率性。

当开发大型软件产品时，组织开发人员的方法不恰当往往是出现问题的主要原因。用面向对象技术开发软件时，可以把一个大型产品看作是一系列本质上相互独立的小产品来处理，这不仅降低了开发的技术难度，而且也使得对开发工作的管理变得容易。许多软件开发公司的经验都表明，当把面向对象技术用于大型软件开发时，软件成本明显降低了，软件的整体质量也提高了。

④ 可扩展性。

可扩展性是对现代应用软件提出的又一个重要要求，即要求应用软件能够很方便、容易地进行扩充和修改。这种扩充和修改的范围不但涉及软件的内容，也涉及软件的形式和工作机制。现代应用软件的修改更新频率越来越快，究其原因，既有用户业务发展、更迭引起的相应的软件内容的修改和扩充，也有计算机技术本身发展造成的软件的升级换代，如现在呼声很迫切地把原客户机/服务器模式下的应用移植到因特网上的工作，就是这样一种软件升级。

使用面向对象技术开发的应用程序，具有较好的可扩展性。

面向对象技术的可扩展性，首先体现在它特别适合使用在快速原型的软件开发方法中。快速原型法是研究软件生命周期的研究人员提出的一种开发步骤，相对于传统的瀑布式的开发方法，某些程度上来说其更加灵活和实用。快速原型法的开发过程是这样的，首先在了解了用户的需求之后，开发人员利用开发工具先做一个系统的雏形，称为原型，这个原型尽管粗糙，但应该是完整的、可工作的。开发人员带着这个原型征求用户的意见，再根据用户的改进意见在第一个原型的基础上修改和进一步开发，形成第二个原型，再带着第二个原型去征求用户的意见……如此循环往复，不断地在已有工作的基础上修改、细化、完善，直到把最初粗陋的雏形精雕细琢成最终的功能完整、结构严谨的应用系统。如图 2-25 所示。

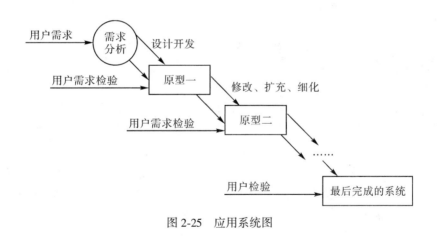

图 2-25　应用系统图

1. 面向对象方法的几个基本概念

（1）对象

对象是问题域或实现域中某些事物的一个抽象，它反映该事物在系统中需要保存的信息和发挥的作用；它是一组属性和有权对这些属性进行操作的一组服务的封装体。

利用计算机解题是借助某种语言规定对计算机实体施加某种动作，以此动作的结果去映射解，把计算机实体称为空间（或解域）对象。

通常把对象的操作称为方法或服务。

属性即对象所包含的信息，它在设计对象时确定，一般只能通过执行对象的操作来改变。属性值应该指的是纯粹的数据值，而不能指对象。

操作描述了对象执行的功能，若通过信息的传递，还可以为其他对象使用。

对象具有如下特征：标识唯一性、分类性、多态性、封装性、模块独立性。

（2）类和实例

类是具有共同属性、共同方法的对象的集合。它描述了属于该对象类型的所有对象的性质，而一个对象则是其对应类的一个实例。

类是关于对象性质的描述，它同对象一样，包括一组数据属性和在数据上的一组合法操作。

（3）消息和方法

① 消息。消息就是向对象发出的服务请求，它应含有提供服务的对象标识、服务标识、输入信息和回答信息。消息的接收者是提供服务的对象。消息的发送者是要求提供服务的对象或其他系统成分。

消息的形式用消息模式表示，一个消息模式定义了一类消息，它可以对应内容不同的消息。

消息是实例之间传递的信息，它请求对象执行某一处理或回答某一要求的信息，它统一了数据流和控制流。

一个消息由三部分组成：接收消息的对象的名称、消息标识符（消息名）和零个或多个参数。

② 方法。把所有对象分成各种对象类，每个对象类都有一组所谓的方法，它们实际上是类对象上的各种操作。

当一个面向对象的程序运行时，一般要做三件事。首先，根据需要创建对象；其次，当程序处理信息或响应来自用户的输入时要从一个对象传递消息到另一对象（或用户到对象）；最后，若不再需要改对象时，应删除它并回收所占用的存储单元。

（4）继承

广义地说，继承是指能够直接获得已有的性质和特征，而不必重复定义它们。

继承分为单继承与多重继承。单继承是指，一个类只允许有一个父类，即类等级为树形结构。多重继承是指，一个类允许有多个父类。

（5）多态性

对象根据所接受的消息而做出动作，同样的消息被不同的对象接受时可导致完全不同的行动，该现象称为多态性。

怎么考

【试题 2-7】下列选项中不属于结构化程序设计原则的是（　　）。

（A）可封装　　　　（B）自顶向下　　　　（C）模块化　　　　（D）逐步求精

解析：结构化程序设计原则：自顶向下、逐步求精和模块化。

答案：A

【试题 2-8】以下不属于对象的基本特点的是( )。

(A)分类性　　　　(B)多态性　　　　(C)继承性　　　　(D)封装性

解析：封装性，继承性和多态性。

答案：A

【试题 2-9】信息屏蔽的概念与下述哪一种概念直接相关( )。

(A)软件结构定义　　　　　　　(B)模块独立性

(C)模块类型划分　　　　　　　(D)模块耦合度

解析：信息屏蔽的概念与模块独立性相关。

答案：B

【试题 2-10】结构化程序设计强调的是( )。

(A)程序的规模　　　　　　　　(B)程序的效率

(C)程序设计语言的先进性　　　(D)程序易读性

解析：一个好的程序应该是简单、清晰、易读。

答案：D

【试题 2-11】有三种基本的控制结构，选择的控制结构只准许有( )。

(A)一个入口和多个出口　　　　(B)一个入口和一个出口

(C)多个入口和多个出口　　　　(D)多个入口和一个出口

解析：三种基本结构是：顺序结构、选择结构和循环结构，都只有一个入口和一个出口。

答案：B

2.3　软件工程部分 ★★★★

考什么

2.3.1　软件工程基础

(一)软件工程基本概念

1. 软件定义

软件指的是计算机系统中与硬件相互依存的另一部分，包括程序、数据和相关文档的完整集合。

程序是软件开发人员根据用户需求开发的、用程序设计语言描述的、适合计算机执行的指令序列。

数据是使程序能正常操纵信息的数据结构。文档是与程序的开发、维护和使用有关的图文资料。

可见，软件由两部分组成：机器可执行的程序和数据；机器不可执行的，与软件开发、运行、维护、使用等有关的文档。

2. 软件的特点

① 软件是一种逻辑实体，而不是具体的物理实体，具有抽象性，缺乏可见性。软件的这个特点使它与其他工程对象有着明显的差异。

② 软件与硬件的生产方式不同，它没有明显的制作过程。一旦研究开发成功，可以大量拷贝同一内容的副本。

③ 软件与硬件的维护不同，软件在运行、使用期间不存在磨损、老化问题。软件虽然在生成周期后期不会因为磨损而老化，但为了适应硬件、环境以及需求的变化要进行修改，而这些修改又会不可避免地引入错误，导致软件失败率高，从而使得软件退化。

④ 软件的开发和运行经常受到计算机系统的限制，这导致了软件移植的问题。

⑤ 软件的开发尚未完全摆脱手工开发的方式。

⑥ 软件的开发费用越来越高，软件开发常常涉及其他领域的知识。软件开发需要投入大量高强度的脑力劳动，成本高。

⑦ 软件的开发是一个复杂的过程。

3. 软件的分类

根据应用目标的不同，软件可分应用软件、系统软件和支撑软件(或工具软件)。

① 应用软件：为解决特定领域的应用而开发的软件。

② 系统软件：计算机管理自身资源，提高计算机使用效率并为计算机用户提供各种服务的软件。

③ 支撑软件(或工具软件)：支撑软件是介于两者之间，协助用户开发软件的工具性软件。

4. 软件危机与软件工程

(1) 软件危机

软件危机是指在计算机软件的开发、使用和维护过程中遇到的一系列严重问题。软件危机表现为：

① 产品不符合用户的实际需求。

② 软件开发生产率提供的速度远远不能满足客户的客观需求。

③ 软件产品的质量差。

④ 对软件开发成本和进度的估计常常不准确。

⑤ 软件的可维护性差。

⑥ 软件文档资料通常不完整，也不合格。

⑦ 软件的价格昂贵。

(2) 软件工程

为了摆脱软件危机，提出了软件工程的概念。所谓软件工程是指采用工程的概念、原理、技术和方法指导软件的开发与维护。

软件工程包括三个要素：方法、工具和过程。

① 方法：方法是完成软件工程项目的技术手段。

② 工具：工具支持软件的开发、管理、文档生成。

③ 过程：过程支持软件开发的各个环节的控制、管理。

（3）软件工程的基本目标

① 付出较低的开发成本。

② 达到预期的软件功能。

③ 取得较好的软件性能。

④ 使软件易于移植。

⑤ 需要较低的维护费用。

⑥ 能按时完成开发工作，及时交付使用。

软件工程目标之间的关系如图 2-26 所示。

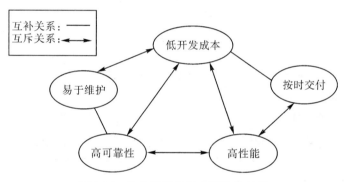

图 2-26　软件工程目标之间的关系图

（4）软件工程的原则

为了达到上述的软件工程目标，在软件开发过程中，必须遵循软件工程的基本原则。这些原则适用于所有的软件项目。这些基本原则包括抽象、信息隐蔽、模块化、局部化、确定性、一致性、完备性和可验证性。

① 分解：基本思想是从时间上或规模上将一个复杂的抽象的问题分解成若干个较小的、相对独立的、容易求解的子问题。

② 抽象和信息隐蔽：尽量将可变因素隐藏在一个模块内，将怎样做的细节隐藏在下层，而将做什么抽象到上一层做简化，从而保证模块的独立性。

③ 模块化：模块是程序中相对独立的成分，是一个独立的编程单位，应有良好的接口定义。模块的大小要适中，模块过大会使模块内部的复杂性增加，不利于对模块的理解和修改，也不利于模块的调试和重用。模块过小会导致整个系统表示过于复杂，不利于控制系统的复杂性。

④ 局部化：要求在一个物理模块内集中逻辑上相互关联的计算资源，保证模块间具有松散的耦合关系，模块内部有较强的内聚性。

⑤ 确定性：软件开发过程中所有概念的表达应是确定的、无歧义的、规范的。这有助于人与人的交互不会产生误解和遗漏，以保证整个开发工作的协调一致。

⑥ 一致性：要求软件程序、数据和文档的整个软件系统的各模块应使用已知的概念、符号和术语。程序内、外部接口应保持一致，系统规格说明与系统行为保持一致。

⑦ 完备性：软件系统不丢失任何重要成分，完全实现系统所需的功能。

⑧ 可验证性：开发大型软件系统需要对系统自顶向下、逐层分解。系统分解应遵循容易检查、测评、评审的原则，以确保系统的正确性。

(二)软件工程过程与软件生命周期

1. 软件工程过程

ISO 9000 定义：软件工程过程是把输入转化为输出的一组彼此相关的资源和活动。定义支持了软件工程过程的两个方面的内涵。

软件工程过程是指为获得软件产品，在软件工具支持下由软件工程师完成的一系列软件工程活动。基于这个方面，软件工程过程通常包含四种基本活动：

① plan：软件规格说明。规定软件的功能及其运行时的限制。

② do：软件开发。产生满足规格说明的软件。

③ check：软件确认。确认软件能够满足客户提出的要求。

④ action：软件演进。为满足客户的变更要求，软件必须在使用的过程中演进。

事实上，软件工程过程是软件开发机构针对某类软件产品为自己规定的工作步骤，它应当是科学的、合理的，否则必将影响软件产品的质量。从软件开发的观点看，它就是使用适当的资源(包括人员、硬软件工具、时间等)，为开发软件进行的一组开发活动，在过程结束时将输入(用户要求)转化为输出(软件产品)。因此，软件工程的过程是将软件工程的方法和工具综合起来，以达到合理、及时地进行计算机软件开发的目的。软件工程过程应确定方法使用的顺序、要求交付的文档资料、为保证质量和适应变化所需要的管理、软件开发各个阶段完成的任务。

2. 软件生命周期概念

(1)软件生命周期的定义

软件产品从提出、实现、使用维护到停止使用退役的过程称为软件生命周期。

软件生命周期(SDLC，软件生存周期)是软件的产生直到报废的生命周期，周期内有问题定义、可行性分析、总体描述、系统设计、编码、调试和测试、验收与运行、维护升级到废弃等阶段，这种按时间分程的思想方法是软件工程中的一种思想原则，即按部就班、逐步推进，每个阶段都要有定义、工作、审查、形成文档以供交流或备查，以提高软件的质量。但随着新的面向对象的设计方法和技术的成熟，软件生命周期设计方法的指导意义正在逐步减少。

软件生命周期分为三个时期，共八个阶段：

① 软件定义期，包括问题定义、可行性研究和需求分析三个阶段。

② 软件开发期，包括概要设计、详细设计、实现和测试四个阶段。

③ 运行维护期，即运行维护阶段。

软件生命周期各个阶段的活动可以有重复，执行时也可以有迭代。

（2）软件生命周期各阶段的主要任务

软件生命周期各阶段的主要任务如表2-1所示。

表 2-1　生命周期各阶段任务表

任务	描述
问题定义	确定要求解决的问题是什么
可行性研究与计划制订	决定该问题是否存在一个可行的解决办法，制订完成开发任务的实施计划
需求分析	对待开发软件提出需求进行分析并给出详细定义。编写软件规格说明书及初步的用户手册，提交评审
软件设计	通常又分为概要设计和详细设计两个阶段，给出软件的结构、模块的划分、功能的分配以及处理流程。这阶段提交评审的文档有概要设计说明书、详细设计说明书和测试计划初稿
软件实现	在软件设计的基础上编写程序。这阶段完成的文档有用户手册、操作手册等面向用户的文档，以及为下一步做准备而编写的单元测试计划
软件测试	在设计测试用例的基础上，检验软件的各个组成部分。编写测试分析报告
运行维护	将已交付的软件投入运行，同时不断地维护，进行必要而且可行的扩充和删改

(三)结构化分析方法

软件开发方法是软件开发过程中所遵循的方法和步骤，其目的在于有效地得到一些工作产品，即程序和文档，并且满足质量要求。软件开发方法包括分析方法、设计方法和程序设计方法。

1. 结构化分析方法

（1）结构化分析方法的定义

结构化分析方法就是使用数据流图（DFD）、数据字典（DD）、结构化语言、判定表和判定树的工具，来建立一种新的、称为结构化规格说明的目标文档。

结构化分析方法的实质是着眼于数据流，自顶向下对系统的功能进行逐层分解，以数据流图和数据字典为主要工具，建立系统的逻辑模型。

（2）结构化分析方法的步骤

① 通过对用户的调查，以软件的需求为线索，获得当前系统的具体模型。

② 去掉具体模型中非本质因素，抽象出当前系统的逻辑模型。

③ 根据计算机的特点分析当前系统与目标系统的差别，建立目标系统的逻辑模型。

④ 完善目标系统并补充细节，写出目标系统的软件需求规格说明。

⑤ 评审直到确认完全符合用户对软件的需求。

2. 需求分析和需求分析方法

（1）需求分析

需求分析是指用户对目标系统的功能、行为、性能、设计约束等方面的期望。需求分析的任务是发现需求、求精、建模和定义需求的过程。需求分析将创建所需数据模型、功能模型和控制模型。

① 需求分析定义。

1997 年 IEEE 软件工程标准对需求分析定义如下：

a. 用户解决问题或达到目标所需的条件或权能。

b. 系统或系统部件要满足合同、标准、规范或其他正式规定文档所需具有的条件或权能。

c. 一种反映前面所述的条件或权能的文档说明。

② 需求分析阶段的工作。

需求分析阶段包括四个方面：

a. 需求获取：确定对目标系统的各方面需求。

b. 需求分析：对获取的需求进行分析和综合，最终给出系统的解决方案和目标系统的逻辑模型。

c. 编写需求规格说明书：说明书作为需求分析的阶段成果，可为用户、分析人员和设计人员之间的交流提供方便，既可以直接支持目标软件系统的确认，又可以作为控制软件开发进程的依据。

d. 需求评审：需求分析的最后一关，对需求分析阶段的工作进行复审，验证需求文档的一致性、可行性、完整性和有效性。

（2）需求分析方法

需求分析方法有：

① 结构化分析方法：包括面向数据流的结构化分析方法，面向数据流结构的 Jackson 方法和面向数据结构的结构化数据系统开发方法。

② 面向对象的分析方法：从需求分析建立的模型的特性来看，需求分析方法又分为静态分析方法和动态分析方法。

3. 结构化分析的常用工具

（1）数据流图（DFD，Data Flow Diagram）

数据流图是描述数据处理过程的工具，是需求理解的逻辑模型的图形表示，它直接支持系统的功能建模。

数据流图中主要图形元素有：

① 数据流。数据流是数据在系统内传播的路径，因此由一组成分固定的数据组成。如订票单由旅客姓名、年龄、单位、身份证号、日期、目的地等数据项组成。由于数据流是流动中的数据，所以必须有流向，除了与数据存储之间的数据流不用命名外，数据流应该用名词或名词短语命名。

② 数据源(终点)。数据源代表系统之外的实体，可以是人、物或其他软件系统。

③ 对数据的加工(处理)。加工是对数据进行处理的单元，它接收一定的数据输入，对其进行处理，并产生输出。

④ 数据存储。表示信息的静态存储，可以代表文件、文件的一部分、数据库的元素等。

DFD 图的基本组成及基本形式分别如图 2-27 和图 2-28 所示。

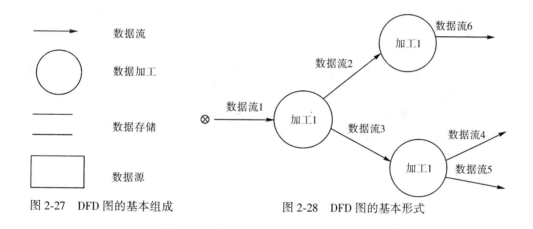

图 2-27　DFD 图的基本组成　　　　图 2-28　DFD 图的基本形式

建立数据流图的步骤如下：

① 由外向内：先画系统的输入和输出，然后画系统的内部。

② 自顶向下：顺序完成顶层、中间层、底层数据流图。

③ 逐层分解。

为保证构造的数据流图表达完整、准确、规范，应遵循以下数据流图的构造规则和注意事项：

① 对加工处理建立唯一、层次性的编号，且每个加工处理通常要求既有输入又有输出。

② 数据存储之间不应该有数据流。

③ 数据流图的一致性。

④ 父图、子图关系与平衡规则。

高校学生收费数据流图如图 2-29 所示。

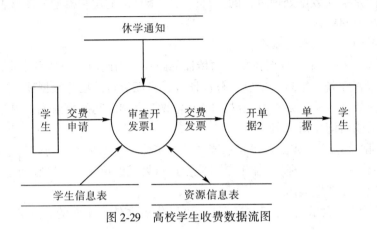

图 2-29 高校学生收费数据流图

（2）数据字典（DD，Data Dictionary）

数据字典是结构化分析方法的核心。数据字典是对所有与系统相关的数据元素的一个有组织的列表，以及精确严格的定义，使用户和系统分析员对输入、输出、存储和中间结果有共同的理解。

数据字典是对数据流图（DFD）中出现的被命名的图形元素的确切解释，通常数据词典包含的信息有：名称、别名、何处使用/如何使用、内容描述、补充信息等。

以图 2-29 中的"发票"为例，编写一个字典条目。

解析："发票"条目内容与格式如表 2-2 所示。

表 2-2 "发票"条目表

数据流名：发票
组成：学号+姓名+学费+住宿费+｛书号+单价+数量+总价｝+总计费用
备注：

（3）判定树

使用判定树进行描述时，应先从问题定义的文字描述中分清哪些是判定条件，哪些是判定结论，根据描述材料中的连接词找出判定条件之间的从属关系、并列关系、选择关系，根据它们构造判定树。如高考学校第一志愿录取条件如图 2-30 所示。

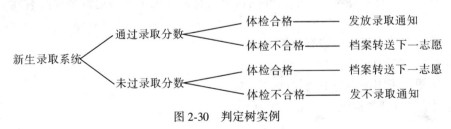

图 2-30 判定树实例

（4）判定表

判定表和判定树似是而非，当数据流图中的加工要依赖于多个逻辑条件的取值，即完成该加工的一组动作是由于某一组条件取值的组合而引发的，使用判定表描述比较适宜。

判定由四部分组成：基本条件、条件项、基本动作、动作项。如上例中判定树改为判定表如表 2-3 所示。

表 2-3　第一志愿录取条件表

考生成绩	≥录取分数	≥录取分数	<录取分数	<录取分数
体检结果	合格	不合格	合格	不合格
录取	√			
转下一志愿学校		√	√	
不录取				√

4. 软件需求规格说明书

软件需求规格说明书是需求分析阶段的最后成果，是软件开发中重要的文档之一。

（1）软件需求规格说明书的作用

① 便于用户、开发人员进行理解和交流。

② 反映出用户问题的结构，可以作为软件开发工作的基础和依据。

③ 作为确认测试和验收的依据。

（2）软件需求规格说明书的内容

软件需求规格说明书是作为需求分析的一部分而制定的可交付文档。把该在软件中确定的软件范围加以展开，制定出完整的住处描述、详细功能说明、恰当的检验标准以及其他与要求有关的数据。

软件需求规格说明书所包括的内容和书写框架如表 2-4 所示。

（3）软件需求规格说明书的特点

① 正确性：体现待开发系统的真实要求。

② 无歧义性：对每一个需求只有一种解释，其陈述具有唯一性。

③ 完整性：包括全部有意义的需求，功能的、性能的、设计的、约束的、属性或外部接口等方面需求。

④ 可验证性：描述的每一个需求都是可以验证的。

⑤ 一致性：各个需求的描述不矛盾。

⑥ 可理解性：需求说明书必须简明易懂，尽量少包含计算机的概念和术语，以便用户和软件人员都能接受它。

⑦ 可修改性。

⑧可追踪性：每一个需求的来源、流向是清楚的，当产生和改变文档编制时，可以方便地引证每一个需求。

表 2-4　软件需求规格说明书内容表

一、概述
二、数据描述 　　数据流图 　　数据词典 　　系统接口说明 　　内部接口
三、功能描述 　　功能 　　处理说明 　　设计的限制
四、性能描述 　　性能参数 　　测试种类 　　预期的软件响应 　　应考虑的特殊问题
五、参考文献目录
六、附录

2.3.2　软件设计

(一)软件设计基础

1. 软件设计的基本概念

(1)软件设计的基础

软件设计是软件工程的重要阶段，是一个把软件需求转换为软件表示的过程。软件设计的重要性和地位概括为以下几点：

① 软件开发阶段(设计、编码、测试)占据软件项目开发总成本的绝大部分，是在软件开发中形成质量的关键环节。

② 软件设计是开发阶段最重要的步骤，是将需求准确地转化为完整的软件产品的唯一途径。

③ 软件设计作出的决策最终影响软件实现的成败。

④ 设计是软件工程和软件维护的基础。

(2)软件设计的基本原理

软件设计遵循软件工程的基本目标和原则，建立了适用于在软件设计中应该遵循的基本原理和与软件设计有关的概念。

① 抽象：把事物本质分析出来而不考虑其他细节。

② 模块化：把一个待开发的软件分解成若干个小的简单的部分。

③ 信息隐蔽：在一个模块中包含的信息（过程或数据），对于不需要这些信息的其他模块来说是不能访问的。

④ 模块独立性：每个模块只能完成系统要求的独立的子功能，并且与其他模块的联系最少且接口简单。衡量软件的模块独立性是用耦合性和内聚性作为度量标准。

⑤ 内聚性：一个模块内部各个元素彼此结合的紧密程度的度量。内聚性按由弱到强有下面几种：偶然内聚、逻辑内聚、时间内聚、过程内聚、通信内聚、顺序内聚、功能内聚。

⑥ 耦合性：模块间相互结合的紧密程度的度量。耦合度由高到低排列有下面几种：内容耦合、公共耦合、外部耦合、控制耦合、标记耦合、数据耦合、非直接耦合。

（3）结构化设计方法

结构化设计就是采用最佳的可能方法设计系统的各个组成部分以及各部分之间的内部联系的技术。

2. 概要设计

（1）概要设计的任务

概要设计的基本任务是：

① 设计软件系统结构。

在概要设计阶段，需要进一步分解，划分为模块以及模块的层次结构，划分的具体过程是：

a. 采用某种设计方法，将一个复杂的系统按功能划分成模块。

b. 确定每个模块的功能。

c. 确定模块之间的调用关系。

d. 确定模块之间的接口，即模块之间传递的信息。

e. 评价模块结构的质量。

② 数据库结构及数据库设计。

数据设计是实现需求定义和规格说明过程中提出的数据对象的逻辑表示。数据设计的具体任务是：确定输入、输出文件的详细数据结构；结合算法设计，确定算法的逻辑数据结构及其操作；确定对逻辑结构所必须的那些操作的程序模块，限制和确定各个数据设计决策的影响范围；需要与操作系统或调度程序接口所必需的控制表进行数据交换时，确定其详细的数据结构和使用规则；数据的保护性设计；防卫性、一致性、冗余性设计。

数据设计中应该注意掌握以下设计原则：

a. 用于功能和行为的系统分析原则也应用于数据。

b. 应该标识所有的数据结构以及其上的操作。

c. 应当建立数据词典，并用于数据设计和程序设计。

d. 低层的设计决策应该推迟到设计过程的后期。

e. 只有那些需要直接使用数据结构、内部数据的模块才能看到数据的表示。

f. 应该开发一个由有用的数据结构和应用于其上的操作组成的库。

g. 软件设计和程序设计语言应该支持抽象数据类型的规格说明和实现。

③ 编写设计文档。

在概要设计阶段，需要编写的文档有：概要设计说明书、数据库设计说明书、集成测试计划等。

④ 概要设计文档评审。

在概要设计中，对设计部分是否完整地实现了需求中规定的功能、性能等要求，设计方案的可行性，关键的处理及内部接口定义正确性、有效性，各部分的一致性等要进行评审，以免在以后的设计中出现现在的问题而返工。

常用的软件结构设计工具是结构图（SC），结构图是描述软件结构的图形工具。基本图符如图 2-31 所示。

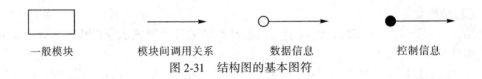

一般模块　　　　模块间调用关系　　　　数据信息　　　　控制信息

图 2-31　结构图的基本图符

（2）面向数据流的设计方法

在需求分析阶段，主要是分析信息在系统中流动的情况。面向数据流的设计方法定义了一些不同的映射方法，利用这些映射方法可以把数据流变换成结构图表示的软件结构。

① 数据流类型。

数据流分为变换型和事务型。

变换型。变换型是指信息沿输入通路进入系统，同时由外部形式变换成内部形式，进入系统的信息通过变换中心，经加工处理以后再沿输出通路变换成外部形式离开软件系统。变换型数据处理问题的工作过程可分为三步，即取得数据、变换数据和输出数据。如图 2-32 所示。

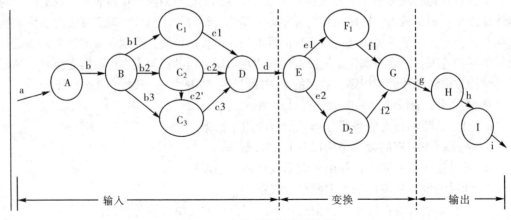

图 2-32　变换型数据流结构图

事务型。在很多软件应用中，存在某种作业数据流，它可以引发一个或多个处理，这些处理能够完成作业要求的功能，这种数据流叫作事务。事务型数据流的特点是接受一项事务，根据事务处理的特点和性质，选择分派一个适当的处理单元(事务处理中心)，然后给出结果。如图 2-33 所示:

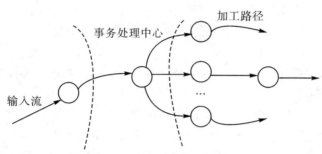

图 2-33　事务型数据流结构图

② 面向数据流设计方法的实施要点与设计过程

面向数据流的结构设计过程和步骤:

第一步，分析、确认数据流图的类型，区分是事务型还是变换型。

第二步，说明数据流的边界。

第三步，把数据流图映射为程序结构。

第四步，根据设计准则对产生的结构进行细化和求精。

(3)设计的准则

设计准则如下:

① 提高模块独立性。

② 模块规模适中。

③ 深度、宽度、扇出和扇入适当。

④ 使模块的作用域在该模块的控制域内。

⑤ 应减少模块的接口和界面的复杂性。

⑥ 设计成单入口、单出口的模块。

⑦ 设计功能可预测的模块。

3. 详细设计

详细设计的任务，是为软件结构图中的每一个模块确定实现算法和局部数据结构，用某种选定的表达工具表示算法和数据结构的细节。

常见的过程设计工具有:

图形工具: 程序流程图(一般流程图)，N-S，PAD，HIPO。

表格工具: 判定表。

语言工具: PDL(伪码)。

(1)程序流程图

程序流程图是一种传统的、应用广泛的软件过程设计表示，通常也称程序框图。

构成程序流程图的最基本图符如图 2-34 所示。

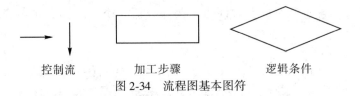

控制流　　　加工步骤　　　逻辑条件

图 2-34　流程图基本图符

按照结构化程序设计要求，程序流程图构成的任何程序可用五种控制结构（如图 2-35 所示）来描述，分别是：

① 顺序型：几个连续的加工步骤依次排列构成。

② 选择型：由某个逻辑判断式的取值决定选择两个加工中的一个。

③ 先判定型循环：先判断循环控制条件是否成立，成立则执行循环体语句。

④ 后判定型循环：重复执行某些特定的加工，直到控制条件成立。

⑤ 多分支选择型：列举多种加工情况，根据控制变量的取值，选择执行其中之一。

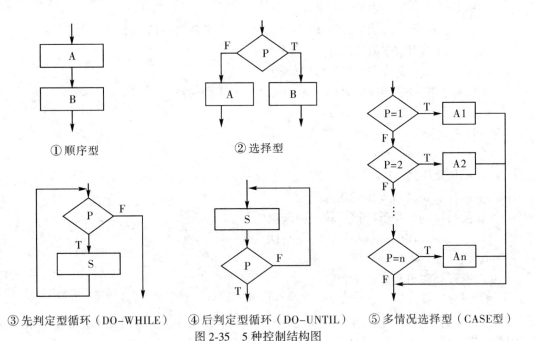

①顺序型　　　　　②选择型

③先判定型循环（DO-WHILE）　④后判定型循环（DO-UNTIL）　⑤多情况选择型（CASE型）

图 2-35　5 种控制结构图

（2）N-S 图

N-S 图，又称盒图（如图 2-36 所示），具有以下特征：

① 每个构件具有明确的功能域。

② 控制转移必须遵守结构化要求。

③ 易于确定局部数据和全局数据的作用域。

④ 易于表达嵌套关系和模块的层次结构。

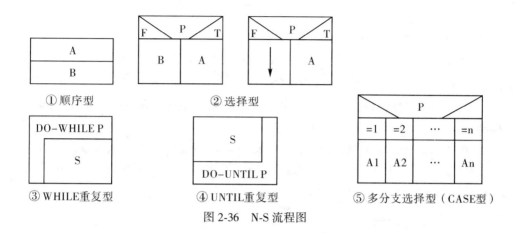

图 2-36 N-S 流程图

（3）问题分析图

问题分析图又称 PAD 图（如图 2-37 所示），PAD 图有以下特征：

① 结构清晰，结构化程度高。

② 易于阅读。

③ 最左端的纵线是程序的主干线，每增加一层 PAD 图向右扩展一条纵线，程序的纵线是程序层次数。

④ 程序执行，从 PAD 图最左主干线端节点开始，自上而下、自左向右依次执行，程序终止于最左主干线。

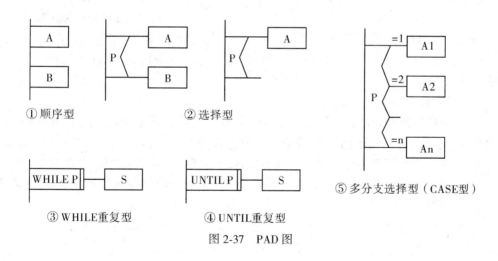

图 2-37 PAD 图

2.3.3 软件测试

软件测试是软件开发过程中的重要组成部分，是用来确认一个程序的品质或性能是否符合开发之前所提出的一些要求。软件测试就是在软件投入运行前，对软件需求分析、设计规格说明和编码的最终复审，是软件质量保证的关键步骤。软件测试是为了发现错误而执行程序的过程。

(一)软件测试的目的

① 软件测试是确认软件的质量，一方面是确认软件做了所期望的事情，另一方面是确认软件以正确的方式来做了这个事情。

② 软件测试是提供信息，比如提供给开发人员或项目经理的反馈信息，为风险评估所准备的信息。

③ 软件测试不仅是在测试软件产品本身，而且还包括软件开发的过程。如果一个软件产品开发完成之后发现了很多问题，则说明此软件开发过程很可能是有缺陷的。因此，这个目的是保证整个软件开发过程的高质量。

(二)软件测试的准则

根据上述软件测试的目的，为了能设计出有效的测试方案，以及好的测试用例，软件测试人员必须深入理解，并正确运用以下软件测试的基本准则：

① 所有的测试都应追溯到用户需求。因为软件的目的是使用户完成预定的任务，满足其需求，而软件测试揭示软件的缺陷和错误，一旦修正这些错误就能更好地满足用户需求。

② 应尽早地和不断地进行软件测试。由于软件的复杂性和抽象性，在软件生命周期各阶段都可能产生错误，所以不应把软件测试仅仅看作是软件开发的一个独立阶段，而应当把它贯穿到软件开发的各个阶段去。在需求分析和设计阶段就应开始进行测试工作，编写相应的测试计划及测试设计文档，同时坚持在开发各阶段进行技术评审和验证，这样才能尽早地发现和预防错误，杜绝某些缺陷和错误，提高软件质量，测试工作进行得越早，越有利于提高软件的质量，这是预防性测试的基本原则。

③ 在有限的时间和资源下进行完全测试，找出软件所有的错误和缺陷是不可能的，软件测试不能无限进行下去，应适时终止。因为，测试输入量大、输出结果多、路径组合太多，用有限的资源来达到完全测试是不现实的。

④ 测试只能证明软件存在错误而不能证明软件没有错误，且测试无法显示潜在的错误和缺陷，继续进一步测试可能还会找到其他错误和缺陷。

⑤ 充分关注测试中的集群现象。在测试的程序段中，若发现的错误数目多，则残存在其中的错误也越多，因此应当花较多的时间和代价测试那些具有更多错误数目的程序模块。

⑥ 程序员应避免检查自己的程序。考虑到人们的心理因素，自己揭露自己程序中的错误是件不愉快的事，自己不愿意否认自己的工作；此外，由于思维定势，自己难以发现自己的错误。因此，测试一般由独立的测试部门或第三方机构进行。

⑦ 尽量避免测试的随意性。软件测试是有组织、有计划、有步骤的活动，要严格按照测试计划进行，要避免测试的随意性。

为了发现更多的错误以使系统更完善，设计测试用例时不但要选择合理的输入数据，而且要选择不合理的输入数据，以使得系统能应付各种情况。

测试过程不但要求软件开发人员参与，而且一般要求由专门的测试人员进行测试，并且还要求用户参与，特别是验收测试阶段，用户是主要的参与者。

(三)软件测试方法

软件测试具有多种方法。依据软件是否需要被执行，可以分为静态测试和动态测试方法；依照功能划分，可以分为白盒测试和黑盒测试方法。

1. 静态测试

不执行被测软件，可对需求分析说明书、软件设计说明书、源程序做结构检查、流程分析、符号执行来找出软件错误。

① 结构检查是手工分析技术，由一组人员对程序设计、需求分析、编码、测试工作进行评议，虚拟执行程序，评议中作错误检验。

② 流程分析是通过分析程序流程图的代码结构，来查程序的语法错误信息、语句中标识符引用状况、子程序和函数调用状况、变量是否赋初值、定义而未使用的变量、未说明或无用的标号、无法执行到的代码段。

③ 符号执行是一种符号化定义数据，并为程序每条路径给出符号表达式，对特定路径输入符号，经处理输出符号，从而判断程序行为是否错误，达到分析错误的目的。

2. 动态测试

当把程序作为一个函数，输入的全体称为函数的定义域，输出的全体称为函数的值域，函数则描述了输入的定义域与输出值域的关系。

动态测试的过程为：

① 选取定义域中的有效值，或定义域外的无效值。

② 对已选取值决定预期的结果。

③ 用选取值执行程序。

④ 观察程序行为，记录执行结果。

⑤ 将④的结果与②的结果相比较，不相同则表明程序有错。

动态测试的关键是使用设计高效、合理的测试用例。测试用例就是为测试设计的数据，由测试输入数据和预期的输出结果两部分组成。

3. 黑盒测试

黑盒测试，又称为功能测试。它把程序看成一个黑盒子，完全不考虑程序的内部结构和处理过程。采用黑盒测试的目的主要是在已知软件产品所应具有的功能的基础上，进行以下操作：

① 检查程序功能能否按需求规格说明书的规定正常使用，测试各个功能是否有遗漏，检测性能等特性要求是否满足。

② 检测人机交互是否错误，检测数据结构或外部数据库访问是否错误，程序是否能适当地接收输入数据而产生正确的输出结果，并保持外部信息(如数据库或文件)的完整性。

③ 检测程序初始化和终止方面的错误。

黑盒测试包括等价类划分，边值分析等。这些方法一方面是为提高测试效率而设计的，以尽量少的测试用例测出尽可能多的软件错误；另一方面，这样不仅可以在详细设计以后，有了详细的算法描述与数据描述时使用，也可在需求分析、概要设计以后根据数据要求及输入输出的要求设计测试集。

① 等价划分。使用等价划分法设计测试方案首先需要划分输入数据的等价类，为此需要研究程序的功能说明，从而确定输入数据的有效等价类和无效等价类。等价划分的启发式规则如下：

a. 如果规定了输入值的范围，则可划分出一个有效的等价类（输入值在此范围内），两个无效的等价类（输入值小于最小值或大于最大值）。

b. 如果规定了输入数据的个数，则类似地也可以划分出一个有效的等价类和两个无效的等价类。

c. 如果规定了输入数据的一组值，而且程序对不同输入值做不同处理，则每个允许的输入值是一个有效的等价类，此外还有一个无效的等价类。

d. 如果规定了输入数据必须遵循的规则，则可以划分出一个有效的等价类（符合规则）和若干个无效的等价类（从各种不同角度违反规则）。

e. 如果规定了输入数据为整型，则可以划分出正整数、零和负整数等三个有效类。

f. 如果程序的处理对象是表格，则应该使用空表，以及含一项或多项的表。

② 边界值分析。使用边界值分析方法设计测试方案首先应该确定边界情况，这需要经验和创造性，对于输入等价类和输出等价类的边界确定，就是应该着重测试的程序边界情况。

通常设计测试方案总是联合使用等价划分和边界值分析两种技术。例如，为了测试前述的把数字串转变成整数的程序，除了用等价划分方法设计出的测试方案外，还应该用边界值分析法再进行补充的测试方案。

4. 白盒测试

白盒测试的前提是可以把程序看成装在一个透明的白盒子里，也就是完全了解程序的结构和处理过程。

白盒测试也称结构测试或逻辑驱动测试，是针对被测单元内部是如何进行工作的测试。它根据程序的控制结构设计测试用例，主要用于软件或程序验证。

白盒测试法检查程序内部逻辑结构，对所有逻辑路径进行测试，是一种穷举路径的测试方法。但即使每条路径都测试过了，仍然可能存在错误。因为：

① 穷举路径测试无法检查出程序本身是否违反了设计规范，即程序是否为一个错误的程序。

② 穷举路径测试不可能查出程序因为遗漏路径而出错。

③ 穷举路径测试发现不了一些与数据相关的错误。

逻辑覆盖是指有选择地执行程序中某些最具有代表性的通路，是替代穷举测试的唯一可行的办法，它属于白盒测试。逻辑覆盖是通过对程序逻辑结构的遍历实现程序的覆盖，它是一系列测试过程的总称，这组测试过程逐渐进行越来越完整的通路测试。根据覆盖目标的不同和覆盖源程序语句的详尽程度，逻辑覆盖又可分为：

① 语句覆盖：选择足够多的数据，使被测程序中每个语句至少执行一次。

② 判定(分支)覆盖：不仅每个语句至少执行一次，而且每个判定的每种可能的结果都应该至少执行一次。

③ 条件覆盖：和判定覆盖的思路一样，只是把重点从判定转移到条件上来了，每个判定中的每个条件可能至少满足一次，也就是每个条件至少要取一次真值，再取一次假值。

④ 判定/条件覆盖：判定/条件覆盖是同时满足条件覆盖和判定覆盖两种覆盖标准的覆盖。

⑤ 条件组合覆盖：使每个判定表达式中的各种可能组合都至少出现一次。

⑥ 路径覆盖：使程序中的每条路径都至少执行一次，如果有循环，则每个循环至少经过一次。

那么，为什么要进行白盒测试呢?

如果所有软件错误的根源都可以追溯到某个唯一原因，那么问题就简单了。然而，事实上一个 bug 常常是由多个因素共同导致的，如图 2-38 所示。

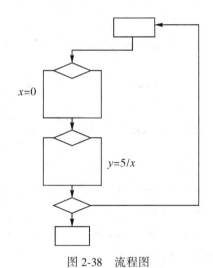

假设此时开发工作已结束，程序送交到测试组，没有人知道代码中有一个潜在的被 0 除的错误。若测试组采用的测试用例的执行路径没有同时经过 $x = 0$ 和 $y = 5/x$ 进行测试，显然测试工作似乎非常完善，测试用例覆盖了所有执行语句，也没有被 0 除的错误发生。

图 2-38　流程图

采用白盒测试必须遵循以下几条原则，才能达到测试的目的:

① 保证一个模块中的所有独立路径至少被测试一次。

② 所有逻辑值均需测试真 (true)和假 (false)两种情况。

③ 检查程序的内部数据结构，保证其结构的有效性。

④ 在上下边界及可操作范围内运行所有循环。

(四)软件测试的实施

1. 软件测试的步骤

与开发过程类似，测试过程也必须分步骤进行，每个步骤在逻辑上是前一个步骤的继续。大型系统通常由若干个子系统组成。因此，大型软件系统的测试基本上由单元测试、集成测试、确认测试和系统测试等四个步骤组成。如图 2-39 所示。

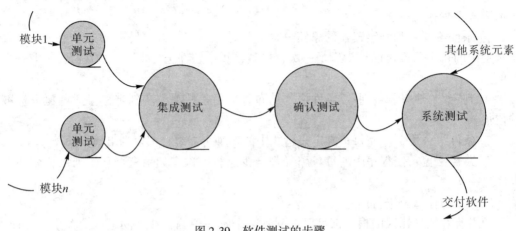

图 2-39　软件测试的步骤

（1）单元测试

单元测试：也称模块测试，一般采用白盒测试法，以路径覆盖为最佳测试准则。单元测试任务包括：

① 模块接口测试：测试 I/O 接口数据，如果 I/O 不正常则其他测试就无法进行，接口测试考虑如下：

a. 模块接收输入参数个数是否与模块变元个数一致，输入参数与变元的属性是否匹配，输入参数单位与变元单位是否一致。

b. 模块调用内部函数变元个数、属性、次序是否一致。

c. 传送给另一被调用模块的输入参数与变元个数是否一致，输入参数与变元的属性是否匹配，输入参数单位与变元单位是否一致。

d. 文件的属性是否正确。

② 模块局部数据结构测试：测试模块内部数据是否完整、内容、形式、相互关系是否有错。局部数据结构往往是错误的根源，应仔细设计测试用例，力求发现下面几类错误：

a. 错误的和不相容的说明使用未赋值或未初始化的变量，错误的变量名。

b. 数据类型不相容，溢出或地址异常。

c. 初始值错或不正确的补缺值，全程数据对局部的影响。

③ 覆盖路径测试：由于无穷尽的逻辑测试，选择有代表性的数据进行路径覆盖也是十分必要的。测试数据重点应放在测试错误的计算，不正确的比较或不适当的控制流而造成的错误。常见的错误包括：

a. 误解或用错了算符优先级。

b. 混合运算的运算对象类型彼此不相容。

c. 变量初始化不正确。

d. 精度不够。

e. 表达式的符号错误。

f. 不同类型的变量进行比较。

g. 循环次数引起循环错误或不终止循环。

h. 错误的修改循环变量。

④ 出错处理测试：好的软件能预见出错的条件，并设置相应的处理错误的通路，保证程序正常运行。测试必须测试这些错误处理的相关路径。应考虑如下问题：

a. 对可能出错的描述难以理解。

b. 指明的错误与实际遇到的错误不相符合。

c. 出错后还没有进行错误处理就转入系统干预。

d. 对错误处理的不正确。

e. 提供的错误信息不足，无法确定错误位置和差错。

⑤ 边界测试：边界测试主要是注意数据流、控制流中刚好等于、大于或小于确定的比较值时出错的可能性。对这些地方要仔细地选择测试用例，认真加以测试。

（2）集成测试

单元测试之后便进入集成测试。由于单元测试后有隐藏错误存在，集成不可能一次成功，必须经过测试后才能成功。集成测试是测试和组装软件的过程，主要目的是发现与接口有关的错误，主要依据是概要设计说明书。集成测试所设计的内容包括：软件单元的接口测试、全局数据结构测试、边界条件和非法输入的测试等。集成测试分为增式集成测试和非增式集成测试。所谓非增式集成，就是按照结构图一次性将各个单元模块集成起来；所谓增式集成是按照结构图自顶向下或自底向上逐渐安装。

① 非增式集成测试：将单元测试后的模块按照总体的结构图一次性集成起来，然后把连接的整体进行程序测试，一般用黑盒测试法来编写集成测试并进行测试。

② 增式集成测试：是在单元测试基础上，采用自顶向下或自底向上逐层安装测试，直到最后安装测试完毕，也可以采用自顶向下与自底向上相结合集成测试，单元测试与集成测试相结合来进行增式集成测试，测试策略描述如下：

a. 自顶向下增式集成测试，按照结构图自顶向下，先广度后深度逐层安装，逐层测试。

b. 自底向上增式集成测试，按照结构图自顶向下，逐步安装，逐层测试。

c. 自顶向下和自底向上增式集成结合测试。

集成测试时将模块组装成程序，通常采用两种方式：非增量方式组装和增量方式组装。

（3）确认测试

确认测试也称合格测试。集成后已成为完整的软件包，消除了接口的错误。确认测试主要是由用户参加测试。检验软件规格说明的技术标准的符合程度，是保证软件质量的最后关键环节。

确认测试的任务是验证软件的功能和性能，以及其他特性是否满足了需求规格说明中确定的各种需求，包括软件配置是否完全正确。确认测试的实施首先运用黑盒测试方法，对软件进行有效性测试，即验证被测软件是否满足需求规格说明确认的标准。

（4）系统测试

系统测试是通过测试确认的软件，作为整个基于计算机系统的一个元素，与计算机硬件、外设、支撑软件、数据和人员等其他系统元素组合在一起，在实际运行（使用）环境下对计算机系统进行一系列的集成测试和确认测试。

系统测试的具体实施一般包括：功能测试、性能测试、操作测试、配置测试、外部接口测试、安全性测试等。

2.3.4　程序的调试

（一）程序调试基础

1. 基本概念

对程序进行成功的测试之后，进行程序调试（通常称排错，Debug）。程序调试的任务是诊断和改正程序中的错误。程序调试由两部分组成，其一是根据错误的迹象确定程序中错误的确切性质、原因和位置，其二是对程序进行修改，排除这个错误。

2. 程序调试的基本步骤

① 错误定位。从错误的外部表现形式入手，研究有关部分的程序，确定程序中出错位置，找出错误的内在原因。

② 修改设计和代码，排除错误。排错是软件开发过程中一项艰苦的工作，这也决定了调试工作是一个具有很强技术性和技巧性的工作。软件工程人员在分析测试结果的时候会发现，软件运行失败或出现问题，往往只是潜在错误的外部表现，而外部表现与内在原因之间常常没有明显联系。想要找出真正的原因，排除潜在的错误，不是一件易事。因此可以说，调试是通过现象，找出原因的一个思维分析的过程。

③ 进行回归测试，防止引进新的错误。因为修改程序可能带来新的错误，重复进行暴露这个错误的原始测试或某些有关测试，以确认错误是否被排除、是否引进了新的错误。如果所做的修改无效，则撤销这次改动，重复上述过程，直到找到一个有效的解决办法为止。

3. 程序调试的原则

在软件调试方面，许多原则实际上是心理学方面的问题。因为调试活动由对程序中错误的定性定位和排错两部分组成，因此调试原则要考虑以下两个方面。

（1）确定错误的性质和位置时的注意事项

① 分析思考与错误征兆有关的信息；

② 避开死胡同。在调试中陷入困境，最好暂时避开，留到适当时间再考虑；

③ 只把调试工具当作辅助手段来使用；

④ 避免用试探法，最多也只能把它当作最后手段。

（2）修改错误的原则

① 在出错的地方，可能还有别的错误。

② 修改错误的一个常见的失误是只修改了这个错误的征兆或错误的表现，却没有修改错误本身。

③ 注意修正一个错误的同时可能会引入新的错误。

④ 修改错误的过程将迫使人们暂时回到程序设计阶段。

⑤ 修改源代码程序，不要改变目标代码。

(二)软件调试方法

调试的关键在于推断程序内部的错误位置及原因。从是否跟踪和执行程序的角度，类似于软件测试，软件调试分为静态调试和动态调试。

静态调试主要是指通过人的思维来分析源程序代码和排错，是主要的调试手段。

动态调试是辅助静态调试的，主要调试方法如下：

1. 强行排错法

(1)通过内存全部打印出来排错(Memory Dump)

将计算机存储器和寄存器的全部内容打印出来，然后在这大量的数据中寻找出错的位置。虽然有时使用它可以获得成功，但是更多的是浪费了时间、纸张和人力。可能是效率最低的方法。其缺点是：

建立内存地址与源程序变量之间的对应关系很困难，仅汇编和手编程序才有可能。

人们将面对大量(八进制或十六进制)的数据，其中大多数与所查错误无关。

一个内存全部内容的打印清单只显示了源程序在某一瞬间的状态，即静态映象；但为了发现错误，需要的是程序随时间变化的动态过程。

一个内存全部内容打印清单不能反映在出错位置处程序的状态。程序在出错时刻与打印信息时刻之间的时间间隔内所做的事情可能会掩盖所需要的线索。

缺乏从分析全部内存打印信息来找到错误原因的算法。

(2)在程序特定部位设置打印语句

把打印语句插在出错的源程序的各个关键变量改变部位、重要分支部位、子程序调用部位，跟踪程序的执行，监视重要变量的变化。这种方法能显示出程序的动态过程，允许人们检查与源程序有关的信息。因此，比全部打印内存信息优越，但是它也有缺点：

其一，可能输出大量需要分析的信息，大型程序或系统更是如此，造成费用过大。

其二，必须修改源程序以插入打印语句，这种修改可能会掩盖错误，改变关键的时间关系或把新的错误引入程序。

(3)自动调试工具

利用某些程序语言的调试功能或专门的交互式调试工具，分析程序的动态过程，而不必修改程序。可供利用的典型的语言功能有：打印出语句执行的追踪信息，追踪子程序调用，以及指定变量的变化情况。自动调试工具的功能是：设置断点，当程序执行到某个特定的语句或某个特定的变量值改变时，程序暂停执行。程序员可在终端上观察程序此时的状态。

应用以上任一种方法之前，都应当对错误的征兆进行全面彻底的分析，得出对出错位置及错误性质的推测，再使用一种适当的排错方法来检验推测的正确性。

2. 回溯法

该方法适合于小规模程序的排错。即一旦发现了错误，先分析错误征兆，确定最先发现"症状"的位置。然后，从发现"症状"的地方开始，沿程序的控制流程逆向跟踪源程序代码，知道找到错误根源或确定错误产生的范围。

回溯法对于小程序有效，往往能把错误范围缩小到程序中的一小段代码，仔细分析这段代码不难确定出错的准确位置。但随着源代码函数的增加，潜在的回溯路径数目很多，回溯会变得很困难，而且实现这种回溯的开销大。

3. 原因排除法

原因排除法是通过演绎和归纳，以及二分法来实现的。

演绎法从一般原理或前提出发，经过排除和精化的过程推导出结论的思考方法。演绎法主要有以下四个步骤：设想可能的原因；用已有的数据排除不正确的假设；精化余下的假设；证明余下的假设。

归纳法是一种从特殊推断出一般的系统化思考方法。其基本思想是从一些线索着手，通过分析寻找到潜在的原因，从而找出错误。

二分法的基本思想是，如果已知每个变量在程序中若干个关键点的正确值，则可以使用定值语句（如赋值语句，输入语句）在程序中的某点附近给这些变量值赋正确值，然后运行程序并检查程序的输出。如果输出结果是正确的，则错误原因在程序的前半部分；反之，如果输出结果是错误的，则错误原因在程序的后半部分。多错误原因所在的部分重复使用这种方法，直到将出错范围缩小到容易诊断的程序为止。

【例 2-20】为了提高测试的效率，应该(　　　)。

(A)随机选取测试数据

(B)取一切可能的输入数据作为测试数据

(C)在完成编码以后制订软件的测试计划

(D)选择发现错误可能性大的数据作为测试数据

答案：D

【例 2-21】软件生命周期中所花费用最多的阶段是(　　　)。

(A)详细设计　　　　　　　　　　(B)软件编码

(C)软件测试　　　　　　　　　　(D)软件维护

答案：D

【例 2-22】下列工具是需求分析常用工具的是(　　　)。

(A)PAD　　　　　(B)PFD　　　　　(C)N-S　　　　　(D)DFD

答案：D

【例 2-23】模块独立性是软件模块化所提出的要求，衡量模块独立性的度量标准则是模块的(　　　)。

(A)抽象和信息隐蔽　　　　　　　(B)局部化和封装化

(C)内聚性和耦合性　　　　　　　　(D)激活机制和控制方法

答案：C

【例 2-24】在结构化设计方法中，生成的结构图(SC)中，带有箭头的连线表示( )。

(A)模块之间的调用关系　　　　　(B)程序的组成成分

(C)控制程序的执行顺序　　　　　(D)数据的流向

答案：A

【例 2-25】下列选项中，不属于模块间耦合的是( )。

(A)数据耦合　　　　　　　　　　(B)控制耦合

(C)异构耦合　　　　　　　　　　(D)公共耦合

答案：C

【例 2-26】下列叙述中，不属于测试的特征的是( )。

(A)测试的挑剔性　　　　　　　　(B)完全测试的不可能性

(C)测试的可靠性　　　　　　　　(D)测试的经济性

答案：C

【例 2-27】下列不属于静态测试方法的是( )。

(A)代码检查　　　　　　　　　　(B)白盒法

(C)静态结构分析　　　　　　　　(D)代码质量度量

答案：B

【例 2-28】软件设计中，有利于提高模块独立性的一个准则是( )。

(A)低内聚低耦合　　　　　　　　(B)低内聚高耦合

(C)高内聚低耦合　　　　　　　　(D)高内聚高耦合

答案：C

怎么考

【试题 2-12】软件按功能可以分为：应用软件、系统软件和支撑软件(或工具软件)。下面属于系统软件的是 ( )。

(A)编辑软件　　　　　　　　　　(B)操作系统

(C)教务管理系统　　　　　　　　(D)浏览器

解析：操作系统是典型的系统软件。

答案：B

【试题 2-13】软件按功能可以分为：应用软件、系统软件和支撑软件(或工具软件)。下面属于应用软件的是( )。

(A)编译程序　　　　　　　　　　(B)操作系统

(C)教务管理系统　　　　　　　　(D)汇编程序

解析：系统软件有操作系统、数据库管理系统、语言处理程序。

答案：C

【试题2-14】软件生命周期可分为定义阶段、开发阶段和维护阶段。详细设计属于(   )。

(A)定义阶段   (B)开发阶段

(C)维护阶段   (D)上述三个阶段

解析：软件开发阶段包括：总体设计、详细设计、编码和单元测试、综合测试。

答案：B

【试题2-15】数据流程图(DFD图)是(   )。

(A)软件概要设计的工具   (B)软件详细设计的工具

(C)结构化分析方法的工具   (D)面向对象方法的需求分析工具

解析：数据流图是结构化分析方法中使用的工具，它以图形的方式描绘数据在系统中流动和处理的过程，由于它只反映系统必须完成的逻辑功能，是需求分析阶段的分析工具。

答案：C

【试题2-16】软件(程序)调试的任务是(   )。

(A)诊断和改正程序中的错误   (B)尽可能多地发现程序中的错误

(C)发现并改正程序中的所有错误 (D)确定程序中错误的性质

解析：软件(程序)调试的目的是发现错误，并改正错误。

答案：A

【试题2-17】软件设计中划分模块的一个准则是(   )。

(A)低内聚低耦合   (B)高内聚低耦合

(C)低内聚高耦合   (D)高内聚高耦合

解析：软件设计中划分模块的一个准则是追求更高的内聚度和更低的耦合度。

答案：B

2.4 数据库部分★★★★

考什么

2.4.1 数据库设计基础

数据处理已成为计算机应用的主要方面，数据处理的中心问题是数据管理，数据库技术是数据处理的最新技术，是计算机科学的重要分支。数据库已成为人们存储数据、管理信息、共享资源的最先进最常用的技术。

(一)数据库的基本概念

1. 数据

数据是反映客观事物属性的记录，是信息的具体表现形式。任何事物的属性都是通过数据来表示的。数据经过加工处理之后，成为信息。而信息必须通过数据才能传播，才能对人类有影响。

例如：数据 1、3、5、7、9、11、13、15，它是一组数据，如果我们对它进行分析便可以得出它是一组等差数列，我们可以比较容易地知道后面的数字，那么它便是一条信息。它是有用的数据。而数据 1、3、2、4、5、1、41，它不能告诉我们任何东西，故它不是信息。

2. 数据库

数据库是长期储存在计算机内、有组织的、可共享的大量数据的集合，它具有统一的结构形式并存放于统一的存储介质内，是多种应用数据的集成，数据库中的数据按一定的数据模型组织、描述和存储，具有较小的冗余度，较高的数据独立性和易扩展性，可以被多个用户、多个应用程序共享。所以数据库技术的根本目标是解决数据共享问题。

3. 数据库系统

数据库系统(DataBase System，DBS)是指在计算机系统中引入数据库后构成的系统。一般由数据库、操作系统、数据库管理系统(及其开发工具)、应用系统、数据库管理员和用户构成。应当指出的是，数据库的建立、使用和维护等工作只有 DBMS 远远不够，还要有专门的人员来完成，这些人被称为数据库管理员(DataBase Administrator，DBA)。

数据库系统 DBS(Database System)是由硬件、软件、数据库和用户 4 部分构成的。

① 数据库：是数据库系统的核心和管理对象，数据库是存储在一起的相互有联系的数据集合。数据库中的数据是集成的、共享的、最小冗余的、能为多种应用服务，数据是按照数据模型所提供的形式框架存放在数据库中。

② 硬件：数据库系统是建立在计算机系统上的，运行数据库系统的计算机需要有足够大的内存以存放系统软件，需要足够大容量的磁盘等联机直接存取设备存储数据库庞大的数据。需要足够的脱机存储介质(磁盘、光盘、磁带等)以存放数据库备份。需要较高的通道能力，以提高数据传送速率。要求系统联网，以实现数据共享。

③ 软件：数据库软件主要指数据库管理系统 DBMS(DataBase Management System)。DBMS 是为数据库存取、维护和管理而配置的软件，它是数据库系统的核心组成部分，DBMS 在操作系统支持下工作。DBMS 主要包括数据库定义功能、数据操纵功能、数据库运行和控制功能、数据库建立和维护功能、数据通信功能。

④ 用户：数据库系统中存在一组管理(数据库管理员 DBA)、开发(应用程序员)、使用数据库(终端用户)的用户。

4. 数据库管理员

由于数据的共享性，因此对数据库的规划、设计、维护、监视等需要有专人管理，称他们为数据库管理员(DataBase Administrator，DBA)。其主要工作如下：

① 数据库设计：DBA 的主要工作之一是数据库设计，即进行数据模式的设计。由于数据库的集成性和共享性，因此需要专门人员对多个应用的数据需求作全面的规划、设计与集成。

② 数据库维护：DBA 必须对数据库中的数据安全性、完整性、并发控制及系统恢复数据定期转存等进行实施与维护。

③ 改善系统性能，提高系统效率：DBA 必须随时监视数据库运行状态，不断调整内部结构，使系统保持最佳状态与最高效率。当效率下降时，DBA 需采取适当的措施，如进行数据库的重组、重构等。

5. 数据库管理系统

数据库管理系统(DataBase Management System，DBMS)是位于用户与操作系统之间的一个数据管理软件，在操作系统支持下工作，是负责数据库存取、维护、管理的软件。数据库管理系统支持用户对数据库的基本操作，是数据库系统的核心软件。它的主要目的是方便用户使用数据资源，易于为用户所共享，增强数据的安全性、完整性和可靠性。它的基本功能包括以下几个方面：

① 数据定义功能：DBMS 提供数据定义语言(Data Definition Language，DDL)，用户通过它可以方便地对数据库中的数据对象进行定义。

② 数据操纵功能：DBMS 还提供数据操纵语言(Data Manipulation Language，DML)，用户可以使用 DML 操纵数据，实现对数据的基本操作。如查询、插入、删除和修改。

③ 数据库的运行管理功能：数据库在建立、运行和维护时由数据库管理系统统一管理和控制，以保证数据的安全性、完整性，对并发操作的控制以及发生故障后的系统恢复等。

④ 数据库的建立和维护功能：它包括数据库初始数据的输入、转换功能，数据库的转储、恢复功能，数据库的重组织功能和性能监视、分析功能等。

为完成数据库管理系统的功能，数据库管理系统提供相应的数据语言：数据定义语言、数据操纵语言、数据控制语言。

数据库管理系统软件有多种。比较著名的有 Oracle、Informix、Sybase、SQL Server、DB2 等。

(二)数据管理技术的发展

数据管理技术的发展经历了三个阶段：人工管理阶段、文件管理系统阶段和数据库管理系统阶段。

1. 人工管理阶段

在 20 世纪 50 年代中期以前，硬件上没有磁盘等可直接存取的存储设备，软件上没有操作系统，也没有专门的数据管理软件。计算机主要用于科学计算，数据量不大。人工管理阶段的特点是：

① 数据不长期保存。

② 程序与数据合在一起，因而数据没有独立性，程序没有弹性，要修改数据必须修改程序。

③ 程序员必须自己编程实现数据的存储结构、存取方法和输入输出，迫使程序员直接与物理设备打交道，加大了程序设计难度，编程效率低。

④ 数据面向应用，这意味着即使多个不同程序用到相同数据，也得各自定义，数据不仅高度冗余，而且不能共享。

在人工管理阶段应用程序与数据之间的关系如图 2-40 所示。

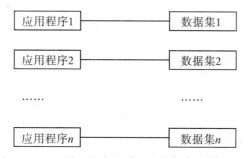

图 2-40 人工管理阶段应用程序与数据之间的关系

2. 文件管理系统阶段

在 20 世纪 60 年代，外存已有了磁盘直接存取存储设备，在软件方面有了操作系统（操作系统中的文件管理系统提供了管理外存数据的能力）。这时的计算机已不仅用于科学计算，还大量用于数据处理。文件方式管理数据是数据管理的一大进步，即使是数据库方式也是在文件系统基础上发展起来的。下面指出这一阶段的特点：

① 数据可以长期保存在磁盘上。

② 数据的物理结构与逻辑结构有了区别，两者之间由文件管理系统进行转换，因而程序与数据之间有物理上的独立性，即数据在存储上的改变不一定会影响程序，这可使程序员不必过多地考虑数据存放地址，而把精力放在算法上。

③ 文件系统提供了数据存取方法，但当数据的物理结构改变时，仍需修改程序。

④ 数据不再属于某个特定程序，在一定程度上可以共享。仔细想来文件管理数据还是有很多缺陷，主要表现在以下几方面：

a. 文件是面向特定用途设计的：这意味着有一个应用就有一个文件相对应。而程序是基于文件编制的，导致程序仍然与文件相互依存。因为文件有所变动，程序就得相应修改，而文件离开了使用它的程序便全部失去存在的价值。

b. 数据冗余大：这是因为文件之间缺乏联系，有可能造成同样的数据在不同文件中重复存储。

c. 数据可能发生矛盾：因为同一个数据出现在不同文件中，稍有不慎就可能造成同一数据在不同文件中不一样，这是数据冗余的恶果。

d. 数据联系弱：不同文件缺乏联系就不能反映现实世界事物之间的自然联系，这是文件方式最大的弊端。

在文件管理系统阶段应用程序与数据之间的关系如图 2-41 所示。

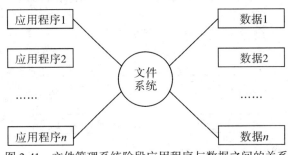

图 2-41　文件管理系统阶段应用程序与数据之间的关系

3. 数据库管理系统阶段

随着计算机软硬件的发展、数据处理规模的扩大，计算机用于数据处理的范围越来越广，数据处理的数量越来越大，仅仅基于文件管理系统的数据处理技术很难满足应用领域的需求，20 世纪 60 年代后期出现了数据库技术。关于什么是数据库，从不同的角度去定义可能差别较大，但是对数据库所应具有的特点，认识大体上是一致的。我们也应从它的特点去体会数据库技术。下面指出数据库技术若干特点：

（1）数据结构化

在文件系统中，各文件相互独立，文件记录内部结构的最简单形式是等长同格式记录的集合。这种思想就是数据库方法的雏形。它把文件系统中记录内部有结构的思想扩大到了两个记录之间。但这种方法还存在着局限性。因为这种灵活性只是对某一个应用而言的，而一个组织或企业包括许多应用。从整体来看，不仅要考虑一个应用（程序）的数据结构，而且要考虑整个组织的数据结构问题。整个组织的数据结构化，要求在描述数据时不仅描述数据本身，还要描述数据之间的联系。文件系统中记录内部已有了某些结构，但记录之间是没有联系的。因此，数据的结构化是数据库的主要特征之一，也是数据库与文件系统的根本区别。

（2）数据共享性高、冗余度小、易扩充

数据的冗余度是指数据重复的程度。数据库系统从整体角度描述数据，使数据不再是面向某一应用，而是面向整个系统。因此，数据可以被多个应用共享。这不仅大大减小了数据的冗余度、节约存储空间、减少存取时间，而且可以避免数据之间的不相容性和不一致性。

由于数据库中的数据面向整个应用系统，所以容易增加新的应用，适应各种应用需求。当应用需求改变或增加时，只要重新选取整体数据的不同子集，便可以满足新的要求，这就使得数据库系统具有弹性大，易扩充的特点。

（3）数据独立性高

数据独立性包括物理独立性和逻辑独立性。

数据的物理独立性是指当数据的物理存储改变时，应用程序不用改变。换言之，用户的应用程序与数据库中的数据是相互独立的。数据在数据库中的存储形式是由 DBMS 管理的，用户程序不需要了解，应用程序要处理的只是数据的逻辑结构。

数据的逻辑独立性是指当数据的逻辑结构改变时，用户应用程序不用改变。换言之，用户的应用程序与数据库的逻辑结构是相互独立的。

数据和程序的独立性可以将数据的定义和描述从应用程序中分离出来。数据的存取由 DBMS 管理，用户不必考虑存取路径等细节，从而简化了应用程序的编制，大大减少了应用程序的维护和修改工作量。

(4)统一的数据管理和控制

数据库对系统中的用户是共享资源。计算机的共享一般是并发的，即多个用户可以同时存取数据库中的数据，甚至可以同时存取数据库中同一个数据。因此，数据库管理系统必须提供以下几个方面的数据控制保护功能。

① 数据的安全性(security)保护。

数据的安全性是指保护数据以防止不合法的使用所造成的数据泄密和破坏，使每个用户只能按规定，对某种数据以某些方式进行使用和处理。例如，用身份鉴别、检查口令或其他手段来检查用户的合法性，合法用户才能进入数据库系统。

② 数据的完整性(integrity)控制。

数据的完整性指数据的正确性、有效性和相容性。完整性检查提供必要的功能，保证数据库中的数据在输入和修改过程中始终符合原来的定义和规定、在有效的范围内或保证数据之间满足一定的关系。例如，月份是 1~12 之间的正整数，性别是"男"或"女"，大学生的年龄是大于 15 小于 45 的整数，学生的学号是唯一的，等等。

③ 数据库恢复(recovery)。

计算机系统的硬件、软件故障、操作员的失误以及人为的攻击和破坏，会影响数据库中数据的正确性，甚至会造成数据库部分或全部数据的丢失。因此数据库管理系统必须能够进行应急处理，将数据库从错误状态恢复到某一已知的正确状态。

④ 并发(concurrency)控制。

当多个用户的并发进程同时存取、修改数据库时，可能会发生由于相互干扰而导致结果错误的情况，并使数据库完整性遭到破坏。因此，必须对多用户的并发操作加以控制和协调。

数据库系统克服了文件管理系统阶段的缺陷，对相关数据实行统一规划管理，形成一个数据中心，构成一个数据"仓库"，实现了整体数据的结构化。

在数据库管理系统(DBMS)阶段程序与数据之间的关系如图 2-42 所示。

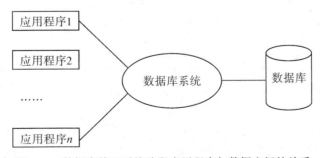

图 2-42 数据库管理系统阶段应用程序与数据之间的关系

关于数据管理三个阶段中的软硬件背景及处理特点，简单概括可如表 2-5 所示。

表 2-5　数据管理三个阶段的比较

人工管理阶段		文件管理系统阶段		数据库管理系统阶段
	应用目的	科学计算	科学计算、管理	大规模管理
背景	硬件背景	无直接存取设备	磁盘、磁鼓	大容量磁盘
	软件背景	无操作系统	有文件系统	有数据库管理系统
	处理方式	批处理	联机实时处理、批处理	分布处理、联机实时处理和批处理

(三) 数据库系统三级模式结构与二级映射

数据库系统在其内部具有三级模式及二级映射。三级模式分别是外模式、概念模式和内模式，二级映射分别是概念级到内部级映射，外部级到概念级映射。这种三级模式和二级映射构成了数据库系统内部的抽象结构体系。如图 2-43 所示。

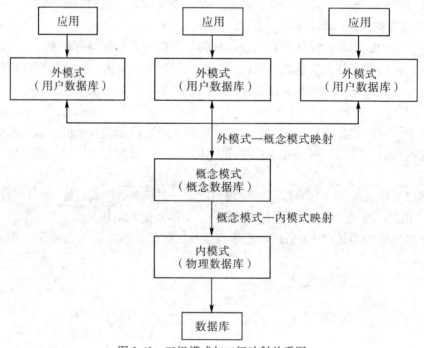

图 2-43　三级模式与二级映射关系图

1. 三级模式

从 DBMS 方面考虑，数据库系统通常采用三级模式结构，这是 DBMS 内部的系统结构。

在数据库中，数据模型可以分为三个层次，分别称为外模式、概念模式和内模式。

外模式反映的是一种局部的逻辑结构，它与应用程序相对应，由用户自己定义。一个数据库可以有多个外模式。概念模式反映的是总体的逻辑结构，一个数据库只有一个模式，它是由数据库管理员(DBA)定义的。内模式是反映物理数据存储的模型，它也由数据库管理员(DBA)定义的。

(1)概念模式(schema)

概念模式也称为逻辑模式，是数据中全体数据的逻辑结构和特征描述，是所有用户的公共数据视图。它是数据库系统模式结构的中间层，既不涉及数据的物理存储细节和硬件环境，也与具体的应用程序及其所使用的开发工具(如 C、Visual Basic、Power Build、ASP、JSP 等)无关。

一个数据库只有一个概念模式。数据库模式以某一种数据模型为基础，统一综合地考虑了所有用户的需求，并将这些需求有机地结合成一个逻辑整体。

定义模式时不仅要定义数据的逻辑结构(包括数据记录由哪些数据项构成，数据项的名字、类型、取值范围等)，而且要定义数据之间的联系，定义与数据有关的安全性、完整性要求。

DBMS 提供描述语言(概念模式 DDL)来严格定义模式。

(2)外模式(external schema)

外模式也称为子模式(subschema)或用户模式，它是数据库用户(包括应用程序员和最终用户)能够看到和使用的局部数据的逻辑结构和特征的描述，是数据库用户的数据视图，是与某一应用有关的数据的逻辑表示。

外模式通常是模式的子集。一个数据库可以有多个外模式。由于它是各个用户的数据视图，如果不同的用户在应用需求、看待数据的方式、对数据保密的要求等存在差异，则其外模式描述就是不同的。即使对模式中同一数据记录，在外模式中的结构、类型、长度、保密级别等都可以不同。另一方面，同一个外模式也可为某一用户的多个应用系统所用，但一个应用程序只能使用一个外模式。

外模式是保证数据库安全性的一个有力措施。每个用户只能看见和访问所对应的外模式中的数据，数据库中其余数据是不可见的。

DBMS 提供子模式描述语言(子模式 DDL)来严格定义子模式。

(3)内模式(internal shcema)

内模式也称为存储模式(storage shcema)，一个数据库只有一个内模式。它是数据物理结构和存储方式的描述，是数据在数据库内部的表示方式。

例如，记录的存储方式是顺序存储、按照 B 树结构存储还是按 hash 方法存储；索引按照什么方式组织；数据是否压缩存储，是否加密存储记录有何规定等。

DBMS 提供内模式描述语言(内模式 DDL，或者存储模式 DDL)来严格定义内模式。二级映射保证了数据库系统中数据的独立性。

2. 二级映射

① 概念模式到内模式的映射。该映射给出了概念模式中数据的全局逻辑结构到数

据的物理存储结构间的对应关系。

② 外模式到概念模式的映射。概念模式是一个全局模式而外模式是用户的局部模式。一个概念模式中可以定义多个外模式，而每个外模式是概念模式的一个基本视图。

(四)概念模型

1. 概念模型概述

概念模型用于信息世界的建模，与具体的 DBMS 无关。为了把现实世界中的具体事物抽象、组织为某一 DBMS 支持的数据模型。人们常常首先将现实世界抽象为信息世界，然后再将信息世界转换为机器世界。也就是说，首先把现实世界中的客观对象抽象为某一种信息结构，这种信息结构并不依赖于具体的计算机系统和具体的 DBMS，而是概念级的模型；然后再把模型转换为计算机上某一个 DBMS 支持的数据模型。实际上，概念模型是现实世界到机器世界的一个中间层次。

概念模型用于信息世界的建模，是现实世界到信息世界的第一层抽象，是用户与数据库设计人员之间进行交流的语言，因此概念模型一方面应该具有较强的语义表达能力，能够方便、直接地表达应用中的各种语义知识，另一方面它还应该简单、清晰、易于用户理解。如图 2-44 所示。

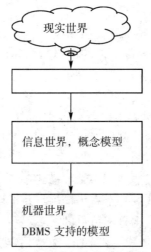

图 2-44　现实世界中客观对象的抽象过程

2. 信息世界中的基本概念

(1)实体(entity)

客观存在并可相互区别的事物称为实体。实体可以是具体的人、事、物，也可以是抽象的概念或联系。例如，一个学生、一门课、一个供应商、一个部门、一本书、一位读者等都是实体。

(2)属性(attribute)

实体所具有的某一特性称为属性。一个实体可以由若干个属性来刻画。例如，图书实体可以由编号、书名、出版社、出版日期、定价等属性组成。又如,学生实体可以由学号、姓名、性别、出生年份、系别、入学时间等属性组成,如(20000912,王丽,女,1982,计算机系,2000),这些属性组合起来体现了一个学生的特征。

(3)主码(primary key)

唯一标识实体的属性集称为主码。例如,学生号是学生实体的主码,职工号是职工实体的主码。学生实体中,主码由单属性学号构成。

(4)域(domain)

属性的取值范围称为该属性的域。例如,职工性别的域为(男,女),姓名的域为字母字符串集合,年龄的域为小于150的整数,职工号的域为5位数字组成的字符串等。

(5)实体型(entity type)

具有相同属性的实体必然具有共同的特征和性质。用实体名及其属性名集合来抽象和刻画同类实体,称为实体型。例如,学生(学号,姓名,性别,出生年份,系,入学时间)就是一个实体型。图书(编号,书名,出版社,出版日期,定价)也是一个实体型。

(6)实体集(entity set)

同型实体的集合称为实体集。例如,全体学生就是一个实体集。图书馆的图书也是一个实体集。

(7)联系(relationship)

在现实世界中,事物内部以及事物之间是有联系的,这些联系在信息世界中反映为实体内部的联系和实体之间的联系。实体内部的联系通常是组成实体的各属性之间的联系。两个实体型之间的联系可以分为3类:

① 一对一联系(1:1)。

如果对于实体集 A 中的每一个实体,实体集 B 至多有一个实体与之联系,反之亦然,则称实体集 A 与实体集 B 具有一对一联系,记为1:1。

例如,一个学校,每个教室都对应着一个教室号,一个教室号也唯一的对应这一间教室。所以,教室和教室号之间具有一对一联系。

又如,确定部门实体和经理实体之间存在一对一联系,意味着一个部门只能有一个经理管理,而一个经理只管理一个部门。

② 一对多联系(1:n)。

如果对于实体集 A 中的每一个实体,实体集 B 中有 n 个实体与之联系($n \geq 0$),反之,对于实体集 B 中的每一个实体,实体集 A 中至多有一个实体与之联系,则称实体集 A 与实体集 B 具有一对多联系,记为1:n。

例如,一个部门中有若干名职工,而每个职工只能在一个部门工作,则部门与职工之间具有一对多联系。

③ 多对多联系(m:n)。

如果对于实体集 A 中的每一个实体,实体集 B 中有 n 个实体与之联系($n \geq 0$),反之,对于实体集 B 中的每一个实体,实体集 A 中也有 m 个实体与之联系($m \geq 0$),则称实体集 A 与实体集 B 具有多对多联系，记为 $m:n$。

【例 2-29】在选课系统中，一门课程同时有若干个学生选修，而一个学生可以同时选修多门课程，则课程与学生之间具有多对多联系。

实际上，一对一联系是一对多联系的特例，而一对多联系又是多对多联系的特例。

实体型之间的这种一对一、一对多、多对多联系不仅存在于两个实体型之间，也存在于两个以上的实体型之间。

【例 2-30】在授课系统中，对于课程和教师 2 个实体型，如果一门课程可以有若干个教师讲授，而每一个教师也可以讲授多门课程，课程与教师之间的联系是多对多的。

同一个实体集内的各实体之间也可以存在一对一、一对多、多对多的联系。

【例 2-31】职工实体集内部有领导与被领导的联系。即某职工为部门领导，"领导"若干职工，而一名职工仅被另外一个职工(领导)直接领导，因此这是一对多联系。

3. 概念模型的图示法

概念模型的表示方法很多，其中最为常用的是 P. P. S. Chen 于 1976 年提出的实体-联系方法(Entity-Relationship Approach，简记为 E-R 表示法)。该方法用 E-R 图来描述现实世界的概念模型，称为实体-联系模型。图 2-45 为实例 E-R 图。E-R 图中各图形的含义及图示见表 2-6。

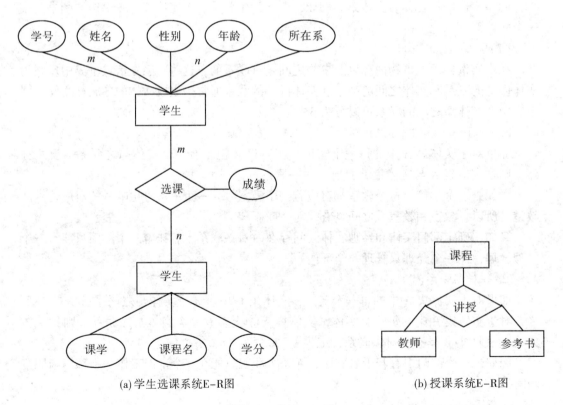

(a)学生选课系统E-R图　　　　　　　　　　(b)授课系统E-R图

图 2-45　实例 E-R 图

表 2-6　E-R 图中各图形的含义

对象类型	E-R 图表示方法	E-R 图表示图示	学生、课程示例
实体	用矩形表示，矩形内写明实体名称	实体名	学生
属性	用椭圆形表示，椭圆内写明属性名称，并用无向边将其与实体连接起来	属性名	学号
联系	用菱形表示，菱形内写明联系名称，用无向边分别与有关实体连接起来，并在无向边旁标明联系的类型	联系名	选课

需要注意的是，联系本身也可以有属性。如果一个联系具有属性，则这些属性也要用无向边与该联系连接起来。

(五) 数据模型

目前，数据库领域中，最常用的数据模型有：层次模型、网状模型和关系模型。其中，层次模型和网状模型统称为非关系模型。非关系模型的数据库系统在 20 世纪 70 年代非常流行，到了 20 世纪 80 年代，关系模型的数据库系统以其独特的优点逐渐占据了主导地位，成为数据库系统的主流。

1. 层次模型(hierarchical model)

层次模型是数据库中最早出现的数据模型，层次数据库系统采用层次模型作为数据的组织方式。用树形(层次)结构表示实体类型以及实体间的联系是层次模型的主要特征。

在数据库中，满足以下条件的数据模型称为层次模型：

① 只有一个节点无父节点，这个节点称为"根节点"。

② 根节点以外的子节点，向上仅有一个父节点，向下有若干个子节点。

层次模型像一棵倒置的树，根节点在上，层次最高；子节点在下，逐层排列。层次模型的表示就如同一个家庭可以有多个孩子，但只有一个父亲。

层次模型的特点是层次清楚、结构简单、易于实现。能够描述一对一(1∶1)和一对多(1∶n)的联系。图 2-46 就是一个层次模型示例。

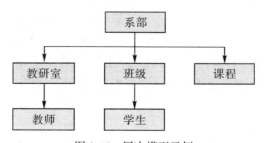

图 2-46　层次模型示例

层次数据库系统的典型代表是 IBM 公司的 IMS（Information Management Systems）数据库管理系统，这是 1968 年 IBM 公司推出的第一个大型的商用数据库管理系统。曾经得到广泛的使用。1969 年 IBM 公司推出的 IMS 系统是最典型的层次模型系统，曾在 20 世纪 70 年代商业上广泛应用。目前，仍有某些特定用户在使用。

2. 网状模型（network model）

在现实世界中事物之间的联系更多的是非层次关系的，用层次模型表示非树形结构是很不直接的，网状模型则可以克服这一弊端。

用网状结构表示实体类型及实体之间联系的数据模型称为网状模型。网状模型是层次模型的扩展，表示多个从属关系的层次结构，网状模型的节点间可以任意发生联系，能够表示各种复杂的关系。

在数据库中，满足以下条件的数据模型称为网状模型：

① 允许节点有多于一个的父节点。

② 有一个以上的节点无父节点。

网状结构可以表示较复杂的数据结构，即可以表示数据间的纵向关系和横向关系。网状结构多适用于多对多的联系。图 2-47 所示为一个网状模型示例。

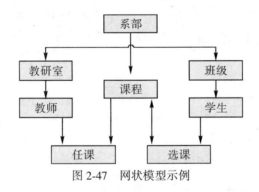

图 2-47　网状模型示例

网状模型的优点是可以表示复杂的数据结构，存取数据的效率比较高；缺点是结构复杂，每个问题都有其相对的特殊性，实现的算法难以规范化。

3. 关系模型（relational model）

关系模型是目前最常用的一种数据模型。关系数据库系统采用关系模型作为数据的组织方式。1970 年美国 IBM 公司 San Jose 研究室的研究员 E. F. Codd 首次提出了数据库系统的关系模型，开创了数据库关系方法和关系数据理论的研究，为关系数据库技术奠定了理论基础，由于 E. F. Codd 的杰出工作，他于 1981 年获得 ACM 图灵奖。

20 世纪 80 年代以来，计算机厂商推出的数据库管理系统几乎都支持关系模型，非关系模型系统的产品也大多加上了接口。数据库领域当前的研究工作也都是以关系方法为基础。

（1）关系的数据结构

在关系模型中基本数据结构被限制为二维表格。因此，在关系模型中，数据在用户观点下的逻辑结构就是一张二维表。每一张二维表称为一个关系(relation)。表头即属性的集合,在表中每一行存放数据,称为元组。

(2)二维表要求满足的条件

① 二维表中元组的个数是有限的——元组个数有限性。

② 在同一个表中不存在完全相同的两个元组——元组的唯一性。

③ 二维表中元组的顺序无关,可以任意调换——元组的次序无关性。

④ 元组中的各分量不能再分解——元组分量的原子性。

⑤ 二维表中各属性名唯一——属性名的唯一性。

⑥ 二维表中各属性的顺序无关——属性的次序无关性。

⑦ 二维表属性的分量具有与该属性相同的值域——分量值域的同一性。

满足以上7个性质的二维表称为关系,以二维表为基本结构所建立的模型称为关系模型。关系模型中一个重要的概念是键或码。键具有标识元组、建立元组间联系等重要作用。

(六)关系数据库概述

关系数据库是基于关系模型的数据库,现实世界的实体及实体间的各种联系均用单一的结构类型及关系来表示。

1. 关系术语

(1)关系

一个关系就是一张二维表,每个关系有一个关系名,也称表名。在 Access 中,一个关系存储为一个数据库文件的表。如图 2-48 所示,其中有"系部"、"课程"、"学生"、"选课"4 个关系。

(2)元组

表中的行称为元组,一行是一个元组,在 Access 中,对应于数据库文件表中的一个记录。如图 2-48(c)所示,"学生"关系中包含 6 条记录。

(3)属性

表中的一列就是一个属性,也称为一个字段。如图 2-48(d)所示,"选课"关系包括"学号"、"课程号"、"成绩"3 个字段。

(4)域

一个属性的取值称为一个域。如图 2-48(c)所示,"学生"关系的"性别"字段的域是"男"或"女"。

(5)关键字

在表中能唯一标识一条记录的字段或字段组合,称为主关键字。在 Access 中 表示为字段或字段的组合。如图 2-48(c)所示,"学生"关系中的"学号"字段。因为学号可以唯一地表示一个学生,而学生表中的"姓名"字段可能会重名,因此,"姓名"字段不能作为唯一标识的关键字。

系号	系名	系主任
001	土木	刘世坤
002	机电	陈辉
003	金融	张炎
004	英语	赵凡

(a)"系部"关系

课程号	课程名	学分
2015101	大学英语	4
2015102	高等数学	5
2015103	网页制作技术	2
2015104	数据库应用基础	3

(b)"课程"关系

学号	姓名	性别	系号
141501	张玉	女	001
141505	李明	男	001
141508	王艳	女	001
141610	陈晨	男	002
141613	马方	男	002
141718	刘婵	女	003

(c)"学生"关系

学号	课程号	成绩
141501	2015101	88
141505	2015102	76
141508	2015101	87
141610	2015103	84
141613	2015104	75
141718	2015101	68

(d)"选课"关系

图 2-48　关系示例

(6)候选关键字

如果某个属性的值能唯一地标识一个元组，这个属性就称为候选关键字。一个表中可能有多个候选关键字，例如，学号和身份证号都是候选关键字，选择一个候选关键字作为主键，主键的属性称为主属性。

在 Access 中，主关键字和候选关键字都起唯一标识一个元组的作用。

(7)外关键字

如果关系(表)中的一个属性(字段)不是本关系(表)中的关键字，而是另外一个关系(表)中的主关键字或候选关键字，则称为外部关键字。

(8)关系模式

对关系的描述称为关系模式，其格式为：关系名(属性 1，属性 2，…，属性 n)。如图 2-48(d)所示的"选课"表的关系模式为：

选课(学号，课程号，成绩)

关系在用户看来是一个表格，记录是表中的行，属性是表中的列。例如：学生、课程、学生与课程之间的"选课"联系都用关系来表示，图 2-48 所示为一个关系模型示例。

2. 关系操作

数据操作是集合操作，操作对象和操作结果都是关系，即若干元组的集合，一般有查询、插入、删除、更新。

(1)数据查询

用户可以查询关系数据库中的数据，包括一个关系内的查询以及多个关系间的查询。

① 对一个关系内查询的基本单位是元组分量,其基本过程是先定位后操作。所谓定位包括纵向定位与横向定位两部分。纵向定位是指关系中的一些属性(称列指定),横向定位是选择满足某些逻辑条件的元组(称行选择)。通过纵向与横向定位后一个关系中的元组分量就确定了。在定位后即可进行查询操作,就是将定位的数据从关系数据库中取出并放入指定内存。

② 对多个关系间的数据查询可分为三步:第一步,将多个关系合并成一个关系;第二步,对合并后的一个关系作定位;第三步;操作。其中第二步与第三步为对一个关系的查询。对多个关系的合并可分解成两个关系的逐步合并。如有三个关系 R1,R2,R4,合并过程是先将 R1 与 R2 合并为 R4,然后将 R2 与 R4 合并为 R5。

(2)数据删除

数据删除的基本单位是关系内的元组,它的功能是将指定关系内的指定元组删除。它也分定位与操作两部分,其中定位部分只需要横向定位而无须纵向定位,定位后即执行删除操作。因此数据删除可以分解为一个关系内的元组选择与关系内元组删除两个基本操作。

(3)数据插入

数据插入仅对一个关系而言,在指定关系内插入一个或多个元组。在数据插入中不需要定位,无须做关系中元组插入操作,因此数据插入只有一个基本操作。

(4)数据修改

数据修改是在一个关系中修改指定的元组与属性。数据修改不是一个基本操作,它可以分解为删除需修改的元组与插入修改后的元组两个更基本的操作。

以上四种操作的对象都是关系,而操作结果也是关系,因此都是建立在关系上的操作。这四种操作可以分解成六种基本操作,称为关系的基本操作,即:① 关系属性的指定;② 关系元组选择;③ 两个关系合并;④ 一个或多个关系的查询;⑤ 关系中元组的插入;⑥ 关系中元组的删除。

3. 关系中的数据约束

关系模型允许定义三类数据约束,分别是实体完整性约束、参照完整性约束以及用户定义的完整性约束。其中,前面两种完整性约束由关系数据库系统自动支持。对于用户定义的完整性约束,则由关系数据库系统提供完整性约束语言,用户利用该语言写出约束条件,运行时由系统自动检查。

(1)实体完整性约束

实体完整性约束规则要求关系中的主键不能取空值或重复的值,这是数据库完整性的最基本的要求。所谓空值就是"不知道"或"无意义"的值。

例如,在"学生"表中,"学号"为主键,则学号不能为空,也不能重复。

(2)参照完整性

参照完整性约束是对关系数据库中建立关联关系的数据表间数据参照引用的约束,也就是对外键的约束。准确地说,参照完整性约束是指关系中的外键必须是另一个关系的主键有效值,或者是 NULL。

例如："系号"在"学生"表中为外键，在"系部"表中为主键，则"学生"表中的"系号"只能取空值(表示学生尚未选择某个系)，或者取"系部"表中已有的一个系号值(表示学生已属于某个系)。

(3)用户定义的完整性约束

这是针对具体数据环境与应用环境有用户具体设置的约束，它反映了具体应用中的语义要求。实体完整性约束和参照完整性约束是关系数据库必须遵守的规则，在任何一个关系数据库系统中均由系统自动支持。

(七)关系代数

关系数据库系统的特点之一是它建立在数学理论的基础上，有很多数学理论可以表示关系模型的数据操作，其中最为著名的是关系代数与关系运算。

关系数据操纵语言建立在关系代数基础上，关系代数是以关系为运算对象的一组运算的集合。关系代数中的运算分为两类：

① 传统的集合运算：并、差、交、笛卡儿积。

② 专门的关系运算：投影、选择、连接和除。

其中，关系代数的运算符如表2-7所示。

表 2-7 关系代数运算符

运算符		含义	运算符		含义
集合运算符	∪ − ∩ ×	并 差 交 笛卡儿积	比较运算符	> ≥ < ≤ = <>	大于 大于或等于 小于 小于或等于 等于 不等于
专门的关系运算符	σ π ⋈ ÷	选择 投影 连接 除	逻辑运算符	¬ ∧ ∨	非 与 或

1. 集合运算

(1)并(Union)

关系 R 与 S 的并记为 $R \cup S$，如果关系 R 和 S 具有相同的数目 n(即两个关系都有 n 个属性)，相应的属性取自同一个域，则 $R \cup S = \{t \mid t \times R \vee t \times S\}$。其结果是把两个关系的所有元组合并在一起，消去重复元组所得到的集合。

【例 2-32】给定两个关系 R 和 S，如表2-8和表2-9所示，求 $R \cup S$(如表2-10所示)。

2.4 数据库部分 ★ ★ ★ ★

表 2-8 关系 *R*

学号	姓名	性别	出生日期
20100102	梁西川	男	1990-12-1
20100103	毛成程	男	1991-11-3
20100110	石娟	女	1992-6-13
20100125	李一	男	1991-5-10

表 2-9 关系 *S*

学号	姓名	性别	出生日期
20100104	史晓庆	女	1991-4-3
20100110	石娟	女	1992-6-13
20100125	李一	男	1991-5-10
20100201	佘婷婷	女	1991-10-3

表 2-10 *R*∪*S*

学号	姓名	性别	出生日期
20100102	梁西川	男	1990-12-1
20100103	毛成程	男	1991-11-3
20100104	史晓庆	女	1991-4-3
20100110	石娟	女	1992-6-13
20100125	李一	男	1991-5-10
20100201	佘婷婷	女	1991-10-3

（2）差（Difference）

关系 *R* 与 *S* 的差记作 *R*－*S*，其运算的结果是属于 *R* 而不属于 *S* 的所有元组的集合。

【例 2-33】给定两个关系 *R* 和 *S*，如表 2-8 和表 2-9 所示，求 *R*－*S*（如表 2-11 所示）。

表 2-11 *R*－*S*

学号	姓名	性别	出生日期
20100102	梁西川	男	1990-12-1
20100103	毛成程	男	1991-11-3

（3）交（intersection）

关系 *R* 和 *S* 的交是由属于 *R* 又属于 *S* 的元组构成的集合，记为 *R*∩*S*，这里要求 *R* 和 *S* 定义在相同的关系模式上。形式定义如下：$R∩S≡\{t \mid t∈R∧t∈S\}$，*R* 和 *S* 的元组数相同。交的运算结果是同时属于 R 和 S 的元组组成的集合。

【例 2-34】给定两个关系 R 和 S，如表 2-8 和表 2-9 所示，求 $R \cap S$（如表 2-12 所示）。

表 2-12 $R \cap S$

学号	姓名	性别	出生日期
20100110	石娟	女	1992-6-13
20100125	李一	男	1991-5-10

(4) 广义笛卡儿积（Extended cartesian product）

关系 R 与 S 的广义笛卡儿积记作 $R \times S$。其结果是由属于 R 的每个元组和 S 的每个元组组成的集合。若关系 R 有 m 个元组，关系 S 有 n 个元组，则关系 $R \times S$ 有 $m \times n$ 个元组。

【例 2-35】给定两个关系 R 和 S，如表 2-13 和表 2-14 所示，求 $R \times S$（如表 2-15 所示）。

表 2-13 R

R1	R2	R3	R4
1	2	3	4
11	22	33	44
111	222	333	444

表 2-14 S

S1	S2	S3
A	B	C
AA	BB	CC

表 2-15 $R \times S$

R1	R2	R3	R4	S1	S2	S3
1	2	3	4	A	B	C
1	2	3	4	AA	BB	CC
11	22	33	44	A	B	C
11	22	33	44	AA	BB	CC
111	222	333	444	A	B	C
111	222	333	444	AA	BB	CC

2. 专门的关系运算

(1) 投影运算

投影运算，是从关系中指定若干个属性组合成一个新的关系的操作。投影操作后得

到一个新的关系，其关系模式中包含的属性通常比原来的关系少，或者，与原来的关系
具有不同的属性顺序。

投影是从垂直的角度进行运算，即从列的角度进行运算，投影运算基于一个关系，
是一个一元运算。如图 2-49 所示。

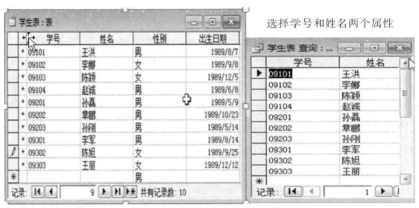

图 2-49 投影操作

（2）选择运算

选择，是从关系中查找满足条件的元组。选择的条件是通过逻辑表达式进行描述，
逻辑表达式的值为真的元组被选出。

选择是从行的角度进行的运算，即从水平方向进行元组的抽取。选择基于一个关
系，得到的结果可以形成一个新的关系，它的关系模式与原关系相同，但是是原关系的
一个子集。例如，从学生表中查找女同学的信息。如图 2-50 所示。

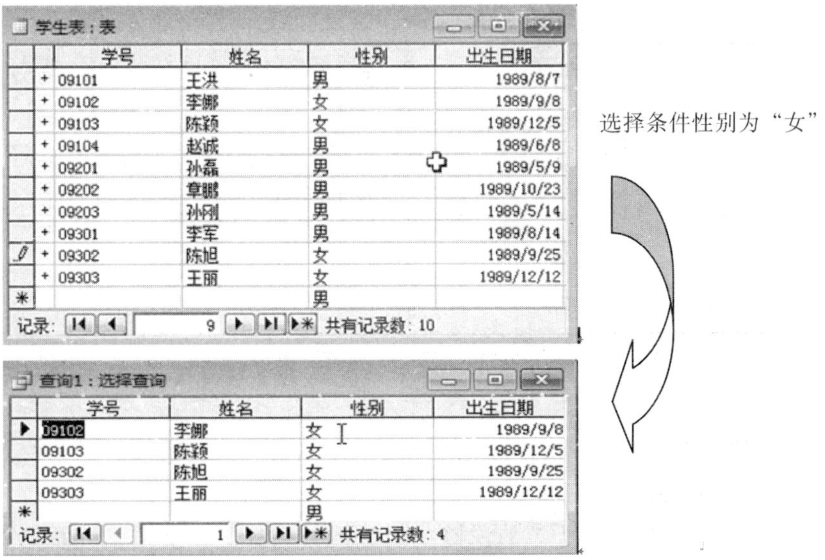

图 2-50 选择操作

（3）连接运算

连接是关系的横向运算。连接运算将两个关系横向地拼接成一个更宽的关系，生成的新关系中有满足连接条件的所有元组。

连接运算通过连接条件来控制，连接条件中将出现两个关系中的公共属性，或者具有相同的域，可比的属性。

① 连接也称为 θ 连接。

② 连接运算的含义。

从两个关系的笛卡儿积中选取属性间满足一定条件的元组：

$$R \underset{A\theta B}{\bowtie} S = \{\widehat{t_r t_s} \mid t_r \times R \wedge t_s \times s \wedge t_r[A] \theta t_s[B]\}$$

其中，A 和 B 分别为 R 和 S 上度数相等且可比的属性组，θ 为比较运算符

连接运算从 R 和 S 的广义笛卡儿积 $R \times S$ 中选取（R 关系）在 A 属性组上的值与（S 关系）在 B 属性组上值满足比较关系 θ 的元组。

【例 2-36】关系 R 和关系 S 如图 2-51 所示，一般连接 $R \underset{C<E}{\bowtie} S$ 的结果如图 2-52 所示。

	R			S	
A	B	C		B	E
a_1	b_1	5		b_1	3
a_1	b_2	6		b_2	7
a_2	b_3	8		b_3	10
a_2	b_4	12		b_3	2
				b_5	2

图 2-51　关系 R 和关系 S

A	$R.B$	C	$S.B$	E
a_1	b_1	5	b_2	7
a_1	b_1	5	b_3	10
a_1	b_2	6	b_2	7
a_1	b_2	6	b_3	10
a_2	b_2	8	b_3	10

图 2-52　$R \underset{C<E}{\bowtie} S$ 运算结果

两类常用连接运算：

① 等值连接（equijoin）。

当 θ 为 "＝" 的连接运算称为等值连接，从关系 R 与 S 的广义笛卡儿积中选取 A、B 属性值相等的那些元组，即等值连接为：

$$R\underset{A=B}{\bowtie}S=\{\widehat{t_rt_s}\mid t_r\times R\wedge t_s\times s\wedge t_r[A]=t_s[B]\}$$

【例2-37】关系 R 和关系 S 如图2-51所示，等值连接 $R\underset{R.B=S.B}{\bowtie}S$ 的结果如图2-53所示。

A	$R.B$	C	$S.B$	E
a_1	b_1	5	b_1	3
a_1	b_2	6	b_2	7
a_2	b_3	8	b_3	10
a_2	b_3	8	b_3	2

图2-53　$R\underset{R.B=S.B}{\bowtie}S$ 运算结果

② 自然连接(Natural join)。

自然连接是一种特殊的等值连接，是去掉重复属性的等值连接。自然连接是最常用的连接方式。R 和 S 具有相同的属性组 B，其自然连接可以表示为：

$$R\bowtie S=\{\widehat{t_rt_s}\mid t_r\times R\wedge t_s\times s\wedge t_r[B]=t_s[B]\}$$

【例2-38】关系 R 和关系 S 如图2-51所示，自然连接 $R\bowtie S$ 的结果如图2-54所示。

A	B	C	E
a_1	b_1	5	3
a_1	b_2	6	7
a_2	b_3	8	10
a_2	b_3	8	2

图2-54　$R\bowtie S$ 运算结果

(4)除运算(division)

如果将笛卡儿积运算看作乘运算的话，除运算即是它的逆运算。当关系 $T=R\times S$ 时，则可将运算写成：

$$T\div R=S\ \text{或}\ T/R=S$$

S 称为 T 除以 R 的商。T 能被除的充分与必要条件是：T 中的域包含 R 中的所有属性，T 中有一些域不出现在 R 中。

在除运算中 S 的域由 T 中那些不出现在 R 中的域所组成，对于 S 中任一有序组，由它与关系 R 中每个有序组所构成的有序组均出现在关系 T 中。

【例2-39】设关系 R、S 分别如图2-55(a)和图2-55(b)所示，$R\div S$ 的结果如图2-55(c)所示。

R		
A	B	C
a_1	b_1	c_2
a_2	b_3	c_7
a_3	b_4	c_6
a_1	b_2	c_3
a_4	b_6	c_6
a_2	b_2	c_3
a_1	b_2	c_1

(a)

S		
B	C	D
b_1	c_2	d_1
b_2	c_1	d_1
b_2	c_3	d_2

(b)

$R \div S$
A
a_1

(c)

图 2-55 关系 R、S 与 $R \div S$ 的运算结果

3. 关系代数运算的应用实例

在关系代数运算中，把由五个基本操作经过有限次复合的式子称为关系代数表达式。这种表达式的运算结果仍是一个关系。我们可以用关系代数表达式表示各种数据查询操作。

【例 2-40】数据库中有三个关系：

学生关系　S(S#, SNAME, AGE, SEX)

选课关系　SC(S#, C#, GRADE)

课程关系　C(C#, CNAME, TEACHER)

下面用关系代数表达式表达每个查询语句。

① 检索学习课程号为 C2 的学生学号与成绩。ΠS#, GRADE(σ C# = 'C2'(SC))。

② 检索学习课程号为 C2 的学生学号与姓名。ΠS#, SNAME(σ C# = 'C2'(S ⋈ SC))。

③ 检索选修课程名为 MATHS 的学生学号与姓名。ΠS#, SNAME(σ CNAME = 'MATHS'(S ⋈ SC ⋈ (C)))。

④ 检索选修课程号为 C2 或 C4 的学生学号。ΠS#(σ C# = 'C2' ∨ C# = 'C4'(SC))。

2.4.2　数据库设计与管理

数据库设计是数据库应用的核心。本节讨论数据库设计的基本步骤和方法，重点介绍数据库的需求分析、概念设计及逻辑设计三个阶段，并用设计例子说明如何进行相关的设计。

(一)数据库设计概述

数据库设计的基本任务是根据用户对象的信息需求、处理需求和数据库的支持环境（包括硬件、操作系统与 DBMS)设计出数据模式。所谓信息需求主要是指用户对象的数

据及其结构，它反映了数据库的静态要求。所谓处理需求则表示用户对象的行为和动作，它反映了数据库的动态需求。数据库设计中有一定的制约条件，它们是系统设计平台，包括系统软件、工具软件以及设别、网络等硬件。因此，数据库设计是在一定平台制约下，根据信息需求与处理需求设计出性能良好的数据模式。

在数据库设计中有两种方法：一种是以信息需求为主，兼顾处理需求(面向数据的方法)；另一种是以处理需求为主，兼顾信息需求(面向过程的方法)。这两种方法目前都有使用，在早期应用系统中处理多余数据，因此以面向过程的方法使用较多，而近期由于大型系统中数据结构复杂、数据量庞大而相应处理流程趋于简单，因此用面向数据的方法较多。由于数据在系统中稳定性高，数据已成为系统的核心，因此面向数据的设计方法已成为主流。

数据库设计目前一般采用生命周期法，分若干阶段：

① 需求分析阶段。

② 概念结构设计阶段。

③ 逻辑结构设计阶段。

④ 数据库物理设计阶段。

⑤ 数据库实施阶段。

⑥ 数据库运行阶段。

⑦ 数据库维护阶段。

在数据库设计中采用前四个阶段，并且重点以数据结构与模型的设计为主线。

(二)数据库设计的需求分析

设计一个性能良好的数据库系统，明确应用环境对系统的要求是首要的和基本的。因此，应该把对用户需求的收集和分析作为数据库设计的第一步。

需求分析的主要任务是通过详细调查要处理的对象，包括某个组织、某个部门、某个企业的业务管理等，充分了解原手工或原计算机系统的工作概况及工作流程，明确用户的各种需求，产生数据流图和数据字典，然后在此基础上确定新系统的功能，并产生需求说明书。值得注意的是，新系统必须充分考虑今后可能的扩充和改变，不能仅仅按当前应用需求来设计数据库。

需求分析是指准确了解和分析用户的需求，这一阶段费时复杂，但决定了以后各阶段的质量。需求分析大致可分成三步来完成：

① 需求信息的收集。

② 需求信息的分析整理。

③ 需求信息的评审。

调查的重点是"数据"和"处理"；通过调查要从中获得每个用户对数据库的如下要求：

① 信息要求：指用户需要从数据库中获得信息的内容与性质，由信息要求可以导出数据要求，即在数据库中需要存储哪些数据。

② 处理要求：指用户需要完成什么处理功能，对处理的相应时间有何要求，处理

的方法是批处理还是联机处理。

③ 安全性和完整性的要求。

收集用户需求的过程实质上是数据库设计者对各类管理活动进行调查研究的过程。设计人员与各类管理人员通过相互交流，逐步取得对系统功能的一致的认识。但是，由于用户还缺少软件设计方面的专业知识，而设计人员往往又不熟悉业务知识，要准确地确定需求很困难，特别是某些很难表达和描述的具体处理过程。针对这种情况，设计人员在自身熟悉业务知识的同时，应该帮助用户了解数据库设计的基本概念。对于那些因缺少现成的模式、很难设想新的系统、不知应有哪些需求的用户，还可应用原型化方法来帮助用户确定他们的需求。也就是说，先给用户一个比较简单的、易调整的真实系统，让用户在熟悉使用它的过程中不断发现自己的需求，而设计人员则根据用户的反馈调整原型，反复验证最终协助用户发现和确定他们的真实需求。

调查了解用户的需求后，还需要进一步分析和抽象用户的需求，使之转换为后续各设计阶段可用的形式。在众多分析和表达用户需求的方法中，结构化分析（Structured Analysis，SA）是一个简单实用的方法。SA 方法采用自顶向下，逐层分解的方式分析系统，用数据流图（Data Flow Diagram，DFD）、数据字典（Data Dictionary，DD）描述系统。需求分析阶段的工作要求完成一整套详尽的数据流图和数据字典，写出一份切合实际的需求说明书。

数据流图（Data Flow Diagram，DFD）是业务流程及业务中数据联系的形式描述。

数据字典是各类数据描述的集合，它通常包括：

① 数据项：是数据的最小单位。

② 数据结构：是若干数据项有意义的集合。

③ 数据流：表示某一数据处理过程的输入输出。

④ 数据存储：处理过程中存取的数据，常常是手工凭证、手工文档或计算机文件。

⑤ 处理过程：数据加工过程的描述包括数据加工过程名、说明、输入、输出、加工处理工作摘要、加工处理频度、加工处理的数据量、响应时间要求等。

(三) 概念结构设计

1. 数据库概念设计概述

概念结构设计是指对用户的需求进行综合、归纳与抽象，形成一个独立于具体 DBMS 的概念模型，是整个数据库设计的关键。概念模型具有以下特点：

① 概念模型是对现实世界的抽象和概括，它真实、充分地反映了现实世界中事物和事物之间的联系，能满足用户对数据的处理要求。

② 由于概念模型简洁、明晰、独立于计算机，很容易理解，因此可以用概念模型与不熟悉计算机的用户交换意见，使用户能积极参与数据库的设计工作，保证设计工作顺利进行。

③ 概念模型易于更新，当应用环境和应用要求改变时，容易对概念模型修改和扩充。

④ 概念模型很容易向关系、网状、层次等各种数据模型转换。

2. 数据库概念结构设计方法

概念结构设计阶段，一般使用语义数据模型描述概念模型。通常是使用 E-R 模型图作为概念结构设计的描述工具进行设计。用 E-R 模型图进行概念结构设计可以采用如下两种方法：

(1) 集中式模式设计法(centralized schema design approach)

首先设计一个全局概念数据模型，再根据全局数据模式为各个用户组或应用定义外模式。

(2) 视图集成法(view integration approach)

以各部分的需求说明为基础，分别设计各自的局部模式，这些局部模式相当于各部分的视图，然后再以这些视图为基础，集成为一个全部模式。

视图是按照某个用户组、应用或部门的需求说明，用 E-R 数据模型设计的局部模式。

现在的关系数据库设计通常采用视图集成法。

3. 概念结构设计的过程

E-R 模型与视图集成法进行设计时，需要按以下步骤进行：首先，选择局部应用；其次，再进行局部视图设计；最后，对局部视图进行集成得到概念结构。

(1) 设计局部概念结构

根据系统的具体情况，在多层的数据流图中选择一个适当层次的数据流图，让这组图中每一部分对应一个局部应用，以这一层次的数据流图为出发点，设计 E-R 图。

(2) 设计视图

视图设计一般有三种设计次序，分别是：

① 自顶向下。即从抽象级别高的且普遍的对象开始逐步细化、具体化与特殊化。

② 由底向上。即由具体的对象开始，逐步抽象，普遍化与一般化，最后形成一个完整的视图设计。

③ 由内向外。即从最基本的与最明显的对象入手，逐步扩充至非基本、不明显的其他对象。

【例 2-41】课程选修管理局部概念结构设计应用中主要涉及的实体包括学生、课程、班级。画出局部 E-R 图。如图 2-56 所示。

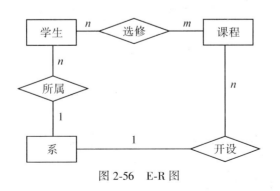

图 2-56　E-R 图

【**例 2-42**】课程讲授管理局部概念结构设计应用中主要涉及的实体包括教师、课程和系，画出课程讲授管理局部 E-R 图。如图 2-57 所示。

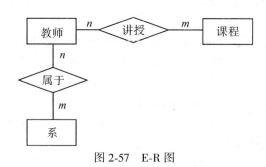

图 2-57 E-R 图

【**例 2-43**】合并课程讲授管理和课程选修管理局部 E-R 图形成初步的全局 E-R 图，然后对其优化。如图 2-58 所示。

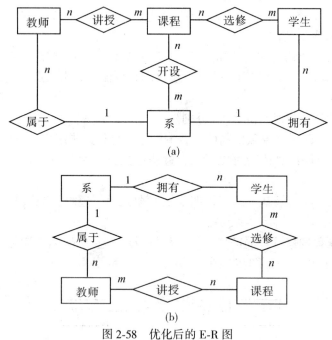

图 2-58 优化后的 E-R 图

（四）逻辑结构设计

逻辑结构设计是指将概念模型转换成某个 DBMS 所支持的数据模型，并对其进行优化。

1. 逻辑结构设计的步骤

① 将概念模型转换成为一般的关系、网状、层次模型。

② 将转换来的模型向特定的 DBMS 支持的数据模型转换。

③ 对数据模型进行优化。

2. E-R 图向关系模型的转换

将 E-R 图转换为关系模型：将实体、实体属性及实体之间的联系转换成为关系模式。

转换原则：

① 一个实体型转换为一个关系模式：关系的属性即实体型的属性；关系的码即实体型的码。

② 一个 $m:n$ 联系转换为一个关系模式：关系的属性即与该联系相连的各实体型的码一级联系本身的属性；关系的码即各实体型码的组合。

③ 一个 $1:n$ 联系也可转换成为一个独立的关系模式；也可与 n 端对应的关系模式合并。转换为一个独立的关系模式：关系的属性即与该联系相连得各实体型的码一级联系本身的属性；关系的码是 n 端实体型的码。与 n 端对应的关系模式合并：在 n 端关系中加入 1 端关系的码和联系本身的属性；合并后关系的码不变。一般情况下与 n 端合并。

④ 一个 $1:1$ 联系也可转换为一个独立的关系模式，也可与任意一段的关系模式合并。转换原则同 $m:n$ 关系。

⑤ 三个或三个以上实体型间的联系转换为一个关系模式。原则同上。

⑥ 同一实体集的实体间的联系可按上述的情况处理。

⑦ 具有相同码的关系模式可合并。合并方法：将其中一个关系模式的全部属性加入到另一个关系模式中，并去掉其中同义属性。

3. 数据模型的优化

以规范化理论为指导，考查关系模式的函数依赖关系，确定范式等级，对关系模式进行合并或分解，设计用户子模式。

将概念模型转换为全局逻辑模型后，还应根据局部应用需求，结合具体 DBMS，设计用户的外模式。

利用关系数据库管理系统的视图来完成外模式。

① 使用符合用户习惯的别名。

② 针对不同级别的用户定义不同的外模式，以满足对安全性的要求。

③ 简化用户对系统的使用：将经常使用的某些复杂查询定义为视图。

【例 2-44】学生和课程的 E-R 图转换成关系模式。

学生和课程转换成关系模式(带下划线的为主键)：

学生(学号，姓名，性别，出生日期，政治面貌，班级编号)

课程(课程编号，课程名称，课程类别，学分)

学生和课程的联系也可以转换成关系模式：

选修(学号，课程编号，分数)

（五）数据库的物理设计

数据库物理设计阶段的任务是根据具体计算机系统（DBMS 和硬件等）的特点，为给定的数据库模型确定合理的存储结构和存取方法。所谓的"合理"主要有两个含义：一个是要使设计出的物理数据库占用较少的存储空间，另一个对数据库的操作具有尽可能高的速度。

为了设计数据库的物理结构，设计人员必须充分了解所用 DBMS 的内部特征；充分了解数据系统的实际应用环境，特别是数据应用处理的频率和响应时间的要求；充分了解外存储设备的特性。数据库的物理结构设计大致包括：确定数据的存取方法、确定数据的存储结构。

物理结构设计阶段实现的是数据库系统的内模式，它的质量直接决定了整个系统的性能。因此在确定数据库的存储结构和存取方法之前，对数据库系统所支持的事务要进行仔细分析，获得优化数据库物理设计的参数。

物理设计的输出信息主要是物理数据库结构说明书。其内容包括物理数据库结构、存储记录格式、存储记录位置分配及访问方法等。

（六）数据库实施

数据库实施是指建立数据库，编制与调试应用程序，组织数据入库，并进行试运行。

（七）数据库运行与维护

数据库运行与维护是指对数据库系统实际正常运行使用，并时时进行评价、调整与修改。

（八）数据库管理

数据库的建立。
数据库的调整。
数据库的重组。
数据库安全性控制与完整性控制。
数据库的故障恢复。
数据库监控。

【例 2-45】索引属于（　　　）。
（A）模式　　　　　　（B）内模式　　　　　　（C）外模式　　　　　　（D）概念模式
答案：B

【例 2-46】数据库、数据库系统和数据库管理系统之间的关系是（　　　）。
（A）数据库包括数据库系统和数据库管理系统
（B）数据库系统包括数据库和数据库管理系统
（C）数据库管理系统包括数据库和数据库系统

(D)3 者没有明显的包含关系

答案：B

【例 2-47】数据库的故障恢复一般是由(　　　)。

(A)数据流图完成的　　　　　　　　B)数据字典完成的

(C)DBA 完成的　　　　　　　　　　(D)PAD 图完成的

答案：C

怎么考

【试题 2-18】一个关系中属性个数为 1 时，称此关系为(　　　)。

(A)对应关系　　　(B)单一关系　　　(C)一元关系　　　(D)二元关系

解析：实体间的联系有：一对一、一对多、多对多三种。

答案：C

【试题 2-19】为用户与数据库系统提供接口的语言是(　　　)。

(A)高级语言　　　　　　　　　　　(B)数据描述语言(DDL)

(C)数据操纵语言(DML)　　　　　　(D)汇编语言

解析：为用户与数据库系统提供接口的语言是数据操纵语言(DML)。

答案：C

【试题 2-20】在数据库设计中，将 E-R 图转换成关系数据模型的过程属于(　　　)。

(A)需求分析阶段　　　　　　　　　(B)逻辑设计阶段

(C)概念设计阶段　　　　　　　　　(D)物理设计阶段

解析：将 E-R 图转换成关系数据模型的过程属于逻辑设计阶段。

答案：B

【试题 2-21】数据库设计中，用 E-R 图来描述信息结构但不涉及信息在计算机中的表示，它属于数据库设计的(　　　)。

(A)需求分析阶段　　　　　　　　　(B)逻辑设计阶段

(C)概念设计阶段　　　　　　　　　(D)物理设计阶段

解析：概念设计阶段是根据数据实体，画出相应的 E-R 图。

答案：C

【试题 2-22】下列关于关系数据库中数据表的描述，正确的是(　　　)。

(A)数据表相互之间存在联系，但用独立的文件名保存

(B)数据表相互之间存在联系，是用表名表示相互间的联系

(C)数据表相互之间不存在联系，完全独立

(D)数据表既相对独立，又相互联系

解析：同一数据库中的数据表既相互独立，又相互之间有联系。

答案：D

课后总复习

一、选择题

1. 算法的时间复杂度是指( )。
(A)执行算法程序所需要的时间
(B)算法程序的长度
(C)算法执行过程中所需要的基本运算次数
(D)算法程序中的指令条数

2. 算法的基本特征是可行性、确定性、( )和拥有足够信息。
(A)有穷性　　　　(B)无穷性　　　　(C)简单性　　　　(D)以上都不对

3. 算法的空间复杂度是指( )。
(A)算法程序的长度　　　　　　　　(B)算法程序中的指令条数
(C)算法程序所占的存储空间　　　　(D)执行过程中所需要的存储空间

4. 在计算机中,算法是指( )。
(A)加工方法　　　　　　　　　　　(B)解题方案的准确而完整的描述
(C)排序方法　　　　　　　　　　　(D)查询方法

5. 算法分析的目的是( )。
(A)找出数据结构的合理性
(B)找出算法中输入和输出之间的关系
(C)分析算法的易懂性和可靠性
(D)分析算法的效率以求改进

6. 数据处理的最小单位是( )。
(A)数据　　　　(B)数据元素　　　　(C)数据项　　　　(D)数据结构

7. 数据结构作为计算机的一门学科,主要研究数据的逻辑结构、对各种数据结构进行的运算,以及( )。
(A)数据的存储结构　　　　　　　　(B)计算方法
(C)数据映象　　　　　　　　　　　(D)逻辑存储

8. 线性表 L=(a_1, a_2, a_3, …, a_i, …, a_n),下列说法正确的是( )。
(A)每个元素都有一个直接前件和直接后件
(B)线性表中至少要有一个元素
(C)表中诸元素的排列顺序必须是由小到大或由大到小
(D)除第一个元素和最后一个元素外,其余每个元素都有一个且只有一个直接前件和直接后件

9. 数据结构中,与所使用的计算机无关的是数据的( )。
(A)存储结构　　　　　　　　　　　(B)物理结构
(C)逻辑结构　　　　　　　　　　　(D)物理和存储结构

10. 下列叙述中，错误的是(　　)。

(A)数据的存储结构与数据处理的效率密切相关

(B)数据的存储结构与数据处理的效率无关

(C)数据的存储结构在计算机中所占的空间不一定是连续的

(D)一种数据的逻辑结构可以有多种存储结构

11. 数据的存储结构是指(　　)。

(A)数据所占的存储空间

(B)数据的逻辑结构在计算机中的表示

(C)数据在计算机中的顺序存储方式

(D)存储在外存中的数据

12. 根据数据结构中各数据元素之间前后件关系的复杂程度，一般将数据结构分成(　　)。

(A)动态结构和静态结构

(B)紧凑结构和非紧凑结构

(C)线性结构和非线性结构

(D)内部结构和外部结构

13. 下列关于栈的叙述中正确的是(　　)。

(A)在栈中只能插入数据　　　　　(B)在栈中只能删除数据

(C)栈是先进先出的线性表　　　　(D)栈是后进先出的线性表

14. 栈通常采用的两种存储结构是(　　)。

(A)顺序存储结构和链式存储结构

(B)散列方式和索引方式

(C)链式存储结构和数组

(D)线性存储结构和非线性存储结构

15. 线性表的顺序存储结构和线性表的链式存储结构分别是(　　)。

(A)顺序存取的存储结构、顺序存取的存储结构

(B)顺序存取的存储结构、随机存取的存储结构

(C)随机存取的存储结构、顺序存取的存储结构

(D)任意存取的存储结构、任意存取的存储结构

16. 具有 3 个节点的二叉树有(　　)。

(A)2 种形态　　　　(B)4 种形态　　　　(C)7 种形态　　　　(D)5 种形态

17. 设有下列二叉树：

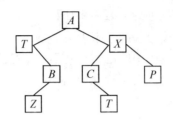

对此二叉树前序遍历的结果为(　　)。

(A) ZBTTCPXA

(B) ATBZXCTP

(C) ZBTACTXP

(D) ATBZXCPT

18. 结构化程序设计的三种结构是(　　)。

(A) 顺序结构、选择结构、转移结构

(B) 分支结构、等价结构、循环结构

(C) 多分支结构、赋值结构、等价结构

(D) 顺序结构、选择结构、循环结构

19. 在设计程序时，应采纳的原则之一是(　　)。

(A) 不限制 goto 语句的使用

(B) 减少或取消注解行

(C) 程序越短越好

(D) 程序结构应有助于读者理解

20. 程序设计语言的基本成分是数据成分、运算成分、控制成分和(　　)。

(A) 对象成分　　(B) 变量成分　　(C) 语句成分　　(D) 传输成分

21. 对建立良好的程序设计风格，下面描述正确的是(　　)。

(A) 程序应简单、清晰、可读性好

(B) 符号名的命名只要符合语法

(C) 充分考虑程序的执行效率

(D) 程序的注释可有可无

22. 在结构化程序设计思想提出之前，在程序设计中曾强调程序的效率，现在，与程序的效率相比，人们更重视程序的(　　)。

(A) 安全性　　(B) 一致性　　(C) 可理解性　　(D) 合理性

23. 下列叙述中，不属于结构化程序设计方法的主要原则的是(　　)。

(A) 自顶向下

(B) 由底向上

(C) 模块化

(D) 限制使用 goto 语句

24. 对象实现了数据和操作的结合，是指对数据和数据的操作进行(　　)。

(A) 结合　　(B) 隐藏　　(C) 封装　　(D) 抽象

25. 在面向对象方法中，一个对象请求另一个对象为其服务的方式是通过发送(　　)。

(A) 调用语句　　(B) 命令　　(C) 口令　　(D) 消息

26. 下列对对象概念描述错误的是(　　)。

(A) 任何对象都必须有继承性

(B) 对象是属性和方法的封装体

(C)对象间的通讯靠消息传递　　　　(D)操作是对象的动态属性

27. 面向对象的设计方法与传统的面向过程的方法有本质的不同,它的基本原理是(　　)。

(A)模拟现实世界中不同事物之间的联系

(B)强调模拟现实世界中的算法而不强调概念

(C)使用现实世界的概念抽象地思考问题从而自然地解决问题

(D)鼓励开发者在软件开发的绝大部分中都用实际领域的概念去思考

28. 下列叙述中,不属于软件需求规格说明书的作用的是(　　)。

(A)便于用户、开发人员进行理解和交流

(B)反映出用户问题的结构,可以作为软件开发工作的基础和依据

(C)作为确认测试和验收的依据

(D)便于开发人员进行需求分析

29. 下列不属于软件工程的三个要素的是(　　)。

(A)工具　　　　(B)过程　　　　(C)方法　　　　(D)环境

30. 检查软件产品是否符合需求定义的过程称为(　　)。

(A)确认测试　　　(B)集成测试　　　(C)验证测试　　　(D)验收测试

31. 数据流图用于抽象描述一个软件的逻辑模型,数据流图由一些特定的图符构成。下列图符名标识的图符不属数据流图合法图符的是(　　)。

(A)控制流　　　　(B)加工

(C)数据存储　　　(D)源和流(表示系统和环境的接口,属系统外实体)

32. 开发软件所需高成本和产品的低质量之间有着尖锐的矛盾,这种现象称作(　　)。

(A)软件投机　　　　　　　　(B)软件危机

(C)软件工程　　　　　　　　(D)软件产生

33. 开发大型软件时,产生困难的根本原因是(　　)。

(A)大系统的复杂性　　　　　　(B)人员知识不足

(C)客观世界千变万化　　　　　(D)时间紧、任务重

34. 软件工程的出现是由于(　　)。

(A)程序设计方法学的影响　　　(B)软件产业化的需要

(C)软件危机的出现　　　　　　(D)计算机的发展

35. 软件开发离不开系统环境资源的支持,其中必要的测试数据属于(　　)。

(A)硬件资源　　　(B)通信资源　　　(C)支持软件　　　(D)辅助资源

36. 在数据流图(DFD)中,带有名字的箭头表示(　　)。

(A)模块之间的调用关系　　　　(B)程序的组成成分

(C)控制程序的执行顺序　　　　(D)数据的流向

37. 下列不属于结构化分析的常用工具的是(　　)。

(A)数据流图　　　(B)数据字典　　　(C)判定树　　　(D)PAD图

38. 在软件生产过程中,需求信息的给出是(　　)。

（A）程序员　　　　　　　　　　　（B）项目管理者

（C）软件分析设计人员　　　　　　（D）软件用户

39. 软件开发的结构化生命周期方法将软件生命周期划分成(　　)。

（A）定义、开发、运行维护

（B）设计阶段、编程阶段、测试阶段

（C）总体设计、详细设计、编程调试

（D）需求分析、功能定义、系统设计

40. 在软件工程中，白盒测试法可用于测试程序的内部结构。此方法将程序看作是(　　)。

（A）路径的集合　　（B）循环的集合　　（C）目标的集合　　（D）地址的集合

41. 完全不考虑程序的内部结构和内部特征，而只是根据程序功能导出测试用例的测试方法是(　　)。

（A）黑盒测试法　　（B）白盒测试法　　（C）错误推测法　　（D）安装测试法

42. 需求分析中开发人员要从用户那里了解(　　)。

（A）软件做什么　　（B）用户使用界面　　（C）输入的信息　　（D）软件的规模

43. 下列不属于软件调试技术的是(　　)。

（A）强行排错法　　（B）集成测试法　　（C）回溯法　　（D）原因排除法

44. 为了避免流程图在描述程序逻辑时的灵活性，提出了用方框图来代替传统的程序流程图，通常也把这种图称为(　　)。

（A）PAD 图　　　　（B）N-S 图　　　　（C）结构图　　　　（D）数据流图

45. 下列叙述中，正确的是(　　)。

（A）软件就是程序清单

（B）软件就是存放在计算机中的文件

（C）软件应包括程序清单及运行结果

（D）软件包括程序和文档

46. 下列叙述中，不属于结构化分析方法的是(　　)。

（A）面向数据流的结构化分析方法

（B）面向数据结构的 Jackson 方法

（C）面向数据结构的结构化数据系统开发方法

（D）面向对象的分析方法

47. 详细设计的结果基本决定了最终程序的(　　)。

（A）代码的规模　　（B）运行速度　　（C）质量　　　　（D）可维护性

48. 在软件生命周期中，能准确地确定软件系统必须做什么和必须具备哪些功能的阶段是(　　)。

（A）概要设计　　　（B）详细设计　　（C）可行性分析　　（D）需求分析

49. 程序流程图(PFD)中的箭头代表的是(　　)。

（A）数据流　　　　（B）控制流　　　（C）调用关系　　　（D）组成关系

50. 在结构化方法中，软件功能分解属于下列软件开发中的阶段是(　　)。

(A)详细设计 　　　(B)需求分析 　　　(C)总体设计 　　　(D)编程调试

51. 软件调试的目的是(　　)。

(A)发现错误 　　　　　　　　(B)改正错误

(C)改善软件的性能 　　　　　　(D)挖掘软件的潜能

52. 软件需求分析阶段的工作,可以分为四个方面:需求获取,需求分析,编写需求规格说明书,以及(　　)。

(A)阶段性报告 　　(B)需求评审 　　(C)总结 　　(D)都不正确

53. 以下哪一项不是软件危机的表现形式(　　)。

(A)成本高 　　(B)生产率低 　　(C)技术发展快 　　(D)质量得不到保证

54. 软件工程的出现主要是由于 (　　)。

(A)程序方法学的影响 　　　　(B)其他工程学科的影响

(C)计算机的发展 　　　　　　(D)软件危机的出现

55. 软件是一种(　　)。

(A)程序 　　(B)数据 　　(C)逻辑产品 　　(D)物理产品

56. (　　)模型的缺点是缺乏灵活性,特别是无法解决软件需求不明确或不准确的问题。

(A)瀑布模型 　　(B)原型模型 　　(C)增量模型 　　(D)螺旋模型

57. 软件生存期包括计划,需求分析和定义(　　),编码,软件测试和运行维护。

(A)软件开发 　　　　　　(B)软件设计(详细设计)

(C)软件支持 　　　　　　(D)软件定义

58. 为使得开发人员对软件产品的各个阶段工作都进行周密的思考,从而减少返工,所以(　　)的编制是很重要的。

(A)需求说明 　　(B)概要说明 　　(C)软件文档 　　(D)测试计划

59. 软件危机出现于(　　),为了解决软件危机,人们提出了用(　　)的原理来设计软件,这是软件工程诞生的基础。

(A)20 世纪 50 年代末 　运筹学 　　(B)20 世纪 60 年代初 　工程学

(C)20 世纪 60 年代末 　软件工程学 　(D)20 世纪 70 年代初 　数字

60. 开发软件需高成本和产品的低质量之间有着尖锐的矛盾,这种现象称作(　　)。

(A)软件投机 　　(B)软件危机 　　(C)软件工程 　　(D)软件产生

61. 下列有关数据库的描述,正确的是(　　)。

(A)数据库是一个 DBF 文件

(B)数据库是一个关系

(C)数据库是一个结构化的数据集合

(D)数据库是一组文件

62. 下列有关数据库的描述,正确的是(　　)。

(A)数据处理是将信息转化为数据的过程

(B)数据的物理独立性是指当数据的逻辑结构改变时,数据的存储结构不变

(C)关系中的每一列称为元组，一个元组就是一个字段

(D)如果一个关系中的属性或属性组并非该关系的关键字，但它是另一个关系的关键字，则称其为本关系的外关键字

63. 在数据管理技术的发展过程中，经历了人工管理阶段、文件系统阶段和数据库系统阶段。其中数据独立性最高的阶段是(　　)。

(A)数据库系统　　　　(B)文件系统　　　　(C)人工管理　　　　(D)数据项管理

64. 下述关于数据库系统的叙述中正确的是(　　)。

(A)数据库系统减少了数据冗余

(B)数据库系统避免了一切冗余

(C)数据库系统中数据的一致性是指数据类型一致

(D)数据库系统比文件系统能管理更多的数据

65. 数据库系统的核心是(　　)。

(A)数据模型　　　　　　　　　　(B)数据库管理系统

(C)数据库　　　　　　　　　　　(D)数据库管理员

66. 下列 SQL 语句中，用于修改表结构的是(　　)。

(A)ALTER　　　　(B)CREATE　　　　(C)UPDATE　　　　(D)INSERT

67. 关系模型允许定义 3 类数据约束，下列不属于数据约束的是(　　)。

(A)实体完整性约束　　　　　　　(B)参照完整性约束

(C)域完整性约束　　　　　　　　(D)用户自定义的完整性约束

68. 分布式数据库系统不具有的特点是(　　)。

(A)数据分布性和逻辑整体性　　　(B)位置透明性和复制透明性

(C)分布性　　　　　　　　　　　(D)数据冗余

69. 关系表中的每一横行称为一个(　　)。

(A)元组　　　　(B)字段　　　　(C)属性　　　　(D)码

70. 下列数据模型中，具有坚实理论基础的是(　　)。

(A)层次模型　　　(B)网状模型　　　(C)关系模型　　　(D)以上 3 个都是

71. NULL 是指(　　)。

(A)0　　　　　　　　　　　　　(B)空格

(C)未知的值或无任何值　　　　　(D)空字符串

72. 下列说法中，不属于数据模型所描述的内容的是(　　)。

(A)数据结构　　　(B)数据操作　　　(C)数据查询　　　(D)数据约束

73. 在数据管理技术发展过程中，文件系统与数据库系统的主要区别是数据库系统具有(　　)。

(A)特定的数据模型　　　　　　　(B)数据无冗余

(C)数据可共享　　　　　　　　　(D)专门的数据管理软件

74. 数据库设计包括两个方面的设计内容，它们是(　　)。

(A)概念设计和逻辑设计　　　　　(B)模式设计和内模式设计

(C)内模式设计和物理设计　　　　(D)结构特性设计和行为特性设计

75. 实体是信息世界中广泛使用的一个术语，它用于表示(   )。
(A)有生命的事物   (B)无生命的事物
(C)实际存在的事物   (D)一切事物

76. 相对于数据库系统，文件系统的主要缺陷有数据关联差、数据不一致性和(   )。
(A)可重用性差   (B)安全性差
(C)非持久性   (D)冗余性

77. 下列关系模型中，能使经运算后得到的新关系中属性个数多于原来关系中属性个数的是(   )。
(A)选择   (B)连接   (C)投影   (D)并

78. 下列叙述中，正确的是(   )。
(A)用 E-R 图能够表示实体集间一对一的联系、一对多的联系和多对多的联系
(B)用 E-R 图只能表示实体集之间一对一的联系
(C)用 E-R 图只能表示实体集之间一对多的联系
(D)用 E-R 图表示的概念数据模型只能转换为关系数据模型

79. "年龄在 18～25"这种约束是属于数据库当中的(   )。
(A)原子性措施   (B)一致性措施   (C)完整性措施   (D)安全性措施

80. 下列叙述中，不属于数据库系统的是(   )。
(A)数据库   (B)数据库管理系统
(C)数据库管理员   (D)数据库应用系统

81. 视图设计一般有 3 种设计次序，下列不属于视图设计的是(   )。
(A)自顶向下   (B)由外向内   (C)由内向外   (D)自底向上

82. 用树形结构来表示实体之间联系的模型称为(   )。
(A)关系模型   (B)层次模型   (C)网状模型   (D)关系模型

83. 下列四项中说法不正确的是(   )。
(A)数据库减少了数据冗余
(B)数据库中的数据可以共享
(C)数据库避免了一切数据的重复
(D)数据库具有较高的数据独立性

84. 下列四项中，必须进行查询优化的是(   )。
(A)关系数据库   (B)网状数据库   (C)层次数据库   (D)非关系模型

85. 最常用的一种基本数据模型是关系数据模型，它的表示应采用(   )。
(A)树   (B)网络   (C)图   (D)二维表

86. 公司中有多个部门和多名职员，每个职员只能属于一个部门，一个部门可以有多名职员，从职员到部门的联系类型是(   )。
(A)多对多   (B)一对一   (C)多对一   (D)一对多

87. 下列关系运算的叙述中，正确的是(   )。
(A)投影、选择、连接是从二维表行的方向进行的运算

（B）并、交、差是从二维表的列的方向来进行运算

（C）投影、选择、连接是从二维表列的方向进行的运算

（D）以上 3 种说法都不对

88. 关系数据库管理系统应能实现的专门的关系运算包括(　　)。

（A）排序、索引、统计　　　　　　　（B）选择、投影、连接

（C）关联、更新、排序　　　　　　　（D）显示、打印、制表

89. 在关系数据库中，用来表示实体之间联系的是(　　)。

（A）树结构　　　　　（B）网结构　　　　　（C）线性表　　　　　（D）二维表

90. 将 E-R 图转换到关系模式时，实体与联系都可以表示成(　　)。

（A）属性　　　　　（B）关系　　　　　（C）键　　　　　（D）域

二、填空题

1. 算法的工作量大小和实现算法所需的存储单元多少分别称为算法的＿＿＿＿＿＿。

2. 数据结构包括数据的逻辑结构、数据的＿＿＿＿＿＿以及对数据的操作运算。

3. 顺序存储方法是把逻辑上相邻的节点存储在物理位置＿＿＿＿＿＿的存储单元中。

4. 长度为 n 的顺序存储线性表中，当在任何位置上插入一个元素概率都相等时，插入一个元素所需移动元素的平均个数为＿＿＿＿＿＿。

5. 数据的逻辑结构有线性结构和＿＿＿＿＿＿两大类。

6. 当线性表采用顺序存储结构实现存储时，其主要特点是＿＿＿＿＿＿。

7. 当循环队列非空且队尾指针等于队头指针时，说明循环队列已满，不能进行入队运算。这种情况称为＿＿＿＿＿＿。

8. 数据结构分为逻辑结构与存储结构，线性链表属于＿＿＿＿＿＿。

9. 请画出下图所示的树所对应的二叉树，同时写出该二叉树的前序、中序及后序遍历结果。

前序遍历：＿＿＿＿＿＿＿＿＿＿＿＿＿＿＿＿＿＿＿＿＿＿＿＿＿＿＿＿

中序遍历：_____

后序遍历：_____

10. 在面向对象的程序设计中，类描述的是具有相似性质的一组_____。

11. 在面向对象方法中，类之间共享属性和操作的机制称为_____。

12. 一个类可以从直接或间接的祖先中继承所有属性和方法。采用这个方法提高了软件的_____。

13. 在面向对象的设计中，用来请求对象执行某一处理或回答某些信息的要求称为_____。

14. 在程序设计阶段应该采取_____和逐步求精的方法，把一个模块的功能逐步分解，细化为一系列具体的步骤，进而用某种程序设计语言写成程序。

15. 类是一个支持集成的抽象数据类型，而对象是类的_____。

16. _____是一种信息隐蔽技术，目的在于将对象的使用者和对象的设计者分开。

17. 子程序通常分为两类：_____和函数，前者是命令的抽象，后者是为了求值。

18. 源程序文档化要求程序应加注释。注释一般分为序言性注释和_____。

19. 通常，将软件产品从提出、实现、使用维护到停止使用退役的过程称为_____。

20. 耦合和内聚是评价模块独立性的两个主要标准，其中_____反映了模块内各成分之间的联系。

21. 软件工程研究的内容主要包括：_____技术和软件工程管理。

22. Jackson 结构化程序设计方法是英国的 M. Jackson 提出的，它是一种面向_____的设计方法。

23. 软件设计模块化的目的是_____。

24. 数据流图的类型有_____和事务型。

25. 软件危机出现于 20 世纪 60 年代末，为了解决软件危机，人们提出了_____的原理来设计软件，这就是软件工程诞生的基础。

26. 软件开发环境是全面支持软件开发全过程的_____集合。

27. 测试的目的是暴露错误，评价程序的可靠性；而_____的目的是发现错误的位置并改正错误。

28. 软件维护活动包括以下几类：改正性维护、适应性维护、_____维护和预防性维护。

29. 软件结构是以_____为基础而组成的一种控制层次结构。

30. 为了便于对照检查，测试用例应由输入数据和预期的_____两部分组成。

31. 软件工程包括 3 个要素，分别为方法、工具和_____。

32. 软件工程的出现是由于_____。

33. 单元测试又称模块测试，一般采用_____测试。

34. 软件的_____设计又称为总体结构设计，其主要任务是建立软件系统的总体结构。

35. 软件是程序、数据和_____的集合。

36. 对软件是否能达到用户所期望的要求的测试称为_____。

37. 质量保证策略大致分为三个阶段：以检测为重、_____和以新产品开发为重。

38. 数据库管理系统常见的数据模型有层次模型、网状模型和_____。

39. 一个项目具有一个项目主管，一个项目主管可管理多个项目，则实体"项目主管"与实体"项目"的联系属于_____的联系。

40. 数据库设计分为以下 6 个设计阶段：需求分析阶段、_____、逻辑设计阶段、物理设计阶段、实施阶段、运行和维护阶段。

41. 关系操作的特点是_____操作。

42. 数据模型按不同应用层次分成 3 种类型，它们是概念数据模型、_____和物理数据模型。

43. 当数据的物理结构（存储结构、存取方式等）改变时，不影响数据库的逻辑结构，从而不致引起应用程序的变化，这是指数据的_____。

44. _____是数据库设计的核心。

45. 在关系模型中，把数据看成一个二维表，每一个二维表称为一个_____。

46. 关系数据库的关系演算语言是以_____为基础的 DML 语言。

47. 关键字 ASC 和 DESC 分别表示_____的含义。

48. 数据库系统阶段的数据具有较高独立性，数据独立性包括物理独立性和_____两个含义。

49. 数据库保护分为：安全性控制、_____、并发性控制和数据的恢复。

50. _____是从二维表列的方向进行的运算。

51. 由关系数据库系统支持的完整性约束是指_____和参照完整性。

52. 数据库恢复是将数据库从_____状态恢复到某一已知的正确状态。

53. 实体之间的联系可以归结为一对一联系、一对多（或多对多）的联系与多对多联系。如果一个学校有许多教师，而一个教师只归属于一个学校，则实体集学校与实体集教师之间的联系属于_____的联系。

54. 数据库系统中实现各种数据管理功能的核心软件称为_____。

55. 关系模型的完整性规则是对关系的某种约束条件，包括实体完整性、_____和自定义完整性。

参考答案

一、选择题

1~5 CADBD	6~10 CADCB	11~15 BCDAC	16~20 DBDDD
21~25 ACBCD	26~30 ACDDA	31~35 ABACD	36~40 DDDAA
41~45 AABBD	46~50 DCDBC	51~55 BBCDC	56~60 ABCCB
61~65 CDAAB	66~70 ABDAC	71~75 CCAAC	76~80 DBACD

81~85 BBCAC　　　　86~90 DDBDB

二、填空题

1. 时间复杂度和空间复杂度

2. 物理结构(或存储结构)

3. 相邻

4. $n/2$

5. 非线性结构

6. 逻辑结构中相邻的节点在存储结构中仍相邻

7. 上溢

8. 存储结构

9.
前序遍历:
①②④⑤⑧⑩⑨③⑥⑦
中序遍历:
④②⑩⑧⑤⑨①⑥③⑦
后序遍历:
④⑩⑧⑨⑤②⑥⑦③①

10. 对象

11. 继承

12. 可重用性

13. 消息

14. 自顶向下

15. 实例

16. 封装

17. 过程

18. 功能性注释

19. 软件生命周期

20. 内聚

21. 软件开发

22. 数据结构

23. 内聚降低复杂性

24. 变换型

25. 软件工程学

26. 软件工具

27. 软件调试

28. 完善性

29. 模块

30. 输出结果

31. 过程

32. 软件危机的出现

33. 白盒测试法

34. 概要

35. 文档

36. 有效性测试

37. 以过程管理为重

38. 关系模型

39. 一对多

40. 逻辑设计阶段、物理设计阶段、实施阶段、运行和维护阶段

41. 集合

42. 逻辑数据模型

43. 物理独立性

44. 数据模型

45. 关系

46. 数理逻辑中的谓词演算

47. 升序和降序

48. 逻辑独立性

49. 完整性控制

50. 关系运算

51. 实体完整性

52. 错误

53. 一对多

54. 数据库管理系统

55. 参照完整性

第三编　Access 数据库考点分析

第3章　数据库基础

本章主要内容

1. 基本概念

数据库，数据模型，数据库管理系统。

2. 关系数据库基本概念

关系模型(实体的完整性，参照的完整性，用户定义的完整性)，关系模式，关系，元组，属性，字段，域，值，主关键字等。

3. Access 系统简介

① Access 系统的基本特点。

② 基本对象：表，查询，窗体，报表，页，宏，模块。

3.1　数据库基础知识★★★

考什么

3.1.1　数据库系统

数据处理中最重要的问题就是数据管理，包括如何对数据分类、组织、编码、存储、检索和维护。在引入计算机进行数据管理后，随着计算机软、硬件的升级，经历了由低级到高级的发展过程。

① 人工管理。

② 文件系统。

③ 数据库系统。

④ 分布式数据库系统。

⑤ 面向对象数据库系统。

1. 数据库系统

数据库系统是指引进了数据库技术后的计算机系统，主要由硬件系统、数据库集合、数据库管理系统及软件、数据库管理员、用户五部分组成。

数据库系统具有如下特点：

① 实现数据共享，减少数据冗余。

② 采用特定的数据模型。

③ 具有较高的数据独立性

④ 有统一的数据控制功能。

2. 数据库管理系统

数据库管理系统（DBMS）是数据库系统的核心组成部分，主要的功能可以概括为以下六个方面：

① 数据定义。

② 数据操控。

③ 数据库运行管理。

④ 数据组织、存储和管理。

⑤ 数据库的建立和维护。

⑥ 数据通信接口。

DBMS 通常包括四个部分：数据定义语言及其翻译处理程序，数据操纵语言及其编译，（或解释）程序，数据库运行控制程序，实用程序。

3.1.2　数据模型

数据模型是从现实世界到机器世界的一个中间层次。

1. 实体描述

在实体描述中常见的名词定义如下：

实体：客观存在且相互区别的事物称为实体。无论是实际的还是抽象的事物都可以是实体。

实体的属性：用来描述实体的某方面的特性称为属性，例如，员工实体可以用员工编号、姓名、性别、所属部门、职位与年龄等属性进行描述。

实体集和实体型：属性的集合表示了一种是实体的类型，为实体型，同类型的实体的集合称为实体集。

在 Access 中，用"表"来存放同一类的实体，即实体集。"表"中的字段就是实体的属性，字段值的集合构成一条记录，代表了一个具体的实体。

2. 实体间联系及种类

实体间的对应关系称为联系，两个实体间的联系有如下三种类型。

一对一关系：设 A、B 为两个实体集，如果 A 中的每一个实体最多和 B 中的一个有联系，而同样的 B 中的每一个实体最多和 A 中的一个实体有联系，则 A、B 间的联系就是一对一的联系。

一对多联系：如果实体集 A 中的每一个实体可以和 B 中的几个实体有联系，而实体 B 中的每一个实体最多和实体集 A 中的一个实体有联系，则称实体集 A 对 B 是一对多的联系。

多对多联系：如果实体集 A 中的每一个实体可以和 B 中的几个实体有联系，而实体集 B 中的每一个实体也可以和实体集 A 中的多个实体有联系，则称实体集 A 对 B 是多对多的联系。

3. 数据模型简介

任何一个数据库管理系统都是基于各种数据模型的，数据库管理系统所支持的数据模型主要有三种，即层次模型、网状模型和关系模型。关系模型是目前最流行的数据库模型。

① 层次数据模型：用树形结构表示实体及其之间的联系的模型称为层次模型。特点是：有且仅有一个节点无父节点，此节点称为"根节点"，其他节点有且仅有一个父节点。适合用来表示一对多的联系，不能直接表示出多对多的联系。

② 网状数据模型：用网状结构表示实体及其之间的联系的模型称为网状模型。特点是：允许节点有多于一个的父节点。适用于表示多对多的联系。

③ 关系数据模型：用二维表结构来表示实体及实体间联系的模型称为关系数据模型，在关系数据库中，每一个关系都是一个二维表，无论实体还是实体间的联系均用二维表来表示。

怎么考

【试题 3-1】某宾馆中有单人间和双人间两种客房，按照规定，每位入住该宾馆的客人都要进行身份登记。宾馆数据库中有客房信息表(房间号……)和客人信息表(身份证号，姓名，来源……)；为了反映客人入住客房的情况，客房信息表和客人信息表之间的联系应设计为( )。(2009 年 9 月)

(A)一对一联系　　(B)一对多联系　　(C)多对多联系　　(D)无联系

解析：一个人只能入住一个房间，而一个房间可以住多个人，因此客房信息表中的一条记录只能与客人信息表中的多条记录相匹配，因此客房信息表与客人信息表之间的联系为一对多。

答案：B

【试题 3-2】按数据的组织形式，数据库的数据模型可分为三种模型，它们是( )。(2009 年 3 月)

(A)小型、中型和大型　　　　　　(B)网状、环状和链状
(C)层次、网状和关系　　　　　　(D)独享、共享和实时

解析：数据库管理系统所支持的数据模型主要有三种，即层次模型、网状模型和关系模型。关系模型是目前最流行的数据库模型。

答案：C

【试题 3-3】学校规定学生宿舍标准是：本科生 4 人一间，硕士生 2 人一间，博士生 1 人一间，学生与宿舍之间形成了住宿关系，这种住宿关系是( )。(2011 年 9 月)

(A)一对一联系　　　　　　　　　(B)一对四联系
(C)一对多联系　　　　　　　　　(D)多对多联系

解析：一个学生可以根据自己的学历住在对应的宿舍里，如果是本科生就住 4 人

间，如果是硕士生就住 2 人间，如果是博士就住单人间；而 4 人间住的就只能是本科生，2 人间住的就只能是硕士生，单人间住的则只能是博士生。所以说，学生和宿舍之间形成了一对多的联系。

答案：C

【试题 3-4】数据库管理系统中负责数据模式定义的语言是(　　)。(2010 年 3 月)

(A)数据定义语言　　　　　　　　(B)数据管理语言

(C)数据操纵语言　　　　　　　　(D)数据控制语言

解析：数据库管理系统中负责数据模式定义的语言是数据定义语言 DDL。即本题的答案是 A。

答案：A

【试题 3-5】层次型、网状型和关系型数据库划分原则是(　　)。(2010 年 9 月)

(A)记录长度　　　　　　　　　(B)文件的大小

(C)联系的复杂程度　　　　　　(D)数据之间的联系方式

解析：首先我们应该理解数据库的概念，数据库是数据的集合，它具有统一的结构形式并存放于统一的存储介质内，是多种应用数据的集成。可见数据库是数据之间的联系方式，因此也是数据库划分的原则。

答案：D

【试题 3-6】数据库设计的四个阶段是：需求分析、概念设计、逻辑设计和(　　)。(2010 年 9 月)

解析：数据库设计的四个阶段是：需求分析、概念设计、逻辑设计和物理设计。

答案：物理设计

【试题 3-7】一个工作人员可以使用多台计算机，而一台计算机可被多个人使用，则实体工作人员与实体计算机之间的联系是(　　)。(2010 年 9 月)

(A)一对一　　　(B)一对多　　　(C)多对多　　　(D)多对一

解析：本题考查的知识点是实体间的联系，其中有一对一、一对多、多对多这种联系。本题中一个工作人员可以使用多台计算机，而一台计算机又可被多个人使用，所以是多对多的关系。

答案：C

【试题 3-8】下列对数据输入无法起到约束作用的是(　　)。

(A)输入掩码　　　　　　　　(B)有效性规则

(C)字段名称　　　　　　　　(D)数据类型

解析：对数据输入有约束作用的是字段大小、格式、默认值、有效性规则、输入掩码、必填字段。字段名称对数据输入没有约束作用。

答案：C

【试题 3-9】有一个学生选课的关系，其中学生的关系模式为：学生(学号，姓名，班级，年龄)，课程的关系模式为：课程(课号，课程名，学时)，其中两个关系模式的键分别是学号和课号，则关系模式选课可定义为：选课(学号，(　　)，成绩)。(2010 年 3 月)

解析：学生和课程直接是多对多的关系，所以关系模式选课应该同时含有两者的主键，即学号和课号。

答案：课号

【试题 3-10】学校图书馆规定，一名旁听生只能借一本书，一名在校生同时可以借 5 本书，一名教师同时可以借 10 本书，在这种情况下，读者与图书之间形成了借阅关系，这种借阅关系是(　　)。(2012 年 9 月)

（A）一对一关系　　　（B）一对五关系　　　（C）一对十关系　　　（D）一对多关系

解析：我们根据题目可以看出，读者与图书之间，一个读者可以对应一种或多种图书，这种关系称之为一对多。B、C 两个选项没有这种说法。

答案：D

【试题 3-11】下图所示的数据模型属于(　　)。

（A）关系模型　　　　（B）层次模型　　　　（C）网状模型　　　　（D）以上皆非

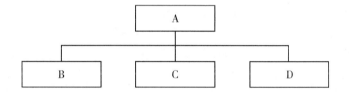

解析：层次数据模型用树形结构表示各类实体以及实体之间的联系，本题为树形结构，因此选择 B。

答案：B

【试题 3-12】数据库系统四要素中，(　　)是数据库系统的核心和管理对象。

（A）硬件　　　　　　（B）软件　　　　　　（C）数据库　　　　　　（D）人

解析：数据库是存储在计算机存储设备中的、结构化的相关数据的集合。它不仅包含描述事物的数据本身，而且包括相关事物之间的关系，它是数据库系统的核心内容和管理对象。

答案：C

3.2　Access 简介 ★ ★ ★ ★

考什么

3.2.1　Access 的发展过程

Access 是微软公司发布的关系数据库软件，它经过了一个长期的发展过程。自从在 1992 年 Microsoft 发行 Windows 数据库关系系统 Access 1.0 之后，又先后推出了 Access 的其他版本，包括 2.0、7.0/95、8.0/97、9.0/2000、10.0/2002，直到今天的 Access 2003/2007

版。目前 Access 2003 已经得到广泛运用。

3.2.2　Access 的优点

Access 提供的多种工具既实用又方便，同时还具有高效的数据处理能力，Access 的主要优点如下。

① 具有方便实用的强大功能，不用考虑构成传统 PC 数据库的多个单独的文件。

② 能够利用各种图例快速获得数据。

③ 可以利用报表工具，方便地生成美观的数据报表，而不需要编程。

④ 采用 OLE 技术能够方便地创建和编辑多媒体数据库。

⑤ 支持 ODBC 标准的 SQL 数据库的数据。

⑥ 设计过程自动化。

⑦ 具有较好的集成开发功能。

⑧ 可以采用 VBA 编写应用程序。

⑨ 提供了断点设置、单步执行等调试功能。

⑩ 能像 Word 那样自动进行语法检查和错误诊断。

⑪ 进一步完善了将 Internet/Intranet 集成到整个办公室的桌面操作环境。

3.2.3　Access 数据库的系统结构

Access 通过数据库对象来管理信息，Access 2003 的对象包括表、查询、窗体、报表、数据访问页、宏和模块。Access 提供的这六种数据库对象都存放在同一个数据库文件中(扩展名为.mdb)，从而方便了数据库文件的管理。

不同的数据库对象的作用不同，表是数据库的核心和基础，存放着数据库中的全部数据，报表、查询和窗体等是从数据库中获得信息，以实现用户的某一特定要求，窗体提供了很好的用户操作界面，通过它可以直接或间接地调用宏或模块，并执行查询、打印、预览与计算等功能，还可以对数据库进行编辑修改。

1. 表

表是用来存储数据的对象，是数据库的核心与基础。一个数据库中可以包含多张表，通过在表之间建立关系，可以将不同表中的数据联系起来。在表中，数据以二维表的形式保存。表中的行和列分别称为记录和字段。记录由一个或多个字段组成，一条记录就是一条完整的信息。

2. 查询

查询时用户希望查看表中的数据时，按照一定的条件或准则，从一个或多个表中筛选出所要的数据，形成一个动态数据集，并在一个虚拟的数据表窗口中显示出来。Access 提供了图形化的实例查询机制，使得查询的实现更加简单易行。当然，在 Access 中也可以通过直接输入 SQL 语句进行查询。

3. 窗体

窗体是数据库和用户的界面。在窗体中可以显示数据表中的数据，可将数据库中的表链接到窗体中，利用窗体作为输入记录的界面。还可以设计窗体来运行宏或模块，以完成应用程序要进行的任务。

4. 报表

利用报表可以将数据库中需要的数据提取出来进行分析、整理和计算，并将数据以格式化的方式发送到打印机。用户可以在一张、多张表或查询的基础上来创建报表。

5. 宏

宏是指一个或多个操作的集合，其中每个操作实现特定的功能。在宏中制定的操作都是 Access 2003 包含的多种宏操作。

6. 模块

模块是使用 VBA 代码定制过程的对象。模块是将 Visual Basic for Applications 声明和过程作为一个单元进行保存的集合，是应用程序开发人员的工作环境。模块的主要作用就是建立复杂的 VBA（Visual Basic for Applications）程序以完成宏等不可能完成的任务。

怎么考

【试题 3-13】Access 数据库的结构层次是（   ）。（2009 年 9 月）

（A）数据库管理系统→应用程序→表　　（B）数据库→数据表→记录→字段

（C）数据库→记录→数据项→数据　　　　（D）数据库→记录→字段

解析：Access 是一种数据库系统，表是数据库的核心与基础，存放数据库中全部数据；在表中，数据以二维表的形式保存，表中的一条记录就是一个完整的信息，记录又由一个或多个字段组成。由此，便可以看出 Access 数据库的结构层次。

答案：B

【试题 3-14】在 Access 中，可用于设计输入界面的对象是（   ）。（2009 年 9 月）

（A）窗体　　　　（B）报表　　　　（C）查询　　　　（D）表

解析：窗体是数据库与用户联系的界面。在窗体中可以显示数据表中的数据，可以将数据库中的表链接到窗体中，利用窗体作为输入记录的界面。

答案：A

【试题 3-15】在 Access 数据库对象中，体现数据库设计目的的对象是（   ）。（2009 年 3 月）

（A）报表　　　　（B）模块　　　　（C）查询　　　　（D）表

解析：在 Access 数据库对象中，表是数据库的核心和基础，存放着数据库中的全部数据，通常将某个主题的信息存储为一张表。而报表、查询和模块等从数据库中获得信息，以实现用户的某一特定要求。可见，只有表能体现数据库设计的目的。

答案：D

【试题 3-16】Access 数据库中，表的组成是（   ）。（2008 年 9 月）

（A）字段和记录　　（B）查询和字段　　（C）记录和窗体　　（D）报表和字段

解析：表示数据库中存储数据最基本单位，通常将某个主题的信息存储为一张表，一张数据库可以包含多张表，表中的行和列分别称为记录和字段。

答案：A

【试题 3-17】Access 报表对象的数据源可以是(　　　)。(2008 年 9 月)

(A)表、查询和窗体　　　　　　　　(B)表和查询

(C)表、查询和 SQL 命令　　　　　　(D)表、查询和报表

解析：在 Access 中，报表是用于格式化、计算、打印和汇总选定数据的对象。用户可以在一张、多张表或查询的基础上来创建报表，报表主要用于打印数据，在其设计过程中可以对数据进行必要的处理，以满足需求。

答案：C

课后总复习

1. 用 Access 创建的数据库文件，其扩展名是(　　　)。

(A).adp　　　　　(B).dbf　　　　　(C).frm　　　　　(D).mdb

2. 数据库系统的核心是(　　　)。

(A)数据模型　　　　　　　　　　　(B)数据库管理系统

(C)数据库　　　　　　　　　　　　(D)数据库管理员

3. 数据库系统是由数据库、数据库管理系统、应用程序、(　　　)、用户等构成的人机系统。

(A)数据库管理员　　(B)程序员　　　　(C)高级程序员　　(D)软件开发商

4. 在数据库中存储的是(　　　)。

(A)信息　　　　　(B)数据　　　　　(C)数据结构　　　　(D)数据模型

5. 在下面关于数据库的说法中，错误的是(　　　)。

(A)数据库有较高的安全性

(B)数据库有较高的数据独立性

(C)数据库中的数据可以被不同的用户共享

(D)数据库中没有数据冗余

6. 不是数据库系统特点的是(　　　)。

(A)较高的数据独立性　　　　　　　(B)最低的冗余度

(C)数据多样性　　　　　　　　　　(D)较好的数据完整性

7. 在下列数据库管理系统中，不属于关系型的是(　　　)。

(A)Micorsoft Access　　　　　　　(B)SQL server

(C)Oracle　　　　　　　　　　　　(D)DBTG 系统

8. Access 是(　　　)数据库管理系统。

(A)层次　　　　　(B)网状　　　　　(C)关系型　　　　　(D)树状

9. 在 Access 中，数据库的基础和核心是(　　　)。

(A)表　　　　　　(B)查询　　　　　(C)窗体　　　　　　(D)宏

10. 在下面关于 Access 数据库的说法中，错误的是(　　　)。

(A)数据库文件的扩展名为.mdb

(B)所有的对象都存放在同一个数据库文件中

(C)一个数据库可以包含多个表

(D)表是数据库中最基本的对象，没有表也就没有其他对象

11. 用 Access 2010 创建的数据库文件，其扩展名是(   )。

(A).adp   (B).dbf   (C).accdb   (D).mdb

参考答案

1~5 DBABD   6~11 CDCABC

第4章　数据库和表

4.1　建立表★★★★★

考什么

4.1.1　设计表

设计表是数据库设计过程中的第二步，也可能是最难处理的步骤。因为要从数据库中获得的结果、要打印的报表、要使用的格式、要解决的问题，不一定能够提供用于生

126

成它们的表的结构线索。

在设计表时应该按以下设计原则对信息进行分类：

① 表不应包含备份信息，表间不应有重复信息。由此，关系数据库中的表与常规文件应与程序中的表(如电子表格)有所不同。如果每条信息只保存在一个表中，只需在一处进行更新，这样效率越高，同时也消除了包含不同信息的重复项的可能性。例如，要在一个表中只保存一次每一个客户的地址和电话号码。

② 每个表应只包含关于一个主题的信息。如果每个表只包含关于一个主题的事件，则可以独立于其他主题维护每个主题的信息。例如，将客户的地址与客户订单存在不同表中，这样就可以删除某个订单，但仍然保留客户的信息。

4.1.2 表的结构

Access 表由表结构和表内容两部分组成。其中，表结构是指数据表的框架，主要包括表名和字段属性两部分。

表名是表存储在磁盘上的唯一标识，用于用户访问数据库。

字段属性是表的组织形式，包括字段的名称、数据类型、字段大小、格式、输入掩码、有效性规则等。

字段的命名规则如下。

字段名长度为 1~64 个字符。

字段名可以包含字母、数字、汉字、空格和其他字符，但不能用空格开头。

字段名不能包含句号(.)、惊叹号(!)、方括号([ ])和单引号(')。

4.1.3 Access 数据类型

设计表时必须定义字段的数据类型，在 Access 中，常用的数据类型有文本、备注、数字、日期/时间、货币、自动编号、是/否、OLE 对象、超级链接、查阅向导等。

① 文本型字段可以是文本或文本与数字的组合。文本型字段的取值最多 255 个字符，Microsoft Access 只保存输入到字段中的字符而不保存 Text 字段中未用位置上的空字符。设置字段大小属性可控制能够输入字段的最大字符数。

② 备注型字段可以保存长文本及数字，例如备注或说明。存储的内容最多为 64 000 个字符。Access 不能对备注类型字段进行排序或索引。

③ 数字型字段可用来存储进行算术计算的数字数据。

④ 日期/时间型字段用来存储日期、时间或日期时间的组合。

⑤ 货币型是数字型的特殊类型，等价于具有双精度属性的数字型。输入数据时，Access 会自动显示货币符号，并添加两位小数到货币字段中。

⑥ 当向表中添加一条新记录时，由 Access 指定一个唯一的顺序号，即在自动标号字段中指定某一数值。自动编号数据类型一旦被指定，就永久地与记录连接。

⑦ 是/否型，又常称为布尔型或逻辑型，字段只包含两个值中的一个，例如"是/否"、"真/假"、"开/关"等。该数据类型只占据一位存储空间。

⑧ OLE 对象型是指字段允许单独地"链接"或"嵌入"OLE 对象。

⑨ 超级链接型的字段是用来保存超级链接的。

⑩ 在进行记录数据输入的时候，如果希望通过一个列表或组合框选择所需要的数据以便将其输入到列表中，此时可以使用查阅向导类型的字段。

4.1.4　建立表结构

建立表结构有三种方法，即在"数据表"视图中直接在字段名处输入字段名、使用"设计"视图、通过"表向导"创建表结构。

表的设计视图允许用户采用自定义方式建立表的结构，是创建表结构及修改表结构最方便最有效的窗口。

使用"表向导"创建表时简单、快速，根据系统提示即可一步步完成表的创建。

提示：建立表结构一般在笔试中不会考查，这部分内容是上机考试的重点，将会在第 11 章中详细介绍。

4.1.5　定义主键

Access 为了连接保存在不同表中的信息，例如，将某个客户与该客户的所有订单相连接，数据库中的每个表必须包含表中唯一确定记录的字段或字段集。这种字段或字段集称为主键(主关键字)。Access 不允许在主关键字字段中存入重复值和空值。

主键也称主关键字，是表中能够唯一标识记录的一个字段或多个字段的组合。在 Access 中，可以定义三种类型的主键，即自动编号、单字段和多字段。多字段主键是由两个或更多字段组合在一起来标识表中记录。

定义主键有两种方法：一是在建立表结构时定义主键；二是在建立表结构后，重新打开"设计"视图定义主键。

4.1.6　字段属性的设置

每一个字段或多或少都拥有字段属性，不同的数据类型所拥有的字段属性各不相同，当选择了某个字段后，"设计"视图下方的"字段属性"区域就会显示出该字段的相应属性。下面介绍一些字段属性的设置方法。

1. 字段大小

字段大小属性可以指定"文本"或"数字"数据类型的长度。"文本"类型的字段长度最长可以达到 255 个字符，默认长度为 50 个字符。对于"数字"类型的字段，其"字段大小"属性有 7 个选项：字节、整型、长整型、单精度型、双精度型、同步复制 ID、小数。

字节(Byte)数值范围为：0~255，占用 1 个字节。

整型(Integer)数值范围为：−32 768~32 767，占用 2 个字节。

长整型(Long Integer)数值范围为：−2 147 483 648~2 147 483 647，占用 4 个字节。

单精度型(Single)数值范围为：$-34 \times 10^{38} \sim 34 \times 10^{38}$，占用 4 个字节。

双精度型(Double)数值范围为：$-1.749 \times 10^{308} \sim 1.797 \times 10^{308}$，占用 8 个字节。

同步复制 ID(Replication ID)是全局唯一标识符，占用 16 个字节。

小数(Decimal)数值范围为：$-10^{38}-1 \sim 10^{38}-1$，占用 12 个字节。

注意：对于"自动编号"的数据类型，"字段大小"属性可以设置为"长整整型"或"同步复制 ID"。在设置"字段大小"属性时，应该根据实际需要，选择能满足要求的最小属性值，因为较小的字段运行速度较快且节约存储空间。

2. 格式

"格式"属性用来决定数据的打印方式和屏幕显示方式。"格式"属性适用于"文本"、"备注"、"数字"、"货币"、"日期/时间"和"是/否"数据类型。Access 为设置"格式"属性提供了特殊的格式化字符。

3. 默认值

"默认值"属性可以为除了"自动编号"和"OLE 对象"数据类型以外的所有字段指定一个默认值。默认值是在新的记录被添加到表中时自动为字段设置，它是可以与字段的数据类型匹配的任意值。对于"数字"和"备注"数据类型字段，Access 的初始设置"默认值"属性为 NULL(空)，在"默认值"属性网络中可以重新设置默认值。

4. 有效性规则

"有效性规则"是 Access 中一个非常有用的属性，利用该属性可以防止非法数据输入到表中。有效性规则的型式及设置目的随字段的数据类型的不同而不同。对"文本"类型的字段，可以设置输入的字符个数不能超过某个值；对于"数字"类型字段，可以让 Access 只接收一定范围内的数据；对"日期/时间"类型的字段，可以将数值限制在一定的月份或年份以内。

5. 输入掩码

定义输入掩码可以更有效地格式化数据的输入。Access 可以为"文本"、"数字"、"日期/时间"和"货币"数据类型的字段定义输入掩码。例如，可以将输入的字符强制转换成大写字母而不必在有效性规则中定义表达式。

定义输入掩码属性所使用的一些字符说明，如表 3-1 所示。

表 3-1

字符	说明
0	必须输入数字(0~9)
9	可以输入数据或空格
#	可以选择输入数据或空格
L	必须输入字母
?	可选择输入字母
A	必须输入字母或数字
a	可选择输入字母或数字
&	必须输入一个任意的字符或一个空格
C	可以选择输入一个任意的字符或一个空格
<	将所有字符转换为小写
>	将所有字符转换为大写

6. 有效性文本

如果只设置了"有效性规则"属性但没有设置"有效性文本"的属性，当违反了有效性规则时，Access 将显示标准的错误信息，如果设置了"有效性文本属性"，所输入的文本将作为错误消息显示。

7. 必填字段

确定此字段是否为必填字段。

8. 索引

可以使用索引属性来设置单一字段索引，索引可加速对索引字段的查询，还能加速排序及分组操作。例如，如果在姓氏字段中搜索某一雇员的姓名，可以创建此字段的索引以加快搜索具体姓名的速度。

9. 新值

定义自动编号产生新值的方式，选择"递增"将每次在最大编号的基础上加一，选择"随机"将随机的产生自动编号。

4.1.7　建立表之间的关系

1. 表间关系的概念

在 Access 中，每张表都是数据库中一个独立的部分，它们本身具有许多的功能，但是每张表又不是完全孤立的部分，表之间可能存在着相互的联系。

表之间的关系分为三类，分别是：一对多关系、多对多关系和一对一关系。

一对多的关系是最普通的一种关系。在这种关系中，A 表的一行可以匹配 B 表的多行，但是 B 表中的一行只能匹配 A 表中的一行。

在多对多的关系中，A 表中的一行可以匹配 B 表中的多行，反之亦然。要创建这种关系，需要定义第三张表，称为结合表，它的主键由表 A 和表 B 的外键组成。

在一对一的关系中，A 表中的一行最多只能匹配 B 表中的一行，反之亦然。如果相关列都是主键或都具有唯一约束，则可以创建一对一的关系。

2. 参照完整性

参照完整性是一个规则系统，Access 使用这个系统用来确保相关表中记录之间的有效性，并且不会意外地删除或更改相关数据。在符合下列全部条件时，用户可以设置参照完整性。

来自于主表的匹配字段是主键或具有唯一索引。

相关的字段都有相同的数据类型。有两种情况例外：可以将自动编号字段与"字段大小"属性设置为"长整型"为数据类型的数字字段匹配；可以将自动编号字段与"字段大小"属性设置为"同步复制 ID"数据类型的数字字段匹配。

两张表都属于同一个 Access 数据库。如果表是链接表，它们必须是 Access 格式的表，并且必须打开保存此表的数据库已设置参照完整性。不能对数据库中的其他格式的连接表示是参照完整性。

当实施参照完整性后，必须遵守以下规则：

① 如果在相关表的主键中没用某个值，则不能在相关表的外部键列中输入该值。

但是可以在外部键中输入一个 NULL 值来指定这些记录之间并没有关系。

② 如果在相关表中存在匹配的记录,则不能从主表中删除这个记录。

③ 如果某个记录有相关的记录,则不能在主表中更改主键值。

3. 建立表间的关系

两张表之间只有存在相关联的字段,才能在两者之间建立关系。在定义表的关系时,需要把定义关系的所有表关闭。

提示:如何建立表之间的关系是上机考试的内容,笔试部分往往只考关系的分类、参照完整性。详见第 11 章。

4.1.8 向表中输入数据

1. 使用"数据表"视图直接输入数据

建立表结构之后,就可以向表中输入数据了。在"数据表"视图下,直接将各个字段的数值输入即可,输入完一条记录时,系统会自动添加一条新的空记录,全部数据输入完成后,单击工具栏上的"保存"按钮,保存表中的数据。

2. 创建查阅列表字段

在使用 Access 创建数据库表时,如果所需的表已经存在(如在 Excel 中已经建立),那么只需将其导入到 Access 数据库中即可。所谓的导入就是将符合 Access 输入/输出协议的任一类型的表导入到 Access 的数据库表中。

怎么考

【试题 4-1】下列选项中,不属于 Access 数据类型的是(   )。(2009 年 9 月)

(A)数字　　　　(B)文本　　　　(C)报表　　　　(D)时间/日期

解析:Access 的数据类型有 10 种:文本、备注、数字、日期/时间、货币、自动编号、是/否、OLE 对象、超级链接和查阅向导等。报表是一种数据库对象,用于将数据中的数据以格式化的形式显示和打印出来。

答案:C

【试题 4-2】下列关于 OLE 对象的叙述中,正确的是(   )。(2009 年 9 月)

(A)用于输入文本数据

(B)用于处理超级链接数据

(C)用于生成自动编号数据

(D)用于链接或内嵌 Windows 支持的对象

解析:OLE 对象数据类型允许字段中链接或嵌入 OLE 对象。可以链接或嵌入表中的 OLE 对象是指在其他使用 OLE 协议程序创建的对象,如 Word 文档、图像、声音等。

答案:D

【试题 4-3】在关系窗口中,双击两个表之间的连接线,会出现(   )。(2009 年 9月)

(A)数据表分析向导　　　　　　(B)数据关系图窗口

（C）连接线粗细变化　　　　　　　　（D）编辑关系对话框

解析：在关系窗口中，如果两本表之间已经建立了联系，则两个表之间会有一条连接线，双击该连接线会打开"编辑关系"对话框。

答案：D

【试题 4-4】在设计表时，若输入掩码属性设置为"LLLL"，则能够接收的输入是（　　）。（2009 年 9 月）

（A）abcd　　　　　　（B）1234　　　　　　（C）AB+C　　　　　　（D）Aba9

解析：在输入数据时可以定义一个输入掩码，将格式中固定不变的符号固定成格式的一部分，可以控制输入的类型。字符 L 表示输入的数据必须是字母 A~Z，不区分大小写。选项 B 为数字，选项 C 中含有"+"，选项 D 中含有数字，因此这些输入都不能被接收。

答案：A

【试题 4-5】在定义表中字段属性时，对要求输入相对固定格式的数据，例如电话号码 010—659XXX39，应该定义该字段的（　　）。（2009 年 3 月）

（A）格式　　　　　　（B）默认值　　　　　　（C）输入掩码　　　　　　（D）有效性规则

解析：定义输入掩码可以有效地格式化数据的输入。格式属性用来决定数据的打印方式和屏幕显示方式。默认值属性可以为除了"自动编号"和"OLE 对象"数据类型以外的所有字段指定一个默认值。有效性规则属性可以防止非法数据输入表中。

答案：C

【试题 4-6】下列关于空值的叙述中，正确的是（　　）。（2009 年 3 月）

（A）空值是双引号中间没有空格的值

（B）空值是等于 0 的数值

（C）空值是使用 NULL 或空白来表示字段的值

（D）空值是空格表示的值

解析：在 Access 表中，如果某个记录的某个字段尚未存储数据，则称记录的这个字段的值为空值。空值是缺值或还没有值，并不是等于 0 的数值，字段中允许使用 NULL 值来说明一个字段里的信息目前还无法得到。空字符串是用双引号括起来的字符串，且引号中间没有空格，所以答案为 C。

答案：C

【试题 4-7】数据库中有 A、B 两表，均有相同的字段 C，在两表中 C 字段都设为主键。当通过 C 字段建立两表关系时，则该关系为（　　）。（2009 年 3 月）

（A）一对一　　　　　　（B）一对多　　　　　　（C）多对多　　　　　　（D）不能建立关系

解析：Access 中表之间的关系有一对一、一对多、多对多。在题目中，A、B 两表有相同的字段 C，通过字段 C 在两表之间可以建立一对一的关系。

答案：A

【试题 4-8】下列表达式计算结果为日期类型的是（　　）。（2011 年 3 月）

（A）#2012-1-23#-#2011-2-3#　　　　　　（B）year（#2011-2-3#）

（C）DateValue（"2011-2-3"）　　　　　　（D）Len（"2011-2-3"）

解析：本题考查函数和表达式的相关知识。答案 A 为两个日期类型之相减，结果为一个数值。答案 B 的 year 函数返回一个日期中的年份，结果是一个数值。答案 D 中 Len 返回一个字符串的长度，结果是一个数值。答案 C 中 DateValue 函数将一个字符串转化为日期，结果为日期型。

答案：C

【试题 4-9】如果在创建表中建立字段"性别"，并要求用汉字表示，其数据类型应当是（　　）。（2009 年 3 月）

（A）是/否　　　　　（B）数字　　　　　（C）文本　　　　　（D）备注

解析：数字数据类型用来存储进行算术计算的数字数据，是/否数据类型为逻辑型，是针对只包含两种不同字段而设置的，如 Yes/No，True/False；文本数据类型可以是文本或文本与数字的组合，也可以是不需要计算的数字；备注数字类型可以保存长文本及数字。字段"性别"一般取值为"男"或"女"，题目要求用汉字表示，采用文本数据类型即可。

答案：C

【试题 4-10】若设置字段的输入掩码为"####-######"，该字段正确的输入数据是（　　）。（2008 年 9 月）

（A）0755-123456　　　　　　　　（B）0755-abcdef

（C）abcd-123456　　　　　　　　（D）####-######

解析：在输入数据时，如果希望输入的格式与标准保持一致，或希望系统能够检查输入时的错误，可以设置输入掩码。字符"#"的含义是允许输入数字或空格，所以 A 是正确的。

答案：A

【试题 4-11】在 Access 中，参照完整性规则不包括（　　）。（2008 年 9 月）

（A）更新规则　　　（B）查询规则　　　（C）删除规则　　　（D）插入规则

解析：参照完整性是在输入或删除记录时，为维持标志表之间已定义关系而必须遵守的规则。如果实施了参照完整性，那么主表中没有相关记录时，就不能将记录添加到相关表中，也不能在相关表中存在匹配的记录时删除主表中的记录，更不能在相关表中有相关记录时，更改主表中的主关键字值。

答案：B

【试题 4-12】在数据库中，建立索引的主要作用是（　　）。（2008 年 9 月）

（A）节省存储空间　　　　　　　（B）提高查询速度

（C）便于管理　　　　　　　　　（D）防止数据丢失

解析：在 Access 数据库中，可以使用索引属性设置单一字段索引，索引可加速对索引字段的查询，还能加速排序及分组操作。

答案：B

【试题 4-13】Access 数据库中，为了保持表之间的关系，要求在主表中修改相关记录时，子表相关记录随之更改，为此需要定义参照完整性关系的（　　）。

（A）级联更新相关字段　　　　　　（B）级联删除相关字段

(C)级联修改相关字段　　　　　　　　(D)级联插入相关字段

解析：参照完整性是在输入或删除记录时，为维持表之间已定义的关系而必须遵守的规则。选择位"级联更新相关字母"时，在主表中修改相关记录时，子表相关记录随之更改；选择"级联删除相关字段"时，在柱表中删除记录时，自动删除子表中的相关记录。

答案：A

【试题 4-14】输入掩码字符"C"的含义是(　　　)。(2011 年 9 月)

(A)必须输入字母或数字

(B)可以选择输入字母或数字

(C)必须输入一个任意的字符或一个空格

(D)可以选择输入任意的字母或一个空格

解析：输入掩码字符"A"表示必须输入字母或数字；"a"表示可以选择输入字母或数字；"&"表示必须输入一个任意的字符或一个空格。

答案：D

【试题 4-15】若在查询条件中使用了通配符"!"。它的含义是(　　　)。(2010 年 3 月)

(A)通配任意长度的字符

(B)通配不在括号内的任意字符

(C)通配方括号内列出的任意一个字符

(D)错误的使用方法

解析：通配符"＊"可以通配任意长度的字符：通配符"?"表示可以匹配任意一个字符。

答案：B

【试题 4-16】下列关于关系数据库中数据表的描述，正确的是(　　　)。(2010 年 3 月)

(A)数据表相互之间存在联系，但用独立的文件名保存

(B)数据表相互之间存在联系，是用表名表示相互间的联系

(C)数据表相互之间不存在联系，完全独立

(D)数据表既相对独立，又相互联系

解析：数据表之间相互是有联系的，表的名称是保存在数据库里面的，并不是单独保存的。

答案：D

【试题 4-17】输入掩码字符"&"的含义是(　　　)。(2010 年 3 月)

(A)必须从输入字母或数字

(B)可以选择输入字母或数字

(C)必须输入一个任意的字符或一个空格

(D)可以选择输入一个任意的字符或一个空格

解析："&"表示必须输入任意一个字符或空格。A 选项中掩码为"A"，B 选项中掩码为"a"，D 选项中掩码为"C"

答案：C

【试题 4-18】通配符"#"的含义是(　　)。(2010 年 3 月)

(A)通配任意个数的字符 　　　　　(B)通配任何单个字符

(C)通配任意个数的数字字符 　　　(D)通配任何单个数字字符

解析"#"表示与任何单个数字字符匹配,A 选项中的通配符为"＊",B 选项中的通配符为"[ ]",C 选项中没有通配符与之匹配。

答案:D

【试题 4-19】在 Access 查询的条件表达式中要表示任意单个字符,应使用通配符(　　)。(2011 年 3 月)

解析:本题考查通配符的知识。Access 中的条件表达式设计中经常要用到通配符,常见的通配符有:"＊"代表 0 个或多个任意字符;"?"代表一个任意字符;"#"代表一个任意数字字符;"[ ]"代表[ ]内任意一个字符匹配;"!"代表与任意一个不在方括号内的字符匹配,必须与[ ]一起使用。

答案:?

【试题 4-20】在学生管理的关系数据库中,存取一个学生信息的数据单位是(　　)。(2010 年 3 月)

(A)文件 　　　(B)数据库 　　　(C)字段 　　　(D)记录

解析:在关系数据库中,使用记录作为存取一个实体信息的数据单位。

答案:D

【试题 4-21】在 Access 中,如果不想显示数据表中的某些字段,可以使用的命令是(　　)。(2010 年 3 月)

(A)隐藏 　　　(B)删除 　　　(C)冻结 　　　(D)筛选

解析:使用隐藏可以使某些字段列暂时隐藏起来。冻结可以使某些关键的字段值在水平滚动之后依然可以看见。筛选时用来在数据表中挑选某些符合条件的记录。

答案:A

【试题 4-22】下列可以建立索引的数据类型是(　　)。(2011 年 3 月)

(A)文本 　　　(B)超级链接 　　　(C)备注 　　　(D)OLE 对象

解析:本题考查索引的相关知识,在 Access 中,备注、超级链接和 OLE 对象字段不能用于创建索引。

答案:A

【试题 4-23】下列关于货币数据类型的叙述中,错误的是(　　)。(2010 年 9 月)

(A)货币型字段在数据表中占 8 个字节的存储空间

(B)货币型字段可以与数字型数据混合计算,结果为货币型。

(C)向货币型字段输入数据时,系统自动将其设置为 4 位小数

(D)向货币型字段输入数据时,不必输入人民币符号和千位分隔符

解析:货币型在输入的时候,系统会将其自动设置为 2 位小数,并不是 4 位小数,所以 C 项错误。

答案:C

【试题 4-24】在数据表视图中,不能进行的操作是(　　)。(2010 年 9 月)

（A）删除一条记录　　　　　　　　（B）修改字段的类型

（C）删除一个字段　　　　　　　　（D）修改字段的名称

解析：修改字段类型操作必须在表的设计视图下进行。删除记录操作可以右击要删除的记录行进行删除，删除一个字段可以右击要删除的字段栏，修改字段名称可以在字段名称处右击，修改。

答案：B

【试题 4-25】掩码"LLL000"对应的正确输入数据是（　　　）。（2012 年 9 月）

（A）555555　　　（B）aaa555　　　（C）555aaa　　　（D）aaaaaa

解析："L"表示输入的必须是字母，"0"表示输入的必须是数字，只有选项 B 符合要求。

答案：B

【试题 4-26】可以改变"字段大小"属性的字段类型是（　　　）。（2012 年 9 月）

（A）文本　　　（B）OLE 对象　　　（C）备注　　　（D）日期/时间

解析："字段大小"属性只适用于数据类型为"文本型"或"数字型"的字段。"文本"和"字段大小"属性用于控制能输入的最大字符个数，默认是 50 个字符。

答案：A

【试题 4-27】假设学生表已有年级、学号、姓名、专业、性别和生日 6 个属性，其中可以作为主键的是（　　　）。（2012 年 3 月）

（A）姓名　　　（B）学号　　　（C）专业　　　（D）年级

解析：主关键字（primary key）是表中的一个或多个字段，它的值用于唯一地标识表中的某一条记录，在此题学生表中能做关键字的只有学号这个字段。

答案：B

【试题 4-28】下列关于索引的叙述中，错误的是（　　　）。（2012 年 3 月）

（A）可以为所有的数据类型建立索引

（B）可以提高对表中记录的查询速度

（C）可以加快对表中记录的排序速度

（D）可以基于单个字段或多个字段建立索引

解析：建立索引的目的是加快对表中记录的查找或排序，对一个存在大量更新操作的表所建索引的目录一般不要超过 3 个，最多不要超过 5 个。索引虽说提高了访问速度，但太多索引会影响数据的更新操作。

答案：A

【试题 4-29】若要在一对多的关联关系中，"一方"原始记录更改后，"多方"自动更改，应启用（　　　）。（2012 年 3 月）

（A）有效性规则　　　　　　　　（B）级联删除相关记录

（C）完整性规则　　　　　　　　（D）级联更新相关记录

解析：在一对多关系中，"一方"称为主表，"多方"称为从表。"级联更新相关字段"指的是当用户修改主表中关联字段的值时，Access 会自动修改与表中相关记录关联字段的值。

答案：D

【试题 4-30】如果要求用户输入的值是一个 3 位的整数，那么其有效性规则表达式可以设置为(　　)。(2012 年 3 月)

解析：有效性规则用于规定输入到字段中的数据的范围，题干中要求是一个 3 位的整数，故数据范围是 100~999，所以此空应填>=100 and <=999。

答案：>=100 and <=999

【试题 4-31】Access 提供的数据类型中不包括(　　)。

(A)备注　　　　　　(B)文字　　　　　　(C)货币　　　　　　(D)日期/时间

解析：Access 常用的数据类型有：文本、备注、数字、日期/时间、货币、自动编号、是/否、OLE 对象、超级链接、查阅向导等。文字不是 Access 的数据类型。

答案：B

4.2　维护表 ★★

考什么

4.2.1　修改表的结构

修改表的结构主要包括增加字段、删除字段、修改字段、重新设置主关键字等，修改表的结果一般在"设计"视图中进行。

1. 添加字段

在表中添加一个新字段不会影响其他字段和现有字段。但利用该表的查询、窗体或报表，新字段不会自动加入，需要手工加上去。

2. 修改字段

修改字段包括修改字段的名称，数据类型，说明和属性等。在"数据表"视图中，执行修改字段名，如果要改变其数据类型或定义字段的属性，需要切换到"设计"视图进行操作。

3. 删除字段

如果要删除字段，在"设计"视图和"数据表"视图下均可进行。

4. 重新设置主键

如果已定义的主键不合适，可以重新定义。只需删除已定义的主键，然后定义新的主键即可。

4.2.2　编辑表的内容

编辑表的内容主要包括定位记录、选择记录、添加记录、删除记录、修改数据以及复制数据等。

需要注意的是，删除操作是不可恢复的，在删除记录前要确认该记录是否要删除的记录。

4.2.3　调整表的外观

调整表的外观主要包括：改变字段的次序、调整字段显示的宽度和高度、设置数据字体、调整表中网络线样式及背景颜色、隐藏列等。

怎么考

【试题 4-32】在 Access 的数据表中删除一条记录，被删除的记录(　　)。(2008 年 9 月)

(A)可以恢复到原来位置　　　　　　(B)被恢复为最后一条记录
(C)被恢复为第一条记录　　　　　　(D)不能恢复

解析：在 Access 中，删除一条记录时，会出现这样的提示"如果单击'是'，将无法撤销删除操作，确实要删除这条记录吗"，可见删除一条记录后，是不能恢复的。

答案：D

【试题 4-33】数据库设计中反映用户对数据要求的模式是(　　)。(2010 年 9 月)

(A)内模式　　　　(B)概念模式　　　　(C)外模式　　　　(D)设计模式

解析：本题考查的知识点是数据库的三级模式，包括概念模式、外模式和内模式。其中，概念模式是数据库系统中对全局数据逻辑结构的描述。外模式是用户的数据视图。内模式又称物理模式，给出了数据库的物理存储结构和物理方法，内模式对用户是透明的。因此本题正确答案为 C。

答案：C

【试题 4-34】数据库设计中，用 E-R 图来描述信息结构但不涉及信息在计算机中的表达，它属于数据库设计的(　　)。(2010 年 3 月)

(A)需求分析阶段　　　　　　　　　(B)逻辑设计阶段
(C)概念设计阶段　　　　　　　　　(D)物理设计阶段

解析：E-R 图也即实体-联系图(Entity Relationship Diagram)，提供了表示实体型、属性和联系的方法，用来描述现实世界的概念模型。E-R 图设计属于数据库设计的需求分析阶段。

答案：A

【试题 4-35】Access 中通配符"-"的含义是(　　)。(2012 年 9 月)

(A)通配符任意单个运算符　　　　　(B)通配任意单个字符
(C)通配任意多个减号　　　　　　　(D)通配指定范围内的任意单个字符

解析：通配符通常用在查找中，"-"的用法是：通配指定范围内的任意单个字符，如输入 m[a-c]n，可以查找 man、mbn、mcn。

答案：D

4.3 操作表 ★★★

4.3.1 查找和替换数据

利用"查找"命令可以找到在特定字段中包含某表值的记录。"查找"对话框提供了查找数据的多种方法，以在"课程"表中查找"课程名称"为例，具体步骤如下。

① 在"数据表视图"中打开此表，将光标移动到"课程名称"字段中。

② 选择"编辑"→"查找"命令，打开"查找和替换"对话框。

③ 在"查找内容"文本框中可以使用通配符。

④ 可以在"查找范围"文本框中限定查找匹配数据的范围。

⑤ 输入查找内容后，单击"查找下一个"按钮即可开始进行搜索。

⑥ 如果要替换数据，切换到"替换"选项卡，在"替换为"文本框中输入要替换的内容，单击"替换"按钮，则将找到内容替换为新的值；单击"全部替换"按钮，则将全部指定内容替换为新的值。

4.3.2 排序记录

1. 排序规则

排序是根据当前表中的一个或多个字段的值对整张表中的所有记录进行重新排列。记录排序时，字段的类型不同，则排序的规则也不完全相同，具体规则如下。

英文按字母顺序排列，大、小写不区分，分序时按 A~Z 排列，降序时按 Z~A 排列。

中文按拼音字母的顺序排序，升序时按 A~Z 排列，降序时按 Z~A 排列。

数字按数字的大小排序，升序时从小到大排列，降序时从大到小排列。

日期和时间字段，按先后顺序进行排列。

排序时需要注意以下事项：

① 在"文本"字段中保存的数字将作为字符串而不是数字来排序。如果需要按其数值的大小进行排序，需要在较短的数字前加上"0"，使得全部的文本字符串具有相同的长度。例如，要以升序来排序以下的文本字符串"1"、"2"、"11"和"22"，其结果将是"1""11""2""22"。必须在仅有一位数的字符串前面加上"0"，才能正确的排序："01"、"02"、"11"、"22"。

② 在以升序来排序字段时，任何含有空字段(包含 NULL 值)的记录将列在列表中的第一条。如果字段中同时包含 NULL 值和空字符串，包含 NULL 值的字段将在第一条显示，紧接着是空字符串。

③ 数据类型为备注、超级链接或 OLE 对象的字段不能进行排序。

④ 排序后，排序次序将与表一起保存。

2. 按一个字段排序记录

在"数据库"窗口中打开需要操作的表，单击需要排序的字段所在的列，单击工具栏上的"升序"按钮，则按该字段进行升序排序。

3. 按多个字段排序记录

按多个字段进行排序时，首先根据第一个字段指定的顺序进行排序，对于第一个字段的值相同的记录，再按照第二个字段进行排序，依次类推。

4.3.3　筛选记录

筛选就是从众多的数据中挑出满足某种条件的那部分数据进行处理。Access 提供了4 种方法：按选定内容筛选、按窗体筛选、按筛选目标筛选和高级筛选。

如果要很容易地在数据表中找到并选择想要筛选记录包含的实例，可以使用"按选定内容筛选"；如果要从列表中选择所需的值，而不想浏览数据表中的所有记录，或者要一次指定多个准则，可以使用"窗体筛选"；如果焦点正位于数据表的字段中而恰好需要在其中输入所搜索的值或要将其结果作为准则的表达式，可以使用"按筛选目标进行筛选"；如果是更复杂的筛选，就要使用高级筛选。

怎么考

【试题 4-36】对数据表进行筛选操作的结果是(　　　)。(2012 年 9 月)

(A)将满足条件的记录保存在新表中

(B)隐藏表中不满足条件的记录

(C)将不满足条件的记录保存在新表中

(D)删除表中不满足条件的记录

解析：使用数据库表时，经常需要从众多的数据中挑选出满足某种条件的数据进行处理。筛选后，表中只显示满足条件的记录，而那些不满足条件的记录将被隐藏起来。可见，筛选操作不会对数据表的内容进行处理。也不会生成新表，只是改变了显示内容。

答案：B

【试题 4-37】在数据表中筛选记录，操作的结果是(　　　)。(2009 年 9 月)

(A)将满足筛选条件的记录存在一个新表中

(B)将满足条件的记录追加到一个表中

(C)将满足筛选条件的记录显示在屏幕上

(D)用满足筛选条件的记录修改另一个表中已存在记录

解析：使用数据库表时，经常需要从众多数据中筛选出一部分满足条件的数据进行处理。经过筛选后的表，只显示满足条件的记录，而不满足条件的记录将被隐藏起来。筛选操作不会修改记录，也不会增加或删除记录。

答案：C

【试题 4-38】在书写查询准则时，日期型数据应该使用恰当的分隔符括起来，正确的分隔符是(   )。(2009 年 3 月)

(A)＊   (B)％   (C)条件   (D)＃

解析：在书写查询准则时，日期型数据必须用"＃"号将数据括起来。

答案：D

【试题 4-39】在显示查询结果时，如果要将数据表中的"籍贯"字段名显示为"出生地"，可在查询设计视图中改动(   )。(2008 年 9 月)

(A)排序   (B)字段   (C)条件   (D)显示

解析："籍贯"和"出生地"都是字段名，只要在进行查询设计的时候进行改动就可以了。

答案：B

【试题 4-40】在 SQL 语言的 SELECT 语句中，只要指明检索结果排序的子句是(   )。(2011 年 9 月)

(A)FROM   (B)WHILE   (C)GROUP BY   (D)ORDER BY

解析：FORM 子句说明要检索的数据来自哪个或哪些表；GROUP BY 子句用于对检索结果进行分组；SELECT 语句中没有 WHILE 子句。

答案：D

【试题 4-41】在已经建立的数据表中，若在显示表中内容时某些字段不能移动显示位置，可以使用的方法是(   )。

(A)排序   (B)筛选   (C)隐藏   (D)冻结

解析：在"数据表"视图中，冻结某字段列或几个字段列后，无论用户怎样水平滚动窗口，这些字段总是可见的，并且总是显示在窗口的最左边。

答案：D

【试题 4-42】在 Access 中对表进行"筛选"操作的结果是(   )。(2011 年 3 月)

(A)从数据中挑选满足条件的记录

(B)从数据中挑选满足条件的记录并生成一个新表

(C)从数据中挑选满足条件的记录并输出到一个报表中

(D)从数据中挑选满足条件的记录并显示在一个窗体中

解析：使用数据库表时，经常需要从很多的记录中挑选出满足条件的数据进行处理，例如从教师表中查询所有男教师的信息，这时需要对记录进行筛选。所谓筛选记录是指经过筛选后的表，只显示符合条件的记录，而那些不符合条件的记录将被隐藏起来。

答案：A

【试题 4-43】操作题：在考生文件夹下，存在一个数据库文件"samp1.mdb"，里边已建立两个表对象"tGrade"和"tStudent"；同时还存在一个 Excel 文件"tCourse.xls"。试按以下操作要求，完成表的编辑：

① 将 Excel 文件"tCourse.xls"链接到"samp1.mdb"数据库文件中，链接表名称不

变，要求：数据中的第一行作为字段名；

②　将"tGrade"表中隐藏的列显示出来；

③　将"tStudent"表中"政治面貌"字段的默认值属性设置为"团员"，并使该字段在数据表视图中的显示标题改为"政治面目"；

④　设置"tStudent"表的显示格式，使表的背景颜色为"深青色"、网格线为"白色"、文字字号为五号；

⑤　建立"tGrade"和"tStudent"两表之间的关系。

【考点分析】

本题考点：链接表；字段默认值、标题等字段属性的设置；设置隐藏字段；数据表格式的设置；建立表间关系。

【解题步骤】

①　步骤 1：打开"samp1.mdb"数据库窗口，单击菜单栏【文件】|【获取外部数据】|【链接表】，找到并打开"考生文件夹"，在"文件类型"列表中选中"Microsoft Excel"，选中"tCourse.xls"文件，单击"链接"按钮。

步骤 2：在链接数据表向导对话框中，单击"下一步"按钮，选中"第一行包含列标题"复选框，单击"下一步"按钮。

步骤 3：单击"完成"按钮，完成数据表的链接。

②　步骤 1：选中"表"对象，右键单击"tGrade"表选择【打开】。

步骤 2：单击菜单栏【格式】|【取消隐藏列】，选中"成绩"复选框，使该字段显示出来，单击"关闭"按钮。

步骤 3：单击工具栏中"保存"按钮，关闭数据表视图。

③　步骤 1：右键单击"tStudent"表选择【设计视图】。

步骤 2：单击"政治面貌"字段行任一点，在"默认值"行输入"团员"，在"标题"行输入"政治面目"。

步骤 3：单击工具栏中"保存"按钮。

④　步骤 1：单击菜单栏【视图】|【数据表视图】。

步骤 2：单击菜单栏【格式】|【数据表】，在"背景色"下拉列表中选中"青色"，在"网格线颜色"中选中"白色"，单击"确定"按钮。

步骤 3：单击菜单栏【格式】|【字体】，在对话框的"字号"列表中选中"五号"，单击"确定"按钮。

步骤 4：单击工具栏中"保存"按钮，关闭数据表视图。

⑤　步骤 1：单击菜单栏【工具】|【关系】，单击【关系】|【显示表】，分别双击表"tGrade"和"tStudent"，关闭"显示表"对话框。

步骤 2：选中表"tGrade"中的"学号"字段，拖动鼠标到表"tStudent"的"学号"字段，放开鼠标，弹出"编辑关系"对话框，单击"创建"按钮。

步骤 3：单击工具栏中"保存"按钮，关闭关系界面。

课后总复习

一、选择题

1. 在一个单位的人事数据库,字段"简历"的数据类型应当为(   )。

(A)文本型   (B)数字型   (C)日期/时间型   (D)备注型

2. 在一个学生数据库中,字段"学号"不应该是(   )。

(A)数字型   (B)文本型   (C)自动编号型   (D)备注型

3. 在下面关于 Access 数据类型的说法,错误的是(   )。

(A)自动编号型字段的宽度为 4 个字节

(B)是/否型字段的宽度为 1 个二进制位

(C)OLE 对象的长度是不固定的

(D)文本型字段的长度为 255 个字符

4. 假定姓名是文本型字段,则查找姓"李"的学生应该使用(   )。

(A)姓名 like "李"   (B)姓名 like "[!李]"

(C)姓名="李*"   (D)姓名 Like "李*"

5. 如果字段"成绩"的取值范围为 0~100,则错误的有效性规则是(   )。

(A)>=0 and <=100   (B)[成绩]>=0 and [成绩]<=100

(C)成绩>=0 and 成绩<=100   (D)0<=[成绩]<=100

6. 内部计算函数 SUM(字段名)的作用是求同一组中所在字段内所有的值的(   )。

(A)和   (B)平均值

(C)最小值   (D)第一个值

7. 如果在创建表中建立字段"基本工资额",其数据类型应当为(   )。

(A)文本类型   (B)货币类型

(C)日期类型   (D)数字类型

8. 定义某一个字段的默认值的作用是(   )。

(A)当数据不符合有效性规则时所显示的信息

(B)不允许字段的值超出某个范围

(C)在未输入数值之前,系统自动提供数值

(D)系统自动把小写字母转换成大写字母

9. 数据类型是(   )。

(A)字段的另一种说法

(B)决定字段能包含哪类数据的设置

(C)一类数据库应用程序

(D)一类用来描述 Access 表向导允许从中选择的字段名称

10. 如果在创建表中建立需要存放逻辑类型的字段,其数据类型应当为(   )。

（A）文本类型　　　　　　　　（B）货币类型

（C）是/否类型　　　　　　　　（D）数字类型

二、操作题

在考生文件夹下，"samp1.mdb"数据库文件中已建立表对象"tEmployee"。试按以下操作要求，完成表的编辑：

① 判断并设置"tEmployee"表的主键。

② 设置"性别"字段的默认值为"男"。

③ 删除表中 1949 年以前出生的雇员记录。

④ 删除"照片"字段。

⑤ 设置"雇员编号"字段的输入掩码为只能输入 10 位数字或空格形式。

⑥ 在编辑完的表中追加如下一条新记录：

雇员编号	姓名	性别	出生日期	职务	简历	联系电话
0005	刘洋	男	1967-10-10	职员	1985 年中专毕业，现为销售员	65976421

参考答案

一、选择题

1~5 DDCDD　　　　　　6~10 ABCBC

二、操作题

【解题分析】设置主键；字段默认值、输入掩码等字段属性的设置；添加记录；删除记录。

【解题步骤】

① 步骤 1：打开"samp1.mdb"数据库窗口，选中"表"对象，右键单击"tEmployee"表选择【设计视图】。

步骤 2：右键单击"雇员编号"行选择【主键】。

② 步骤 1：单击"性别"字段行任一点，在"字段属性"的"默认值"行输入"女"。

步骤 2：单击工具栏中"保存"按钮，关闭设计视图。

③ 步骤 1：选中"查询"对象，单击"新建"按钮，选中"设计视图"，单击"确定"按钮。在"显示表"对话框中双击表"tEmployee"，关闭"显示表"对话框。

步骤 2：单击菜单栏【查询】|【删除查询】。

步骤 3：双击"出生日期"将其添加到"字段"行，在"条件"行输入"<#1949-1-1#"

字样。

步骤 4：单击菜单栏【查询】|【运行】，在弹出的对话框中单击"是"按钮。

步骤 5：关闭查询设计视图，在弹出的对话框中单击"否"按钮。

④ 步骤 1：选中"表"对象，右键单击"tEmployee"选择【设计视图】。

步骤 2：右键单击"照片"行选择【删除行】，在弹出的对话框中单击"是"按钮。

⑤ 步骤 1：单击"雇员编号"字段行任一点，在"字段属性"的"输入掩码"行输入"9999999999"。

步骤 2：单击工具栏中"保存"按钮。

第5章 查　　询

本章主要内容
_____

1. 查询分类
① 选择查询。
② 参数查询。
③ 交叉表查询。
④ 操作查询。
⑤ SQL 查询。
2. 查询准则
① 运算符。
② 函数。
③ 表达式。
3. 创建查询
① 使用向导创建查询。
② 使用设计器创建查询。
③ 在查询中计算。
4. 操作已创建的查询
① 运行已创建的查询。
② 编辑查询中的字段。
③ 编辑查询中的数据源。
④ 排序查询的结果。

5.1　认识查询★★★

考什么

查询是 Access 数据库中的一个重要对象，是使用者按照一定条件从 Access 数据库表或已建立的查询中检索需要数据的最主要方法。

（一）查询的功能

① 选择字段：在查询中，可以选择表中的部分字段，并显示找到的记录。

② 选择记录：根据指定的条件查找所需的记录，并显示找到的记录。

③ 编辑记录：利用查询添加、修改和删除表中记录。

④ 实现计算：在建立查询时进行各种统计计算，如计算班级人数。

⑤ 建立新表：利用查询得到的结果可以建立一张新表。

⑥ 为窗体、报表提供数据：为了从一张或多张表中选择合适的数据显示在报表、窗体，用户可以先建立一个查询，再将该查询的结果作为数据源。查询对象不是数据的集合，而是操作的集合。查询的运行结果是一个数据集合，也称为动态集。它很像一张表，但并没有被存储在数据库中。创建查询后，保存的只是查询的操作，只有在运行查询时，Access 才会从查询数据源表的数据中抽取出来并创建它；只要关闭查询，查询的动态集就会自动消失。

（二）查询的类型

在 Access 中，查询分为五种，分别是选择查询、参数查询、交叉表查询、操作查询和 SQL 查询。

1. 选择查询

选择查询是最常用的查询类型。它是根据指定条件，从一个或多张表中检索数据并显示结果。也可以对记录进行分组，并且对记录进行总计、计数、平均以及其他类型的计算。

例如，查找 2014 年参加工作的女教师，统计各类职称的教师人数等。

2. 参数查询

参数查询是一种根据使用者输入的条件或参数来检索记录的查询，它在执行时显示自己的对话框以提示用户输入信息。

例如，可以设计一个参数查询，提示输入两个日期，然后检索在这两个日期之间的所有记录。

3. 交叉表查询

交叉表查询将来源于某个表或查询中的字段进行分组，一组列在数据表左侧，一组列在数据表上部，然后在数据表行与列的交叉处显示数据源中某个字段统计值。

例如，统计每个系教师不同职称的人数，要求行标题显示系名，列标题显示职称，表的交叉处显示统计的人数。

4. 操作查询

操作查询与选择查询相似，都需要指定查找记录的条件，但选择查询是检查符合特定条件的一组记录，而操作查询是在一次查询操作中对所得结果进行编辑等操作。有四种操作查询，即生成表查询、删除查询、更新查询和追加查询。

5. SQL 查询

SQL 查询是使用 SQL 语句来建的一种查询。可以用结构化查询语言(SQL)来查询、更新和管理关系数据库。

SQL 查询有 4 种,即联合查询、传递查询、数据定义查询和子查询等。

联合查询是将一个或多个表、一个或多个查询所对应的多个字段的记录合并为一个查询表中的记录执行联合查询时,将返回所包含的表或查询中的对应字段记录;但要求用来合并的表具有相同的字段名,相应的字段具有相同的属性。

传递查询可直接将命令放送到 ODBC 数据库服务器,在另一个数据库中执行查询。使用传递查询时,可以不与服务器的表连接,就可以使用相应的表。使用传递查询可以减少网络负荷。

数据定义查询可以创建、删除或更改表,或在当前的数据库中创建索引。

子查询是包含另一个选择或操作查询中的 SQL SELECT 语句,可以在查询设计网格的"字段"行输入这些语句来定义新字段,或在"准则"行来定义字段的准则。

(三)查询的条件

1. 运算符

运算符是构成查询条件的基本元素。Access 提供了关系运算符(如表 5-1 所示)、逻辑运算符(表 5-2 所示)和特殊运算符(如表 5-3 所示)3 种。

表 5-1 关系运算符及含义

关系运算符	说明	关系运算符	说明
=	等于	<>	不等于
<	小于	<=	小于或等于
>	大于	>=	大于或等于

表 5-2 逻辑运算符及含义

逻辑运算符	说明
Not	取反:Not 真=假;Not 假=真
And	当 And 连接的表达式均为真时,整个表达式为真,否则为假
Or	当 Or 连接的表达式均为假时,整个表达式为假,否则为真

表 5-3 特殊运算符及含义

运算符	说明
IN	用于指定一个字段值的列表，列表中的任意一个值都可与查询的字段相匹配
Between	用于指定一个字段值的范围。指定的范围之间用 and 链接
Like	用于指定查找文本字段的字符模式。用"?"表示可匹配任何一个字符，用" * "表示可匹配任意多个字符，"#"表示可匹配一个数字
Is NULL	用于指定一个字段为空
Is Not NULL	用于指定一个字段为非空 Is not NULL 的说明

2. 函数

Access 提供了大量的标准函数，如数值函数、字符函数、日期时间函数和统计函数等，如表 5-4 所示。

表 5-4 常用函数举例

函数	说明
Abs( )	返回数值表达式值的绝对值
Int( )	返回数值表达式值的整数部分
Now( )	返回系统当前日期时间
Year( )	返回日期的年份
Month( )	返回日期的月份
Day( )	返回日期的哪一天
Left(表达式，长度)	从字符串左边取指定长度的字符
Right(表达式，长度)	从字符串右边取指定长度的字符
Sum	返回字段值的总和
Avg	返回字段值的平均值
Min	返回字段值的最小值
Max	返回字段值的最大值
Count	返回字段中或字符表达式中值的个数

3. 表达式

"条件表达式"是查询或高级筛选中用来识别所需记录的限制条件。它是运算符、常量、字段值、函数，以及字段名和属性等的任意组合，能够计算出一个结果。通过在相应字段的条件行上添加条件表达式，可以限制正在执行计算的组、包含在计算中的记录、以及计算执行之后所显示的结果。条件写在"设计"视图中的"条件"行和"或"行的位置上。表达式中常常使用以下条件作为查询准则：

① 使用数值作为查询条件。

② 使用文本值作为查询条件。

③ 使用计算或处理日期结果作为查询条件。

④ 使用字段的部分值作为查询条件。

⑤ 使用空值或空字符串作为查询条件。

注意：

① 在条件中字段名必须用方括号括起来。

② 数据类型必须与对应字段定义的类型相符合。

怎么考

【试题 5-1】假设某数据库表中有一个姓名字段，查找姓名为"张三"或"李四"的记录的条件是(　　)。

(A)In("张三","李四")　　　　　　　(B)Like "张三" And Like"李四"

(C)Like("张三","李四")　　　　　　(D)"张三" And"李四"

解析：In 用于指定一个字段值的列表，列表中的任意一个值都可与查询的字段相匹配。Like 用于指定查找文本字段的字符模式。在所定义的字符模式中，用"?"表示该位置可匹配任何一个字符；用"＊"表示该位置可匹配零或多个字符；用"#"表示该位置可匹配一个数字；用方括号描述一个范围，用于可匹配的字符范围。

答案：A

【试题 5-2】下面有关查询描述中正确的是(　　)。

(A)使用查询设计视图创建的查询与 SQL 语句无关

(B)建立查询后，查询的内容和基本表的内容都不能更新

(C)建立查询后，查询的内容和基本表的内容都可以更新

(D)只能从"新建查询"对话框中选择"设计视图"选项，打开查询设计视图

解析：在 Access 中，打开查询设计视图的方法并不是唯一的。任何一种查询都可以认为是一个 SQL 查询。建立查询后，查询的内容和基本表的内容都是可以随时更新的。

答案：C

【试题 5-3】在一个 Access 的表中有字段"专业"，要查找包含"信息"两个字的记录，正确的条件表达式是(　　)。

(A)＝left([专业],2)＝"信息"　　　　(B)like＝"＊信息＊"

(C)＝"信息＊"　　　　　　　　　　(D)Mid([专业],1,2)＝"信息"

解析：在查询条件中，如果要查找包含"信息"两个字的记录，则需要使用字符串匹配命令 Like，而题目中没有指定"信息"两个字的具体位置，所以要在"信息"两侧加

上通配符"＊"，"＊"表示任意个任意字符。

答案：B

【试题 5-4】下列关于特殊运算符及其含义的叙述中，错误的是(　　)。

（A）Is NULL：用于指定一个字段为空

（B）Between：用于指定一个字段的范围

（C）Like：用于指定查找文本字段的字符模式

（D）In：用于指定一个字段值的列表，列表中的第一个值可与查询的字段匹配

解析：特殊运算符 In 的含义应该是：用于指定一个字段值的列表，列表中的任意一个值可与查询的字段匹配。

答案：D

【试题 5-5】下列函数中，在计算时不忽略空值的是(　　)。

（A）Avg　　　　　（B）Count　　　　　（C）Min　　　　　（D）Sum

解析：在 Access 的所有聚合函数中，Count(字符表达式)功能是求字符表达式中值的个数，只有它在计算时不忽略空值。

答案：B

5.2　创建选择查询★★

考什么

根据指定条件，从一个或多个数据源中获取数据的查询称为选择查询。一般创建查询的方法有两种：使用"查询向导"和"设计"视图。创建选择查询也不例外。查询向导能够有效地指导用户顺利地创建查询，详细地解释在创建过程中需要做的选择，并能以图形方式显示结果。而在设计视图中，不仅可以完成新建查询的设计，也可以修改已有查询。

(一)使用查询向导

使用查询向导创建查询，用户可以在向导指示下选择一个或多个表中的一个或多个字段，但不能设置查询条件。

注意：

① 在数据表视图显示查询结果时，字段的排列顺序与在"简单查询向导"对话框中选定字段的顺序相同。故在选定字段时，应考虑按照字段的显示顺序选取。

② 当所建查询的数据源来自于多个表时，应建立表之间的关系。

【例 5-1】查询学生的基本信息，并显示学生的姓名、性别、出生日期等信息。

操作步骤如下：

① 打开已存在的"学生成绩管理"数据库，在菜单选项卡中选中"创建"→"查询向

导"弹出新建查询对话框，如图 5-1 所示。

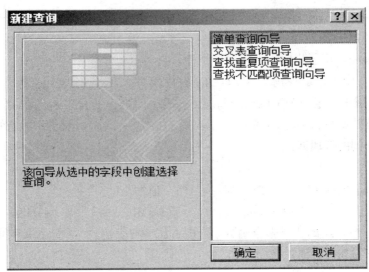

图 5-1　新建查询对话框

② 在图 5-1 对话框中选择"简单查询向导"弹出简单查询向导对话框，如图 5-2，在该对话框的"表/查询"中选择"表：学生"，在可用字段中双击"姓名"、"性别"、"出生日期"使之移动到选定字段列表框中。再单击"下一步"，保留默认设置再单击"完成"，即出现学生信息查询，如图 5-3 所示。

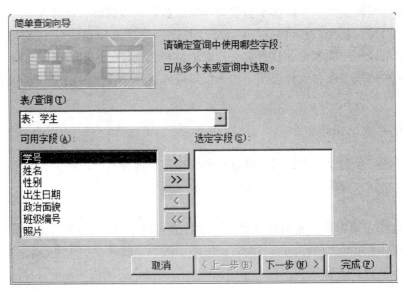

图 5-2 简单查询向导对话框

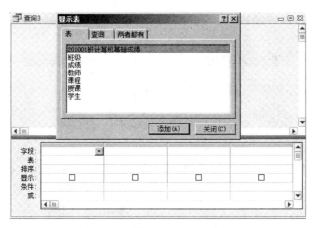

图 5-3 学生信息查询

(二)使用"设计"视图

在 Access 中,查询有五种视图:设计视图、数据表视图、SQL 视图、数据透视表视图和数据透视图视图。

在设计视图中,既可以创建不带条件的查询,也可以创建带条件的查询,还可以对已建查询进行修改。查询"设计"视图,分上下两半部分。上半部分是表或查询显示区,排列着在"显示表"对话框中选择的表或查询,以及这些表之间的关系;下半部分是查询设计网格,用来指定查询所用的字段、排序方式、是否显示、汇总计算和查询条件等。

【例 5-2】查询"学号"为"20100103"的学生的成绩信息,显示"学号"、"姓名"、"课程名称","分数"各字段信息。

操作步骤:

① 打开已存在的"学生成绩管理"数据库,在菜单选项卡选中"创建"→"查询设计"弹出设计视图和显示表对话框,如图 5-4 所示。

图 5-4 查询设计视图和显示表

② 在图 5-4 的显示表对话框中分别双击学生表、课程表、成绩表，再单击显示表对话框上的"关闭"按钮，这 3 个表就显示在查询设计视图的上半部分，在学生表中双击"学号"、"姓名"，在课程表中双击"课程名称"，在成绩表中双击"分数"，就将这些字段添加到了查询设计视图下半部分的网格中。在网格中"学号"字段的条件栏中输入"20100103"，如图 5-5 所示。

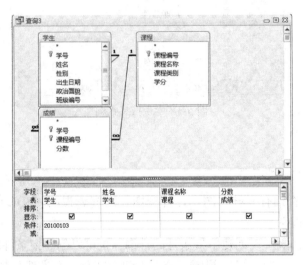

图 5-5　带条件的查询设计视图

③ 单击菜单选项卡"查询工具"丨"设计"→运行，得到查询结果表，如图 5-6 所示。

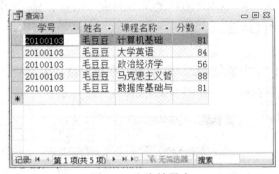

图 5-6　查询结果表

(三)在查询中进行计算

在 Access 查询中，可以执行两种类型的计算，预定义计算和自定义计算。

① 预定义计算即统计计算，是系统提供的用于对查询中的记录组或全部记录进行的计算，它包括总计、平均值、计数、最大值、最小值、标准偏差或方差等。

② 自定义计算使用一个或多个字段的值进行数值、日期和文本计算。对于自定义

154

计算，必须直接在"设计网格"中创建新的计算字段，创建方法是将表达式输入到"设计网格"中的空字段单元格，表达式可以由多个计算组成。计算字段的输入规则是：计算字段名：表达式。注意：这里的分隔符是半角的"："。

例：可将表达式输入到查询设计网格中的空"字段"格中：金额：[数量]＊[单价]

1. 统计查询

统计查询是在成组的记录中完成一定统计计算的查询。使用查询设计视图中的"总计"行，可以对查询中全部记录或记录组计算一个或多个字段的统计值。其中，记录组是将记录进行分组，在该字段的"总计"行上选择"分组"，再对每个组的值进行统计。

【例 5-3】统计"学生"表中各班的学生数量。

操作步骤：

① 打开已存在的"学生成绩管理"数据库，在菜单选项卡选中"创建"→"查询设计"弹出设计视图和显示表对话框，在显示表对话框中双击"学生"表使之添加到设计视图的上半部分，再双击"学生"表中的"学号"、"班级编号"将这两个字段添加到设计视图下半部分的网格中。

② 单击菜单选项卡"查询工具"｜"设计"→$\sum_{汇总}$，设计视图网格中出现一个"总计"行，在"班级编号"字段列的"总计"行区的单元格中选择"Group By"，在"学号"字段列的"总计"行区的单元格中选择"计数"，如图 5-7 所示。单击菜单选项卡"查询工具"｜"设计"→运行 得到最终结果。

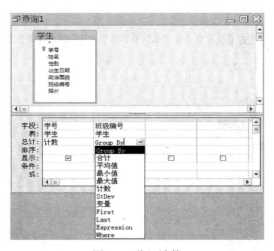

图 5-7　分组计数

2. 添加计算字段

添加的新字段值是根据一个或多个表中的一个或多个字段使用表达式计算得到，也称为计算字段。

【例 5-4】计算每个人的年龄，结果中显示"姓名"、"年龄"，其中"年龄"为计算字段，根据系统当前日期和每个人的"出生日期"计算得到的。

操作步骤：

① 打开已存在的"学生成绩管理"数据库，在菜单选项卡选中"创建"→"查询设计"弹出设计视图和显示表对话框，在显示表对话框中双击"学生"表使之添加到设计视图的上半部分，再双击"学生"表中的"姓名"字段添加到设计视图下半部分的网格中。

② 在网格中字段行"姓名"右边添加计算字段：年龄：Year(Date( ))-Year([出生日期])，如图 5-8 所示。

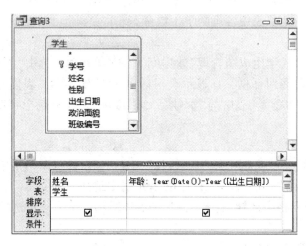

图 5-8 添加计算字段

③ 单击菜单选项卡"查询工具"|"设计"→运行 按钮，得到查询结果表，如图 5-9 所示。

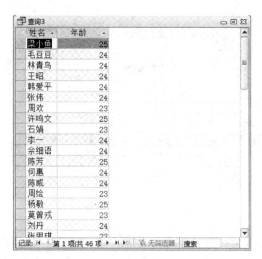

图 5-9 添加计算字段的运行结果

怎么考

【试题 5-6】下列关于选择查询的叙述中, 不正确的是(　　)。

(A)选择查询是最常用的查询

(B)查询的结果是一组数据记录, 是静态集

(C)选择查询可以以一个表或多个表作为数据源

(D)可以对记录进行分组并进行总计、平均等计算

解析: 选择查询的结果是一组数据记录, 但这组数据记录不是静态集, 而是动态集, 它会随着数据源的变化而变化。

答案: B

【试题 5-7】在表的设计视图中, 不能完成的操作是(　　)。

(A)修改字段的名称　　　　　　　　(B)删除一个字段

(C)修改一条记录　　　　　　　　　(D)删除一条记录

解析: 在表的设计视图中, 无法删除一条记录, 但可以删除一个字段。

答案: D

5.3　交叉表查询 ★★

考什么

5.3.1　认识交叉表查询

① 所谓交叉表查询, 就是将来源于某个表中的字段进行分组, 一组列在数据表的左侧, 一组列在数据表的上部, 然后在数据表行与列的交叉处显示表中某个字段的各种计算值, 比如, 求和、计数值、平均值、最大值、最小值等。

② 交叉表类似于 Excel 电子表格, 它按"行、列"形式分组安排数据: 一组作为标题显示在表的左部; 另一组作为列标题显示在表的顶部, 而行与列的交叉点的单元格则显示数值。

交叉表查询可使用查询向导或设计视图来创建。

5.3.2　使用"交叉表查询向导"

【例 5-5】创建一个交叉表查询, 在"教师"表中统计各个系的教师人数及其职称分布情况。

操作步骤:

① 打开已存在的"学生成绩管理"数据库, 在菜单选项卡选中"创建"→"查询向导"→"交叉表查询向导", 如图 5-10 所示。

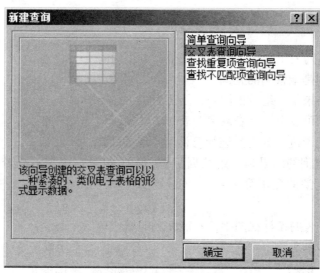

图 5-10　新建查询对话框

② 在图 5-10 所示的新建查询对话框中单击"确定"按钮，弹出交叉表查询向导对话框，如图 5-11 所示。

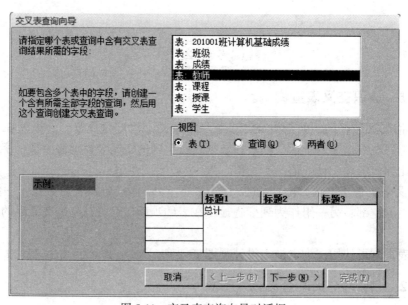

图 5-11　交叉表查询向导对话框

③ 在图 5-11 所示的交叉表查询向导对话框中选择"表：教师"，再单击"下一步"按钮，弹出行标题选择的对话框，如图 5-12 所示。

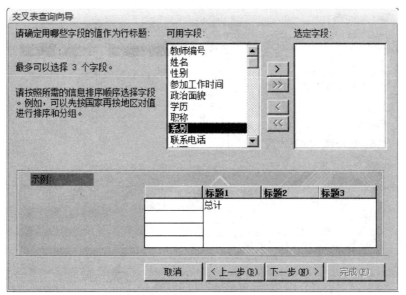

图 5-12 行标题选择对话框

④ 在图 5-12 所示的对话框中双击可用字段"系别"，再单击"下一步"按钮，弹出列标题选择对话框，如图 5-13 所示。

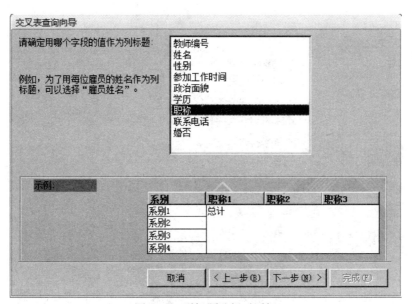

图 5-13 列标题选择对话框

⑤ 在图 5-13 所示的对话框中选中"职称"，再单击"下一步"按钮，弹出汇总对话框，如图 5-14 所示。

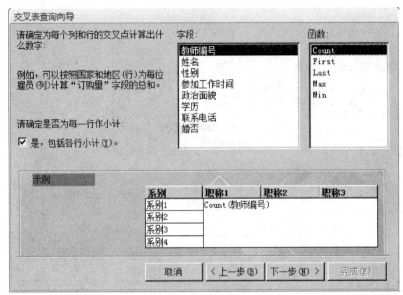

图 5-14　汇总对话框

　　⑥ 在图 5-14 所示的对话框中选中字段"教师编号"和函数"Count"，再单击"下一步"按钮，在弹出的对话框中指定查询名称为：各系职称分布情况统计，如图 5-15 所示。

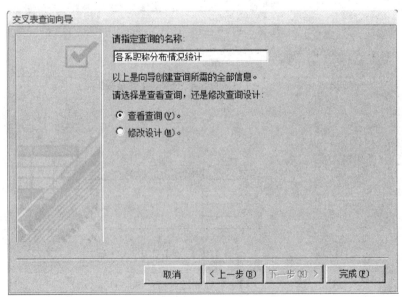

图 5-15　指定查询名称对话框

　　⑦ 在图 5-15 的对话框中单击"完成"按钮，弹出查询结果表，如图 5-16 所示。

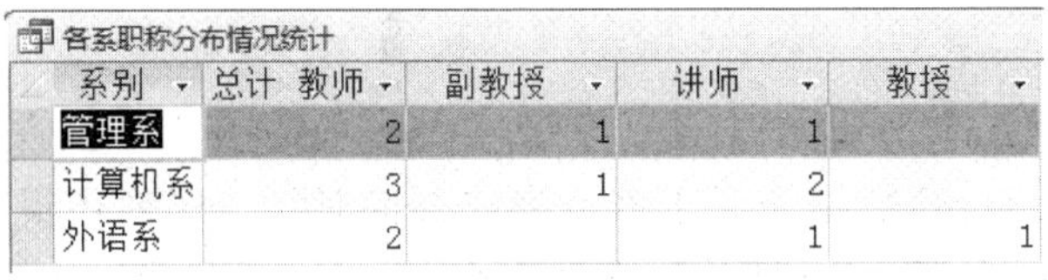

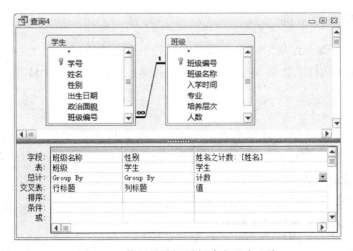

各系职称分布情况统计

系别	总计 教师	副教授	讲师	教授
管理系	2	1	1	
计算机系	3	1	2	
外语系	2		1	1

图 5-16　查询结果表

注意：

使用向导创建交叉表的数据源必须来自于一个表或一个查询。如果数据源来自多个表，可以先建立一个查询，然后以此查询作为数据源。

5.3.3 使用“设计”视图

【例 5-6】创建交叉表查询，统计各班男女生人数。

操作步骤：

① 打开已存在的“学生成绩管理”数据库，在菜单选项卡选中“创建”→“查询设计”，将显示表对话框中的“学生”表和“班级”表添加到设计视图中。

② 在设计视图中，双击“班级”表的“班级名称”字段和“学生”表的“性别”字段使其添加到设计视图网格中，在网格中“性别”字段右侧的单元格添加新字段：姓名之计数：[姓名]。

③ 单击菜单选项卡“查询工具”|“设计”→“交叉表”，可发现设计视图网格中增加了“总计”、“交叉表”两行，在“班级名称”字段列的“交叉表”行区的单元格中选择“行标题”，在“性别”字段列的“交叉表”行区的单元格中选择“列标题”，在“姓名之计数[姓名]”列的“交叉表”行区的单元格中选择“值”，将“姓名之计数[姓名]”列的“总计”行区的单元格中选择“计数”，如图 5-17 所示。

图 5-17　使用设计视图创建交叉表查询

④ 单击菜单选项卡"查询工具"｜"设计"→运行按钮，即得到查询结果表。

当所建"交叉表查询"数据来源于多个表或查询时，建议使用设计视图。当所用数据源来自于一个表或查询，建议使用"交叉表查询向导"。如果"行标题"或"列标题"需要通过建立新字段得到，请使用设计视图。

怎么考

【试题 5-8】查询近 5 天内的记录应该使用的条件为（　　　）。

(A)<Date( )-5　　　　　　　　　　　(B)>Date( )-5

(C)Between Date( )And Date( )-5　　　(D)Between Date( )And Date( )+5

解析：函数 Date( )表示当前日期，5 天内应该是从当前日期到前 5 天，因此应该是从 Date( )到 Date( )-5。

答案：C

5.4　参数查询★★

考什么

参数查询利用对话框，提示输入参数，并检索符合所输参数的记录。利用参数查询，通过输入不同的参数值，可以在同一个查询中获得不同的查询结果。可以创建一个参数提示的单参数查询，也可以创建多个参数提示的多参数查询。

5.4.1　单参数查询

创建单参数查询，即指定一个参数。在执行单参数查询时，输入一个参数值。

【例 5-7】按学生姓名查找某学生的成绩，并显示"学号"、"姓名"、"课程名称"及"分数"等。

操作步骤：

① 打开已存在的"学生成绩管理"数据库，在菜单选项卡选中"创建"→"查询设计"，将显示表对话框中的"学生"表、"课程"表、"成绩"表添加到设计视图中。

② 在查询设计视图的上半部分，双击"学生"表的"学号"、"姓名"字段，再双击"课程"表中的"课程名称"字段，然后双击"成绩表"中的"分数"字段，将它们添加到设计网格区字段行的第 1 列到第 4 列中。

③ 在"姓名"字段列中的条件行，输入带方括号的文本：［请输入姓名:］，如图 5-18 所示，便建立了一个参数查询。

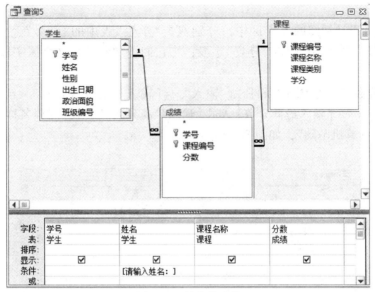

图 5-18　单参数查询

④ 单击菜单选项卡"查询工具"｜"设计"→ 运行 按钮，弹出输入参数值对话框，如图 5-19 所示。

图 5-19　输入参数值对话框

⑤ 在输入参数值对话框中输入姓名，可以得到要查询的结果数据表。

5.4.2　多参数查询

创建多参数查询，即指定多个参数。在执行多参数查询时，需要依次输入多个参数值。

【例 5-8】建立一个查询，显示"计算机基础"课程分数位于某个范围内的学生"姓名"和"分数"。

操作步骤：

① 打开已存在的"学生成绩管理"数据库，在菜单选项卡选中"创建"→"查询设计"，将打开查询设计视图和显示表对话框。

163

② 在打开的显示表对话框中双击"学生"表、"课程"表、"成绩"表后，关闭显示表对话框。

③ 在查询设计视图的上半区中，分别双击"学生"表中的"学号"、"姓名"，"课程"表的"课程"和"成绩"表的"分数"字段，将它们添加到设计网格区字段行的第 1 列到第 4 列中。

④ 在"分数"字段列中的条件栏，输入">=［输入最低分数］And <=［输入最高分数］"或者"Between［输入最低分数］And［输入最高分数］"，在"课程名称"字段列中的条件栏输入"计算机基础"，如图 5-20 所示。

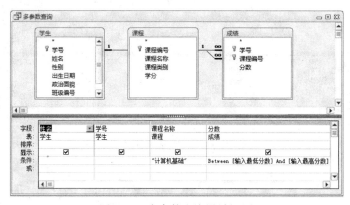

图 5-20　多参数查询设计视图

⑤ 单击工具栏上的运行按钮，或者选择"视图"丨"数据表视图"命令，系统弹出"输入参数值"对话框，在弹出的对话框中分别输入最低分数（如图 5-21）和最高分数（如图 5-22），然后单击【确定】按钮，系统显示查询结果，如图 5-23 所示。

图 5-21　输入最低分数

图 5-22　输入最高分数

图 5-23　查询结果

⑥ 在查询结果中单击关闭按钮，弹出"是否保存"提示对话框，选择"是"命令，在出现的对话框中输入查询名称即可。

怎么考

【试题 5-9】创建参数查询时，在"查询"设计视图准则中应将参数提示文本放置在(　　)。

(A)｛｝中　　　　(B)(　)中　　　　(C)[　]中　　　　(D)<　>中

解析：略。

答案：C

5.5　操作查询★★★

考什么

操作查询是指仅在一个操作中更改许多记录的查询。例如，在一个操作中删除一组记录，更新一组记录等。

操作查询包括生成表查询、删除查询、更新查询、追加查询。

5.5.1　生成表查询

生成表查询是利用一个或多个表中的全部或部分数据创建新表。在 Access 中，从表中访问数据要比从查询中访问数据快得多，因此如果经常要从几个表中提取数据，最好的方法是使用生成表查询，将从多个表中提取的数据组合起来生成一个新表。

生成表查询的一般操作步骤为：

① 打开数据库→创建→查询设计。

② 选择数据源，添加需要的字段到设计视图网格中。

③ 单击"查询工具"｜"设计"→"生成表"工具，在弹出的生成表对话框输入表名→确定。

5.5.2　删除查询

从一个或多个表中删除一组记录。使用删除查询，通常会删除整个记录，而不只是记录中所选择的字段。

5.5.3　更新查询

对一个或多个表中的记录进行更新。单击工具栏上的"视图"按钮，预览即将更改的记录。

5.5.4　追加查询

将一个或多个表中符合条件的一组记录添加到一个或多个表的尾部。

注意：在使用操作查询之前，应该备份数据。

怎么考

【试题 5-10】如果要将计算机系 2000 年以前参加工作的所有教师的职称全部改为教授，则适合使用的查询是(　　)。

(A)更新查询　　　(B)参数查询　　　(C)统计查询　　　(D)选择查询

解析：更新查询可以对一个或多个表中的一组记录做全面的更改，本题所列情况适合于使用更新查询。

答案：A

【试题 5-11】下面显示的是查询设计视图的"设计网格"部分，从此部分所示的内容中可以判断出要创建的查询是(　　)。

字段：	职称	性别				
表：	教师	教师				
更新到：	"副教授"					
条件：		"男"				
或：						

(A)删除查询　　　(B)生成表查询　　　(C)选择查询　　　(D)更新查询

解析：由于本题查询设计视图的"设计网格"部分有"更新到"行，所以可以判断出要创建的查询是更新查询。

答案：D

【试题 5-12】利用 SQL 能够创建(　　)。

(A)选择查询　　　(B)删除查询　　　(C)追加查询　　　(D)以上都对

解析：在 Access 中，有些查询可以通过查询设计视图来创建，但有些查询只能通过 SQL 语句来实现，实际上，不论是什么查询，都可以直接通过 SQL 语句来实现，因此，利用 SQL 语句可以创建任何查询。

答案：D

【试题 5-13】在 Access 中，从表中访问数据要比从查询中快得多，如果经常要从几个表中提取数据，那么最好的方法是使用一种操作查询，这种操作查询是(　　)。

(A)交叉表查询　　　(B)生成表查询　　　(C)删除查询　　　(D)追加查询

解析：略。

答案：B

5.6 创建 SQL 查询★★★★★

考什么

5.6.1 查询与 SQL 视图

在 Access 中，一个查询对应一个 SQL 语句，查询对象的实质是一个 SQL 语句。

当使用"设计"视图建立一个查询时，Access 在后台就会构造一个等价的 SQL 语句。

5.6.2 SQL 语言简介

SQL 为 Structured Query Language(结构化查询语言)的缩写，是数据库领域中应用最为广泛的数据库查询语言。

1. SQL 的特点

SQL 是一种一体化语言，包括数据定义、数据查询、数据操纵和数据控制等方面的功能，可以完成数据库活动中的全部工作。

SQL 是一种高度非过程化语言，只需描述"做什么"，不需说明"怎么做"。

SQL 是一种非常简单的语言，全面支持客户机/服务器结构。

2. SQL 语句

SQL 语句包括定义、查询、操纵和控制功能。

表 5-5 SQL 语句功能表

SQL 功能	动 词	SQL 功能	动 词
数据定义	CREATE，DROP，ALTER	数据查询	SELECT
数据操作	INSTER，UPDATE，DELETE	数据控制	CRANT，REVOTE

(1)CREATE 语句

在 SQL 语言中，可以使用 CREATE TABLE 语句定义基本表。该语句的基本格式为：

CREATE TABLE <表名>

(<字段名 1> <数据类型 1> [字段完整性约束条件 1]，

[<字段名 2> <数据类型 2> [字段完整性约束条件 2]] [，…])

(2)ALTER 语句

可以使用 ALTER TABLE 语句修改已建表的结构。该语句的基本格式为：

ALTER TABLE <表名>

[ADD <新字段名> <数据类型> [字段级完整性约束条件]]

[DROP [<字段名>] …]

[ALTER <字段名> <数据类型>]；

其中，<表名>是指需要修改的表的名字，ADD 子句用于增加新字段和该字段的完整性约束条件，DROP 子句用于删除指定的字段，ALTER 子句用于修改原有字段属性。

(3) DROP 语句

可以使用 DROP TABLE 语句删除不需要的表。格式：DROP TABLE <表名>

(4) INSERT 语句

INSERT 语句用于实现数据的插入功能，可将一条新记录插入到指定表中，基本格式为：

INSERT INTO <表名>[(<字段名 1>[，<字段名 2>，…])]

VALUES (<常量 1>)[，<常量 2>，…])；

(5) UPDATE 语句

UPDATE 语句用于实现数据的更新功能，能够对制定表所有记录或满足条件的记录进行更新操作。语句基本格式为：

UPDATE <表名>

SET <字段名 1>=<表达式 1> [，<字段名 2>=<表达式 2>]…

[WHERE <条件>]；

(6) DELETE 语句

DELETE 语句用于实现数据的删除功能，能够按照指定的条件删除记录。基本格式为：

DELETE FROM <表名>

[WHERE <条件>]；

(7) SELECT 语句

SELECT 语句用于实现数据的查询功能，能够对指定表的所有记录或满足条件的记录进行查询操作，基本格式为：

SELECT [ALL | DISTINCT] * | <字段列表> FROM <表名 1>[，<表名 2>]…

[WHERE <条件表达式>]

[GROUP BY <字段名>[HAVING<条件表达式>]]

[ORDER BY <字段名>[ASC | DESC]]；

其中，All(默认)：返回全部记录；DISTINCT：去掉选定字段中重复值的记录；FROM：指明字段的来源，即数据表或查询；WHERE：定义查询条件；GROUP BY：指明分组字段，HAVING：指明分组条件，必须跟随 GROUP BY 使用；ORDER BY：指明排序字段，ASC | DESC：排序方式，ASC 为升序，DESC 为降序。

【例 5-9】使用 SQL 语句查找并显示"教师"表中"姓名"、"性别"、"参加工作时间"和"系别"4 个字段。

SELECT 姓名，系别，参加工作时间，系别 FROM 教师；

【例 5-10】使用 SQL 语句查找 2002 年前参加工作且职称为讲师的教师信息，并显示所有字段。

SELECT ＊ FROM 教师　WHERE 职称="讲师"　AND 参加工作时间>#1/1/2002#;

5.6.3 创建 SQL 查询

SQL 查询分为联合查询、传递查询、数据定义查询和子查询 4 种。其中联合查询、传递查询、数据定义查询不能在查询"设计"视图中创建,必须直接在"SQL"视图中创建 SQL 语句。对于子查询,要在查询设计网格的"字段"行或"条件"行中输入 SQL 语句。

1. 联合查询

联合查询将两个或更多个表或查询中的字段合并到查询结果的一个字段中。使用联合查询可以合并两个表中的数据。执行联合查询时,将返回所包含的表或查询中对应字段的记录。

2. 传递查询

传递查询是自己并不执行而是传递给另外一个数据库来执行的查询。传递查询可直接将命令发送到 ODBC 数据库服务器中,如 SQL Server。使用传递查询时,不必与服务器上的表链接,就可以直接使用相应的表。应用传递查询的主要目的是为了减少网络负荷。

注意:如果将传递查询转换为另一种类型的查询,例如选择查询,将丢失输入的 SQL 语句。如果在"ODBC 连接字符串"属性中没有指定连接串,或者删除了已有字符串,Access 将使用默认字符串"ODBC",并且在每次运行查询时,提示连接信息。

3. 数据定义查询

数据定义查询与其他查询不同,利用它可以直接创建、删除或更改表,或者在当前数据库中创建索引。在数据定义查询中要输入 SQL 语句,每个数据定义查询只能由一个数据定义语句组成。

4. 子查询

在对 Access 表中的字段进行查询时,可以利用子查询的结果进行进一步的查询。不能将子查询作为单独的一个查询,必须与其他查询相结合。

（ 怎么考 ）

【试题 5-14】在 SQL 语句中,与表达式"工资 BETWEEN 1000 AND 2000"功能相同的表达式是(　　)。

（A）工资>=1000 AND 工资<=2000

（B）工资>1000 AND 工资<2000

（C）工资<=1000 OR 工资>=2000

（D）工资<1000 OR 工资>2000

解析:"BETWEEN…AND…"表示在两个数值之间的连续的数,包括初值和终值。

答案:A

【试题 5-15】在 Access 数据库中创建一个新表，应该使用的 SQL 语句是(　　　)。

（A）Create Table　　　　　　　　　　（B）Create Index

（C）Alter Table　　　　　　　　　　　（D）Create Database

解析：创建表命令：Create Table；修改现有表命令：Alter Table；删除表命令：Drop Table。

答案：A

5.7　编辑和使用查询★

考什么

5.7.1　运行已创建的查询

① 在创建查询时，可以使用"查询工具"选项卡工具栏上的"运行"按钮或"视图"下拉菜单中的"数据表视图"看到查询结果。

② 在查询后，可通过在"数据库"窗口中"查询"对象下选中要运行的查询单击"打开"按钮或双击要运行的查询。

5.7.2　编辑查询中的字段

1. 添加字段

打开数据库中要修改的查询的"设计视图"，在"设计视图"窗口上半部分的显示表中双击要添加的字段即可完成添加字段操作。

2. 删除字段

打开数据库中要修改的查询的"设计视图"，在"设计视图"下半部分的设计网格中，拖动鼠标选中要删除的字段，按键盘上的 Delete 键或者在"查询工具"选项卡中的"查询设置"组中单击"删除列"按钮。

3. 移动字段

打开数据库中要修改的查询的"设计视图"，在"设计视图"下半部分的设计网格中，选中要移动的字段，按住鼠标左键拖动到想要的位置。

5.7.3　编辑查询中的数据源

1. 添加表或查询

打开数据库中要修改的查询的"设计视图"，在"查询工具"选项卡中的"查询设置"组中单击"显示表"按钮，打开如图 5-24 所示的"显示表"对话框，选择需要添加的表或查询，单击"添加"按钮即可。

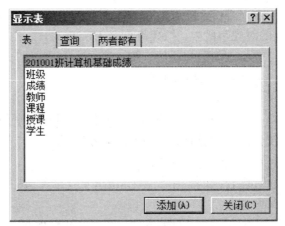

图 5-24 "显示表"对话框

2. 删除表或查询

打开数据库中要修改的查询的"设计视图"，在"设计视图"窗口的上半部分，选择要删除的表或查询，按 Delete 键即可删除。

5.7.4 调整查询的列宽

调整列宽的方法是：打开要修改查询的设计视图，将鼠标指针移到要更改列的字段选择器的右边界，使鼠标指针变成双向箭头，拖动鼠标改变列的宽度，双击鼠标可将其调整为"设计网格"中可见输入内容的最大宽度。

5.7.5 排序查询的结果

通过排序，查询中的记录指定顺序排列，可使显示的记录清晰、一目了然。操作步骤为：打开数据库中要修改的查询的"设计视图"，在"设计视图"下半部分的设计网格中，在要排序的字段的"排序"行中选择"升序"或"降序"即可。

怎么考

【试题 5-16】简单应用题：考生文件夹下存在一个数据库文件"samp2.accdb"，里面已经设计好"tCourse"、"tGrade"、"tStudent"三个关联表对象和一个空表"tTemp"，试按以下要求完成设计：

① 创建一个查询，查找并显示含有不及格成绩的学生的"姓名"、"课程名"和"成绩"三个字段的内容，所建查询名为"qT1"。

② 创建一个查询，计算每名学生的平均成绩，并按平均成绩降序依次显示"姓名"、"政治面貌"、"毕业学校"和"平均成绩"四个字段的内容，所建查询名"qT2"。假设所用表中无重名。

③ 创建一个查询，统计每班每门课程的平均成绩，所建查询名为"qT3"。

④ 创建一个查询，将男学生的"班级"、"学号"、"性别"、"课程名"和"成绩"等信息追加到"tTemp"表的对应字段中，所建查询名为"qT4"。

【审题分析】①题主要考查简单的条件查询；②题考查简单的条件查询的设计方法；③题考查交叉表查询；④题考查追加查询。

【操作步骤】

①步骤1：打开"samp2.accdb"数据库窗口，在【创建】功能区的【查询】分组中单击"查询设计"按钮，系统弹出查询设计器。在【显示表】对话框中分别双击表"tStudent"、"tCourse"和"tGrade"，关闭【显示表】对话框。

步骤2：双击"tStudent"表"姓名"字段，双击"tCourse"表"课程名"。双击"tGrade"表"成绩"字段。

步骤3：在"成绩"字段的"条件"行输入：<60。如图5-25所示。

步骤4：单击快速访问工具栏中的"保存"按钮，保存为"qT1"，单击"确定"按钮，关闭设计视图。

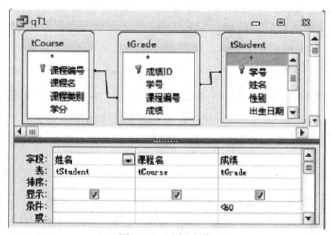

图 5-25　选择查询

② 步骤1：在【创建】功能区的【查询】分组中单击"查询设计"按钮，系统弹出查询设计器。在【显示表】对话框中双击表"tStudent"、"tGrade"，关闭【显示表】对话框。

步骤2：分别双击"tStudent"表"姓名"、"政治面貌"、"毕业学校"字段，双击"tGrade"表"成绩"字段。

步骤3：在"成绩"字段的"字段"行前面添加"平均成绩："字样。

步骤4：单击【显示/隐藏】分组中的"汇总"按钮，在"成绩"字段的"总计"行下拉列表中选中"平均值"，在"排序"行的下拉列表中选中"降序"，在"姓名"、"政治面貌"和"毕业学校"字段的"总计"行下拉列表中选中"Group By"。如图5-26所示。

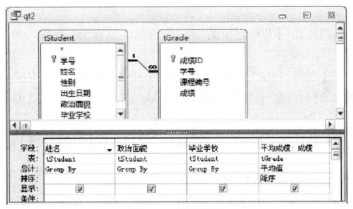

图 5-26　分组查询

步骤 5：单击快速访问工具栏中的"保存"按钮，保存为"qT2"，单击"确定"按钮，关闭设计视图。

③ 步骤 1：在【创建】功能区的【查询】分组中单击"查询设计"按钮，系统弹出查询设计器。在【显示表】对话框中分别双击表"tStudent"、"tCourse"和"tGrade"，关闭【显示表】对话框。

步骤 2：单击【查询类型】分组中的"交叉表"按钮。

步骤 3：双击"tStudent"表"班级"字段，双击"tCourse"表"课程名"字段，双击"tGrade"表"成绩"字段。

步骤 4：在"成绩"字段的"总计"行下拉列表中选中"平均值"，在"班级"和"课程名"字段的"总计"行下拉列表中选中"Group By"。

步骤 5：分别在"班级"、"课程名"和"成绩"字段的"交叉表"行下拉列表中选中"行标题"、"列标题"和"值"。如图 5-27 所示。

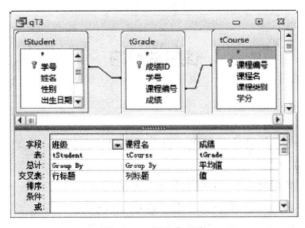

图 5-27　交叉表查询

步骤 6：右键单击"成绩"字段，选择"属性"命令，在"格式"行选择"固定"，"小数位数"行选择"0"。

步骤 7：单击快速访问工具栏中的"保存"按钮，保存为"qT3"，单击"确定"按钮，关闭设计视图。

④ 步骤 1：在【创建】功能区的【查询】分组中单击"查询设计"按钮，系统弹出查询设计器。在【显示表】对话框中分别双击表"tStudent"、"tCourse"和"tGrade"，关闭【显示表】对话框。

步骤 2：单击【查询类型】分组中的"追加"按钮，在【追加查询】对话框中选择表"tTemp"，单击"确定"按钮。

步骤 3：双击"tStudent"表"班级"、"学号"、"性别"字段，双击"tCourse"表"课程名"字段，双击"tGrade"表"成绩"字段。

步骤 4：在"性别"字段的"条件"行中输入："男"。如图 5-28 所示。

步骤 5：单击"运行"按钮运行查询。单击快速访问工具栏中的"保存"按钮，保存为"qT4"，单击"确定"按钮，关闭设计视图。

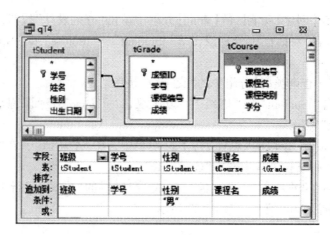

图 5-28　追加查询

课后总复习

一、选择题

1. 假设"公司"表中有编号、名称、法人等字段，查找公司名称中有"网络"二字的公司信息，正确的命令是(　　)。

(A) SELECT ＊ FROM 公司 FOR 名称 = " ＊网络＊ "

(B) SELECT ＊ FROM 公司 FOR 名称 LIKE " ＊网络＊ "

(C) SELECT ＊ FROM 公司 WHERE 名称 = " ＊网络＊ "

(D) SELECT ＊ FROM 公司 WHERE 名称 LIKE" ＊网络＊ "

2. 利用对话框提示用户输入查询条件，这样的查询属于(　　)。

(A)选择查询　　　(B)参数查询　　　(C)操作查询　　　(D)SQL 查询

3. 在 SQL 查询中"GROUP BY"的含义是(　　)。

(A)选择行条件　　　　　　　　(B)对查询进行排序

(C)选择列字段　　　　　　　　(D)对查询进行分组

4. 已知"借阅"表中有 "借阅编号"、"学号"和"借阅图书编号"等字段，每个学生每借阅一本书生成一条记录，要求按学生学号统计出每个学生的借阅次数，下列 SQL 语句中，正确的是(　　)。

(A)Select 学号, count(学号)from 借阅

(B)Select 学号, count(学号)from 借阅 group by 学号

(C)Select 学号, sum(学号)from 借阅

(D)select 学号, sum(学号)from 借阅 order by 学号

5. 下列关于 SQL 语句的说法中，错误的是(　　)。

(A)INSERT 语句可以向数据表中追加新的数据记录

(B)UPDATE 语句用来修改数据表中已经存在的数据记录

(C)DELETE 语句用来删除数据表中的记录

(D)CREATE 语句用来建立表结构并追加新的记录

6. 要从数据库中删除一个表，应该使用的 SQL 语句是(　　)。

(A)ALTER TABLE　　　　　　(B)KILL TABLE

(C)DELETE TABLE　　　　　　(D)DROP TABLE

7. 在 SQL 语言中，SELECT 语句的执行结果是(　　)。

(A)表　　　　(B)元组　　　　(C)属性　　　　(D)数据库

8. 在查询设计视图中，可以添加的是(　　)。

(A)只能添加表　　　　　　　　(B)只能添加查询

(C)既可添加表，也可添加查询　　(D)既不可添加表，也不可添加查询

9. 下列关于查询的功能的叙述中，不正确的是(　　)。

(A)建立查询的过程中可以进行各种统计计算

(B)利用查询可以将需要的数据提取出来以格式化的方式显示给用户

(C)利用查询的结果可以建立新的数据表

(D)利用查询可以添加或修改表中的记录

10. 下列 SQL 语句中，用于修改表结构的是(　　)。

(A)ALTER　　　(B)CREATE　　　(C)UPDATE　　　(D)INSERT

11. 利用查询向导不能创建的查询是(　　)。

(A)选择查询　　　　　　　　(B)交叉查询

(C)参数查询　　　　　　　　(D)查找重复项查询

12. 利用 SQL 能够创建(　　)。

(A)选择查询　　(B)删除查询　　(C)追加查询　　(D)以上都对

13. 查询课程名称以"Access"开头的记录应使用的条件是(　　)。

（A）"Access * "　　　　　　　　（B）= "Access"

（C）Like" Access * "　　　　　　（D）In（" Access * "）

14．下列不属于操作查询的是（　　）。

（A）交叉表查询　　（B）生成表查询　　（C）更新查询　　　（D）删除查询

15．下列关于交叉表查询的叙述中，正确的是（　　）。

（A）交叉表查询只能使用设计视图来建立

（B）创建交叉表的数据源必须来自一个表或查询

（C）对于交叉表查询，用户只能指定一个总计类型的字段

（D）不使用设计视图，就无法建立基于多表的交叉表查询

二、操作题

考生文件夹下存在一个数据库文件"samp2. accdb"，里面已经设计好"tStud"、"tCourse"、"tScore"三个关联表对象和一个空表"tTemp"。试按以下要求完成查询设计：

① 创建一个查询，查找并显示简历信息为空的学生的"学号"、"姓名"、"性别"和"年龄"四个字段内容，所建查询命名为"qT1"。

② 创建一个查询，查找选课学生的"姓名"、"课程名"和"成绩"三个字段内容，所建查询命名为"qT2"。

③ 创建一个查询，按系别统计各系男女学生的平均年龄，显示字段标题为"所属院系"、"性别"和"平均年龄"，所建查询命名为"qT3"。

④ 创建一个查询，将表对象"tStud"中没有书法爱好的学生的"学号"、"姓名"和"年龄"三个字段内容追加到目标表"tTemp"的对应字段内，所建查询命名为"qT4"。

参考答案

一、选择题

1~5 DBDBD　　　6~10 DACBA　　　11~15 CDCAC

二、操作题

【审题分析】① 题主要考查简单的条件查询的设计方法。② 题考查多表查询的设计方法；③ 题考查查询计算和分组的方法；④ 题考查追加查询的设计方法和模糊条件的表达方法。

【操作步骤】

① 步骤 1：打开"samp2. accdb"数据库窗口，在【创建】功能区的【查询】分组中单击"查询设计"按钮，系统弹出查询设计器。在【显示表】对话框双击表"tStud"，关闭【显示表】对话框。

步骤 2：分别双击"学号"、"姓名"、"性别"、"年龄"和"简历"字段。

步骤 3：在"简历"字段的"条件"行中输入：Is NULL，取消该字段"显示"复选框的

勾选。如图 5-29 所示。

图 5-29　选择查询

步骤 4：单击快速访问工具栏中的"保存"按钮，保存为"qT1"，单击"确定"按钮，关闭设计视图。

② 步骤 1：在【创建】功能区的【查询】分组中单击"查询设计"按钮，系统弹出查询设计器。在【显示表】对话框分别双击表"tStud"、"tCourse"和"tScore"，关闭【显示表】对话框。

步骤 2：双击"tStud"表"姓名"，双击"tCourse"表"课程名"字段，双击"tScore"表"成绩"字段。如图 5-30 所示。

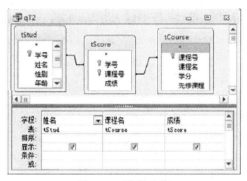

图 5-30　选择查询

步骤 3：单击快速访问工具栏中的"保存"按钮，保存为"qT2"，单击"确定"按钮，关闭设计视图。

③ 步骤 1：在【创建】功能区的【查询】分组中单击"查询设计"按钮，系统弹出查询设计器。在【显示表】对话框中双击表"tStud"，关闭【显示表】对话框。

步骤 2：分别双击"所属院系"、"性别"和"年龄"字段。

步骤 3：单击【显示/隐藏】分组中的"汇总"按钮，在"年龄"字段的"总计"行下拉列表中选中"平均值"，在"所属院系"、"性别"字段的"总计"行下拉列表中选中"Group By"。

步骤 4：在"年龄"字段的"字段"行前面输入"平均年龄："字样。如图 5-31 所示。

图 5-31 分组查询

步骤 5：单击快速访问工具栏中的"保存"按钮，保存为"qT3"，单击"确定"按钮，关闭设计视图。

④ 步骤 1：在【创建】功能区的【查询】分组中单击"查询设计"按钮，系统弹出查询设计器。在【显示表】对话框中双击表"tStud"，关闭【显示表】对话框。

步骤 2：单击【查询类型】分组中的"追加"按钮，在【追加查询】对话框中选择表"tTemp"，单击"确定"按钮。

步骤 3：分别双击"学号"、"姓名"、"年龄"和"简历"字段。

步骤 4：在"简历"字段的"条件"行中输入：Not Like" * 书法 * "。如图 5-32 所示。

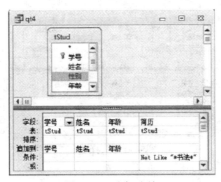

图 5-32 追加查询

步骤 5：单击快速访问工具栏中的"保存"按钮，保存为"qT4"，单击"确定"按钮，关闭设计视图。

第6章 窗 体

6.1 认识窗体★★

考什么

6.1.1 窗体的概念和作用

窗体是 Access 数据库中的一种对象，是 Access 应用程序和用户之间的主要接口，起着联系数据库与用户的桥梁作用。

窗体可以作为输入界面、输出界面或控制驱动界面，其主要作用是输入和编辑数据、显示和打印数据、控制应用程序流程。

6.1.2 窗体的类型

Access 提供了以下 7 种类型的窗体：

1. 纵栏式窗体

纵栏式窗体将窗体中的一个显示记录按列分隔，每列的左边显示字段，右边显示字段内容。

2. 表格式窗体

通常，一个窗体在同一时刻只显示一条记录的信息。如果一条记录的内容比较少，单独占用一个窗体的空间就显得很浪费。这时，可以建立一种表格式窗体，即在一个窗体中显示多条记录的内容。

3. 主/子窗体

窗体中的窗体称为子窗体，包含子窗体的基本窗体称为主窗体。主窗体和子窗体通常用于显示多个表或查询中的数据，这些表或查询中的数据具有一对多的关系。主窗体只能显示为纵栏式的窗体，子窗体可以显示为数据表窗体，也可以显示为表格式窗体。

4. 数据表窗体

数据表窗体从外观上看与数据表和查询的界面相同。数据表窗体的主要作用是作为一个窗体的子窗体。

5. 图表窗体

图表窗体是利用 Microsoft Graph 以图表方式显示用户的数据。可以单独使用图表窗体，也可以在子窗体中使用图表窗体来增加窗体的功能。

6. 数据透视表窗体

数据透视表窗体是 Access 为了以指定的数据表或查询为数据源产生一个 Excel 的分析表而建立的一个窗体形式。数据透视表窗体允许用户对表格内的数据进行操作；用户也可以改变透视表的布局，以满足不同的数据分析方式和要求。

7. 数据透视图窗体

数据透视图窗体用于显示数据表和窗体中数据的图形分析窗体。数据透视图窗体允许通过拖动字段和项或通过显示和隐藏字段的下拉列表中项，查看不同级别的详细信息或指定布局。

6.1.3　窗体的视图

Access 的窗体共有 6 种视图，分别为"设计"视图、"窗体"视图、"数据表"视图、"布局"视图、"数据透视表"视图、"数据透视图"视图。

创建窗体是在"设计"视图中进行的。"设计"视图主要用于创建窗体或修改窗体，在"设计"视图中创建窗体后，用户可以在"窗体"视图或"数据表"视图中查看。

怎么考

【试题 6-1】下列不属于 Access 窗体的视图是(　　　)。

（A）"设计"视图 （B）"版面"视图

（C）"窗体"视图 （D）"数据表"视图

解析：窗体有 3 种视图，分别为："设计"视图、"窗体"视图和"数据表"视图。

答案：B

【试题 6-2】在 Access 中，可用于设计输入界面的对象是(   )。

（A）窗体 （B）报表 （C）查询 （D）表

解析：在 Access 中，表用来存储数据，查询用来查找和检索所需的数据，报表用来分析或打印特定布局中的数据。窗体是应用程序和用户之间的接口，用来查看、添加和更新表中的数据。

答案：A

【试题 6-3】下面关于数据表与窗体的叙述中，正确的是(   )。

（A）数据表和窗体均能存储数据

（B）数据表的功能可以由窗体等价地实现

（C）数据表和窗体都能输入数据并编辑数据

（D）数据表和窗体都只能以行和列的形式显示数据

解析：窗体本身并不存储数据，只有数据表才是存储数据的地方；数据表和窗体的功能并不等价；窗体可以以多种形式来显示数据，并非只能以行和列的形式来显示数据。

答案：C

【试题 6-4】利用窗体对表和查询中的数据进行操作时，不能实施的操作是(   )。

（A）传递 （B）输入 （C）显示 （D）编辑

解析：窗体是用户和 Access 系统的主要接口，利用窗体可以实现对表的查询的输入、显示和编辑等操作，但没有传递操作这个概念。

答案：A

6.2 创建窗体★★★★

考什么

6.2.1 使用向导创建窗体

（一）自动创建窗体

使用"自动窗体"功能是创建数据维护窗体最快捷的方法，它可以快速创建基于选定表或查询中所有字段及记录的窗体，其窗体布局结构简单规整。区别于其他窗体创建方法的是，自动窗体创建时，需先选定表或查询对象，而不是在窗体对象的窗口下启动向导或进入窗体设计视图。

（二）使用向导创建窗体

使用"自动窗体"方便快捷，但是内容和形式都受到限制，不能满足更为复杂的要求。使用"窗体向导"就可以更灵活、全面地控制数据来源和窗体格式，因为"窗体向导"能从多个表或查询中获取数据。窗体向导不仅允许从多个表或查询中挑选字段，并根据需要选择窗体布局、风格等。

1. 创建单一数据源窗体

单击"创建"选项卡→"窗体"组→"窗体向导"（如图 6-1 所示），就会弹出"窗体向导"第一个对话框。然后选择一个表或查询做数据源，选定字段，单击"下一步"，根据向导即可完成窗体的创建。

图 6-1　"窗体"组

2. 创建涉及多个数据源的窗体

使用向导创建窗体更重要的应用是创建涉及多个数据源的数据维护窗体，也称此类窗体为主/子窗体。如果这些不同数据源之间的数据存在关联，那么就可以创建带有子窗体的窗体。

（三）创建图表窗体

1. 数据透视表

数据透视表是一种特殊的表，用于从数据源的选定字段中分类汇总信息。数据透视表的两个主要元素是"轴"和"字段列表"。轴是数据透视表窗口中的一个区域，它可能包含一个或多个字段的数据。在用户界面中，因为可以向轴中拖放字段，所以它们也被称为"拖放区域"。数据透视表有四个主要轴，每个轴都有不同的作用。四个主要轴分别为"行字段"、"列字段"、"筛选字段"和"汇总或明细字段"。字段列表的功能与查询或窗体中使用的字段列表的功能很相似。它根据窗体的"数据来源"（Record Source）属性来显示可供数据透视表使用的字段。

2. 数据透视图

数据透视图是一种交互式的图表，功能与数据透视表类似，只不过以图形化的形式来表现数据。数据透视图能较为直观地反映数据之间的关系。

3. 创建图表窗体

使用图表窗体能够更直观地显示表和查询中的数据。可以使用"图表向导"创建图表窗体。

6.2.2 使用设计视图创建窗体

在创建窗体的各种方法中，更多的时候是使用窗体设计视图来创建窗体，这种方法更直观、更灵活。创建何种窗体依赖于用户实际需求。在设计视图下创建窗体时，用户可以完全控制窗体的布局和外观，准确地把控件放在合适的位置，设置它们的格式直到达到满意的效果。

(一)窗体设计视图

1. 窗体的组成和结构

窗体设计视图是设计窗体的窗口，它是由五个节组成，分别是主体、窗体页眉、页面页眉、页面页脚和视图页脚。

2. "控件"组

"控件"组是窗体设计时最重要的应用，通过"控件"组可以向窗体添加各种控件。控件是窗体中的对象，它在窗体中起着显示数据、执行操作以及修饰窗体的作用。

3. 字段列表

通常窗体都是基于某一个表或查询建立起来的，因此窗体内控件显示的是表或查询中的字段值。在创建窗体过程中当需要某一字段时，单击工具栏中的"字段列表"按钮 ，即可显示"字段列表"窗口。例如，要在窗体内创建一个控件来显示字段列表中的某一文本型字段的数据时，只需将该字段拖到窗体内，窗体便自动创建一个文本框控件与此字段关联。

(二)常用控件的功能

控件是窗体上用于显示数据、执行操作、装饰窗体的对象。在窗体中添加的每一个对象都是控件。Access 包含的控件有：标签、文本框、选项组、切换按钮、选项按钮、复选按钮、组合框、列表框、命令按钮、图像、非绑定对象框、绑定对象框、分页符、选项卡控件、子窗体/子报表、直线和矩形等，如图6-2所示。

控件的类型可以分为：绑定型、未绑定型与计算型三种。绑定型控件主要用于显示、输入、更新数据库中的字段；未绑定型控件没有数据源，可以显示信息、线条、矩形或图像；计算型控件用表达式作数据源，表达式可以利用窗体或报表所引用的表或查询字段中的数据，也可以是窗体或报表上的其他控件中的数据。

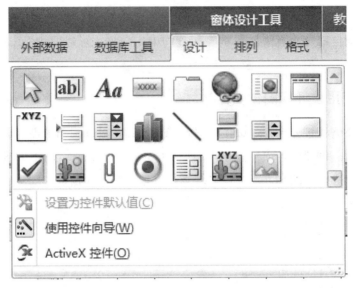

图 6-2　Access 窗体控件

（三）常用控件的使用

在窗体"设计"视图中，用户可以直接将一个或多个字段拖曳到主体节区域中，Access 可以自动地为字段结合适当的控件或结合用户指定的控件。结合适当的控件的操作方法是：单击窗体设计工具栏中的"添加现有字段"按钮，Access 则显示窗体数据源的字段列表，然后从字段列表中拖曳某一个字段到主体节区域中。创建控件的方式取决于是要创建结合控件、非结合控件、还是计算控件。

（四）窗体和控件的属性

在 Access 中，属性可以决定表、查询、字段、窗体及报表的特征。窗体和窗体上控件都有自己的一系列属性，这些属性决定了控件的外观、它所包含的数据，以及对鼠标或键盘事件的响应。单击窗体设计工具 | 设计——"工具"组——属性表（如图 6-3 所示），可以打开"属性表"窗格，如图 6-4 所示。

图 6-3　"工具"组的属性表

图 6-4 "属性表"窗格

在属性表的组合框中，选择要设置属性的类型，如窗体，单击要设置的属性，在属性框中输入一个设置值或表达式可以设置该属性。如果属性框中显示有箭头，也可以单击该箭头，从列表中选择一个数值。如果属性框的旁边显示"生成器"按钮，单击该按钮可以显示一个生成器或显示一个可以选择生成器的对话框，通过生成器可以设置对话框。

窗体的格式属性包括默认视图、滚动条、记录选定器、浏览按钮、分隔线、自动居中、控制框、最大化/最小化按钮、关闭按钮、边框样式等。这些属性都可以在窗体的属性对话框中设置。

在窗体设计视图下双击窗体选择器按钮，也可打开窗体的属性表窗格。

1. 应用条件格式

条件格式允许用户编辑基于输入值的字段格式。

2. 为窗体添加状态栏

要添加状态栏，只需选中要添加帮助的字段控件，在属性对话框的"其他"选项卡中的"状态栏文字"属性中输入帮助信息。保存所作的操作后，在窗体视图下当焦点落在指定控件上时，状态栏中就会显示出帮助信息。

3. 使用背景位图

在使用背景位图时，应设置窗体有关图片的相关属性。

6.2.3　格式化窗体

(一)使用自动套用格式

在使用向导创建窗体时，用户可以从系统提供的固定样式中选择窗体格式，这些样式就是窗体的自动套用格式。这与 Office 的其他组件中的自动套用格式功能一样，把所有的格式属性的设定全部完成。

(二)使用条件格式

除了可以利用自动套用格式对话框对窗体进行美化，还可以根据需要对窗体的格式、窗体的显示元素等进行美化设置。

(三)添加当前日期和时间

如果用户希望在窗体中添加当前日期和时间，操作步骤为：

① 在"数据库"窗口中单击"窗体"对象。

② 单击要选择的窗体，单击"设计视图"按钮。

③ 单击"页眉/页脚"组的"日期和时间"命令，显示"日期与时间"对话框，如图6-5所示。

④ 如要插入日期和时间，则在对话框中选择"包含日期"和"包含时间"复选框。

⑤ 在选择了某一项后，再选择日期和时间格式，然后单击"确定"按钮即可。

图 6-5 "日期和时间"对话框

(四)对齐窗体中的控件

1. 改变控件大小和控件定位

可以在控件的属性对话框中修改宽度和高度属性,也可在设计视图下选中控件后,用鼠标拖曳控件边框上的控制点来改变控件尺寸。

控件的精确定位可以在属性对话框中设置,也可以用鼠标完成。方法是保持控件的选中状态,按住 Ctrl 键不放,然后按下方向箭头移动控件直到正确的位置。

2. 将多个控件设置为相同尺寸

操作步骤如下:

① 按住 Shift 键连续单击要设置的多个控件。

② 选择"排列"→"大小/空格"→"至最短"命令。

3. 将多个控件对齐

操作步骤如下:

① 选中需要对齐的控件。

② 选择"排列"→"对齐"→"靠左"或"靠右"命令,这样保证了控件之间垂直方向对齐,如果选择"靠上"或"靠下命令",则保证水平对齐。

在水平对齐或垂直对齐的基础上,可以进一步设定等间距。假设已经设定了多个控件垂直方向的对齐,操作步骤如下:

① 选中需要对齐的控件

② 选择"排列"→"垂直间距"→"相同"命令。

怎么考

【**试题 6-5**】窗体 Caption 属性的作用是(　　)。(2009 年 9 月)

(A)确定窗体的标题　　　　　　　　(B)确定窗体的名称

(C)确定窗体的边界类型　　　　　　(D)确定窗体的字体

解析：在窗体中，Caption 属性用于设置窗体的标题，Name 属性用于设置窗体的名称，BorderStyle 属性用于确定窗体的边界类型，FontName 属性用于设置窗体的字体。

答案：A

【**试题 6-6**】在图 6-6 所示的窗体 1 上，有一个标有"显示"字样的命令按钮(名称为 Command1)和一个文本框(名称为 text1)。当单击命令按钮时，将变量 sum 的值显示在文本框内，正确的代码是(　　)。(2008 年 9 月)

图 6-6　窗体 1

(A)Me！Text1．Caption＝sum　　　　(B)Me！Text1．Value＝sum

(C)Me！Text1．Text＝sum　　　　　　(D)Me！Text1．Visible＝sum

解析：Value 控制文本框内显示的值；Visible 控制文本框的显示；Caption 控制控件上显示的标题。

答案：B

【**试题 6-7**】在窗体中，用来输入或编辑字段数据的交互控件是(　　)。

(A)标签控件　　　(B)文本框控件　　　(C)命令按钮控件　　　(D)图像控件

解析：文本框控件是用来输入或编辑数据字段的，是一种与用户交互的控件。

答案：B

【**试题 6-8**】在 Access 中已建立了"雇员"表，其中有可以存放照片的字段。在使用向导为该表创建窗体时，"照片"字段所使用的默认控件是(　　)。

(A)图像框　　　　(B)绑定对象框　　　(C)非绑定对象框　　　(D)列表框

解析：图像框只能用来显示固定图片，非绑定对象框则可以显示任何固定的 OLE 对象，如图片、Excel 等。绑定对象框则主要用来同表中对象的字段结合。

答案：B

【**试题 6-9**】若要求在文本框中输入文本时达到密码"＊"的显示效果，则应该设置的属性是(   )(2010年3月)。

（A）默认值　　　　（B）有效性文本　　　（C）输入掩码　　　（D）密码

解析：此题考查的是文本框控件的常用属性；在Access中，没有"密码"这个属性，但可以设置输入掩码属性来达到密码的显示效果。

答案：C

【试题6-10】如果将窗体背景图片存储到数据库文件中，则在"图片类型"属性框中应该指定的方式是(   )。

（A）嵌入　　　　　（B）链接　　　　　（C）嵌入或链接　　（D）任意

解析：如果指定的是嵌入方式，该图片将存储到数据库文件中，如果指定的是链接方式，则该图片将存储到外部文件中。

答案：A

【试题6-11】在Access中，显示说明性文本的标签可以用在(   )。

（A）查询或窗体　　　　　　　　　（B）查询或报表

（C）窗体或报表　　　　　　　　　（D）查询或数据访问页

解析：标签可以用于窗体、报表，但不能用在查询中。

答案：C

【试题6-12】如果要显示出具有一对多关系的两个表中的数据，可以使用的窗体形式是(   )。

（A）数据表窗体　　（B）纵栏式窗体　　（C）表格式窗体　　（D）主/子窗体

解析：主窗体和子窗体通常用于显示多个表或查询中的数据，这些表和查询中的数据具有一对多关系。

答案：D

【试题6-13】属于交互式控件的是(   )。

（A）标签控件　　　（B）文本框控件　　（C）命令按钮控件　（D）图像控件

解析：文本框控件是用来输入或编辑数据字段的，是一种与用户交互的控件。

答案：B

【试题6-14】若将窗体的标题设置为"改变文字显示颜色"，应使用的语句是(   )。

（A）Me="改变文字显示颜色"　　　　（B）Me. Caption="改变文字显示颜色"

（C）Me. text="改变文字显示颜色"　　（D）Me. Name="改变文字显示颜色"

解析：因为要设置窗体的标题，所以应该是对窗体Form或者Me的操作，Me是默认控件所在的窗体，选项A语法错误。Name属性是窗体或控件名称，可以排除选项D。Text属性是用来在部分控件中显示内容，但窗体并没有Text属性，可排除选项C。Caption属性才是标题，所以选项B正确。

答案：B

【试题6-15】综合应用题：考生文件夹下存在一个数据库文件"samp3. accdb"，里面已经设计好表对象"tStud"，同时还设计出窗体对象"fStud"。请在此基础上按照以下要求补充"fStud"窗体的设计：

　　① 在窗体的"窗体页眉"中距左边 0.4 厘米、距上边 1.2 厘米处添加一个直线控件，控件宽度为 10.5 厘米，控件命名为"tLine"。

　　② 将窗体中名称为"lTalbel"的标签控件上的文字颜色改为"蓝色"（蓝色代码为16711680）、字体名称改为"华文行楷"、字体大小改为 22。

　　③ 将窗体边框改为"细边框"样式，取消窗体中的水平和垂直滚动条、记录选择器、导航按钮和分隔线；并且只保留窗体的关闭按钮。

　　④ 假设"tStud"表中，"学号"字段的第 5 位和第 6 位编码代表该生的专业信息，当这两位编码为"10"时表示"信息"专业，为其他值时表示"管理"专业。设置窗体中名称为"tSub"的文本框控件的相应属性，使其根据"学号"字段的第 5 位和第 6 位编码显示对应的专业名称。

　　⑤ 在窗体中有一个"退出"命令按钮，名称为"CmdQuit"，其功能为关闭"fStud"窗体。请按照 VBA 代码中的指示将实现此功能的代码填入指定的位置中。

　　注意：不允许修改窗体对象"fStud"中未涉及的控件、属性和任何 VBA 代码；不允许修改表对象"tStud"。程序代码只允许在"＊＊＊＊＊Add＊＊＊＊＊＊"与"＊＊＊＊＊Add＊＊＊＊＊"之间的空行内补充一行语句、完成设计，不允许增删和修改其他位置已存在的语句。

　　【审题分析】本题考查窗体中常用控件的设计方法以及控件的格式设计，在窗体中如何使用 VBA 代码来实现控件的功能。

　　【操作步骤】

　　① 步骤 1：打开"samp3. accdb"数据库，在【开始】功能区的"窗体"面板中右击"fStud"窗体，选择"设计视图"快捷菜单命令，打开"fStud"的设计视图。

　　步骤 2：单击【控件】分组中的"直线"按钮，在窗体页眉适当位置画一条直线，右键单击该直线，选择"属性"快捷菜单命令，在【属性表】对话框中，设置"左"为：0.4cm，"上边距"为：1.2cm，"宽度"为：10.5cm，"名称"为：tLine。

　　步骤 3：单击快速访问工具栏中的"保存"按钮。

　　② 步骤 1：选中窗体中的"lTalbel"标签，在【属性表】对话框中，设置"前景色"为：16711680，设置"字体名称"为：华文行楷，"字号"为：22。

　　步骤 2：单击快速访问工具栏中的"保存"按钮。

　　③ 步骤 1：右键单击窗体空白处，选择"表单属性"快捷菜单命令，在【属性表】对话框的"边框样式"下拉列表中选择：细边框，设置"滚动条"为：两者均无，将"记录选择器"、"导航按钮"和"分隔线"设置为：否，将"最大最小化按钮"设置为：无，将"关闭按钮"设置为：是。

　　步骤 2：单击快速访问工具栏中的"保存"按钮。

　　④ 步骤 1：在【属性表】对话框左上角的下拉框中选择"tsub"，在"控件来源"中输入：=IIf(Mid([学号]，5，2)＝"10"，"信息"，"管理")。

　　步骤 2：单击快速访问工具栏中的"保存"按钮。

　　⑤ 步骤 1：单击【窗体设计工具→设计】功能区的【工具】分组中的"查看代码"按钮，打开"代码设计器"窗口。在"＊＊＊＊＊Add＊＊＊＊"行之间输入代码：

DoCmd. Close

步骤2：关闭代码窗口。单击快速访问工具栏中的"保存"按钮，关闭设计视图。

课后总复习

一、选择题

1. 在学生表中使用"照片"字段存放相片，当使用向导为该表创建窗体时，照片字段使用的默认控件是(　　)。

(A)图形　　　　　(B)图像　　　　　(C)绑定对象框　　　(D)未绑定对象框

2. 在教师信息输入窗体中，为职称字段提供"教授"、"副教授"、"讲师"等选项供用户直接选择，应使用的控件是(　　)。

(A)标签　　　　　(B)复选框　　　　(C)文本框　　　　(D)组合框

3. 以下有关标签控件的叙述中，不正确的是(　　)。

(A)标签主要用来在窗体或报表上显示说明性文本

(B)标签的数据来源可以是表或查询

(C)当从一条记录移到另一条记录时，标签的值不会改变

(D)独立创建的标签在"数据表"视图中不显示

4. Access 窗体工具箱中可以实现自定义窗体的是(　　)。

(A)命令按钮　　(B)标签　　　　　(C)选项组　　　　(D)控件

5. 决定窗体结构和外观的是(　　)。

(A)控件　　　　　(B)标签　　　　　(C)属性　　　　　(D)按钮

6. 纵栏式窗体分隔窗体中的显示记录是按(　　)。

(A)行　　　　　　(B)列　　　　　　(C)记录　　　　　(D)节

(7)下列关于数据透视表窗体的叙述中，错误的是(　　)。

(A)数据透视表是一种交互式的表

(B)数据透视表可以垂直显示字段值

(C)数据透视表可以在行列交叉处计算数值

(D)利用窗体设计视图可以建立数据透视表窗体

8. 若需要移动窗体中的控件，则需要使用的窗体视图方式为(　　)。

(A)数据表视图　　(B)窗体视图　　　(C)设计视图　　　(D)以上都可以

9. 下面关于数据表与窗体的叙述中，正确的是(　　)。

(A)数据表和窗体均能存储数据

(B)数据表的功能可以由窗体等价地实现

(C)数据表和窗体都能输入数据并编辑数据

(D)数据表和窗体都只能以行和列的形式显示数据

10. 如果要显示出具有一对多关系的两个表中的数据，可以使用的窗体形式是(　　)。

(A)数据表窗体　　　(B)纵栏式窗体　　　(C)表格式窗体　　　(D)主/子窗体

11. 属于交互式控件的是(　　)。

(A)标签控件　　　(B)文本框控件　　　(C)命令按钮控件　　　(D)图像控件

12. 用来显示与窗体关联的表或查询中字段值的控件类型是(　　)。

(A)绑定型　　　(B)计算型　　　(C)关联型　　　(D)未绑定型

13. 要改变窗体上文本框控件的数据源，应设置的属性是(　　)。

(A)记录源　　　(B)控件来源　　　(C)筛选查阅　　　(D)默认值

14. 打开属性对话框，可以更改的对象是(　　)。

(A)窗体上单独的控件　　　　　　(B)窗体节(如主体或窗体页眉)

(C)整个窗体　　　　　　　　　　(D)以上全部

15. 新建一个窗体，默认的标题为"窗体1"，为把窗体标题改为"数据操作"，应设置窗体的(　　)。

(A)名称属性　　　(B)菜单栏属性　　　(C)标题属性　　　(D)工具栏属性

16. 下述关于列表框和组合框的叙述中，正确的是(　　)。

(A)列表框和组合框都可以包含一列或几列数据

(B)在列表框中可以输入新值

(C)在组合框中可以输入新值

(D)在列表框和组合框中都可以输入新值

17. 下面不是窗体的"数据"属性的是(　　)。

(A)允许添加　　　(B)排序依据　　　(C)记录源　　　(D)自动居中

18. 以下是某个已设计完成的窗体，根据图示内容，可以判断出图中由椭圆形圈住的控件属于(　　)。

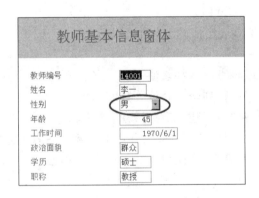

(A)标签　　　(B)文本框　　　(C)列表框　　　(D)组合框

19. 下面不是文本框的"事件"属性的是(　　)。

(A)更新前　　　(B)加载　　　(C)退出　　　(D)单击

20. 若将窗体的标题设置为"改变文字效果"，应使用的语句是(　　)。

(A)Me ="改变文字效果"　　　　(B)Me. Caption ="改变文字效果"

（C）Me. text = "改变文字效果"　　　　　　（D）Me. Name = "改变文字效果"

21. 在已建窗体中有一命令按钮（名为 Commandl），该按钮的单击事件对应的 VBA 代码为

Private Sub Commandl_ Click( )

subT. Form. RecordSource = select ＊ from" 雇员 "

End Sub

单击该按钮实现的功能是（　　　）。

（A）使用 select 命令查找"雇员"表中的所有记录

（B）使用 select 命令查找并显示"雇员"表中的所有记录

（C）将 subT 窗体的数据来源设置为一个字符串

（D）将 subT 窗体的数据来源设置为"雇员"表

22. 在窗体设计视图中，必须包含的部分是（　　　）。

（A）主体　　　　　　　　　　　　（B）窗体页眉和页脚

（C）页面页眉和页脚　　　　　　　　（D）以上 3 项都要包括

二、操作题

考生文件夹下存在一个数据库文件"samp3. accdb"，里面已经设计了表对象"tEmp"、查询对象"qEmp"、窗体对象"fEmp"和宏对象"mEmp"。同时，给出窗体对象"fEmp"上一个按钮的单击事件代码，试按以下功能要求补充设计。

① 将窗体"fEmp"上文本框"tSS"更改为组合框类型，保持控件名称不变。设置其相关属性以实现下拉列表形式输入性别"男"和"女"。

② 将窗体对象"fEmp"上文本框"tPa"改为复选框类型，保持控件名称不变，然后设置控件来源属性以输出"党员否"字段值。

③ 修正查询对象"qEmp"设计，增加退休人员（年龄≥55）的条件。

④ 单击"刷新"按钮（名为"bt1"），事件过程动态设置窗体记录源为查询对象"qEmp"，实现窗体数据按性别条件动态显示退休职工的信息；单击"退出"按钮（名为"bt2"），调用设计好的宏"mEmp"来关闭窗体。

注意：不允许修改数据库中的表对象"tEmp"和宏对象"mEmp"；不允许修改查询对象"qEmp"中未涉及的属性和内容；不允许修改窗体对象"fEmp"中未涉及的控件和属性。

程序代码只允许在"＊＊＊＊＊"与"＊＊＊＊＊"之间的空行内补充一行语句、完成设计，不允许增删和修改其他位置已存在的语句。

参考答案

一、选择题

1~5 CDBDC	6~10 BDCCD	11~15 BABDC
16~20　CDDBB	21~22　DA	

二、操作题

【审题分析】本题考点：窗体中文本框、命令按钮控件属性的设置，更改查询条件。

【操作步骤】

① 步骤 1：打开"samp3. accdb"数据库窗口，在【开始】功能区的"窗体"面板中右击"fEmp"窗体，选择"设计视图"快捷菜单命令，打开"fEmp"的设计视图。

步骤 2：右键单击文本框控件"tSS"，选择"更改为"→"组合框"命令，右键单击"tSS"，选择"属性"命令，在【属性表】对话框的"行来源类型"中选中"值列表"，在"行来源"中输入:"男";"女"。

② 步骤 1：选中"tPa"控件，按下键盘上的<Del>键，将该控件删除。

步骤 2：选单击【控件】分组中的"复选框"按钮，在原"tPa"位置按住鼠标左键拖曳出一个复选框。选中"复选框标签"，按下<Del>键，将该标签删除。

步骤 3：单击选中复选框，在【属性表】的"名称"行输入"tPa"，在"控件来源"行右侧的下拉列表中选中"党员否"。

步骤 4：单击快速访问工具栏中的"保存"按钮，关闭窗体设计视图。

③ 步骤 1：在【开始】功能区的"查询"面板中右击"qEmp"查询，选择"设计视图"快捷菜单命令，打开查询设计器。

步骤 2：在"年龄"字段的"条件"行中输入：>=55。

步骤 3：单击快速访问工具栏中的"保存"按钮，关闭查询设计视图。

④ 步骤 1：在【开始】功能区的"窗体"面板中右击"fEmp"窗体，选择"设计视图"快捷菜单命令，打开"fEmp"的设计视图。

步骤 2：单击【窗体设计工具→设计】功能区的【工具】分组中的"查看代码"按钮，打开"代码设计器"窗口。在两行"＊＊＊＊＊＊"之间输入代码：

Form. RecordSource = " qEmp"

步骤 3：关闭代码窗口。

步骤 4：单击"退出"(bt2)命令按钮，在【属性表】对话框的"事件"选项卡下"单击"行右侧下拉列表中选中：mEmp，关闭【属性表】对话框。

步骤 5：单击快速访问工具栏中的"保存"按钮，关闭设计视图。

第7章 报 表

7.1 认识报表 ★★

考什么

7.1.1 报表的概念和作用

在 Access 数据库应用系统中，报表和窗体都属于用户界面，只是窗体最终显示在屏幕上，而报表还可以打印在纸上。另外，窗体可以与用户进行信息交互，而报表没有交互功能。

报表和窗体一样通常由报表页眉、报表页脚、页面页眉、页面页脚、组页眉、组页脚及主体 7 部分组成，这些部分称为报表的"节"，每个"节"都有其特定的功能。

报表具有以下功能：

① 可以对数据进行分组、汇总。
② 可以包含子窗体、子报表。
③ 可以按特殊格式设计版面。
④ 可以输出图形、图表。
⑤ 可以打印所需要的数据。

7.1.2　报表的类型

报表的类型有：纵栏式报表、表格式报表、图表报表和标签报表。

① 纵栏式报表。一行显示一个字段，字段标题显示在字段的左侧。

② 表格式报表。以行、列形式显示记录，一条记录占一行，字段标题显示在每一列的上方。

③ 图表报表。以图表形式输出记录，可以更直观地表示出数据之间的关系。

④ 标签。标签是一种特殊类型的报表，可以打印在标签上，如商品标签、客户的邮件标签、学生登记卡等。

怎么考

【试题 7-1】以下是某个已设计完成的报表，根据图示内容，可以判断出该报表是（　　）。

课程	
课程编号	001
课程名称	**数据库应用**
学分	3
学时数	48
课程编号	002
课程名称	**大学英语**
学分	4
学时数	64
课程编号	003
课程名称	**数据结构**
学分	3
学时数	48

(A)纵栏式窗体　　　　　　　　　　(B)表格式报表

(C)标签报表　　　　　　　　　　　(D)图表报表

解析：该报表将报表中的一个显示记录按列分隔，每列的左边显示字段名，右边显示字段内容，所以应该是纵栏式报表。

答案：A

【试题7-2】在报表设计时，如果要统计报表中某个字段的全部数据，计算表达式应放在(　　)。

(A)组页眉/组页脚　　　　　　　　(B)页面页眉/页面页脚

(C)报表页眉/报表页脚　　　　　　(D)主体

解析：报表页眉处于报表的开始位置，一般用其来显示报表的标题、图形或者说明性文字；报表页脚处于报表的结束位置，一般用来显示报表的汇总说明。本题要求统计某字段的全部数据，故应该放在报表页眉/报表页脚。

答案：C

【试题7-3】要设置在报表每一页的顶部都输出的信息，需要设置(　　)。

(A)报表页眉　　　(B)报表页脚　　　(C)页面页眉　　　(D)页面页脚

解析：页面页眉中的文字或控件一般输出显示在每页的顶端。通常，它是用来显示数据的列标题。

答案：C

【试题7-4】报表的数据来源不能是(　　)。

(A)表　　　　　(B)查询　　　　　(C)SQL语句　　　　　(D)窗体

解析：报表的数据来源与窗体相同，可以是已有的数据表、查询或者是新建的SQL语句，但报表只能查看数据，不能通过报表修改或输入数据。

答案：D

7.2　创建报表★★★★

考什么

7.2.1　使用向导创建报表

1. 使用"报表向导"创建报表

使用"报表向导"创建报表时，向导会提示用户选择数据源、字段、版面及所需的格式，根据用户的选择来创建报表。在向导提示的步骤中，用户可以从多个数据源中选择字段，可以设置数据的排序和分组，产生各种汇总数据，还可以生成带子报表的报表。

2. 使用"图表向导"创建报表

图表报表是Access特有的一种图表格式的报表，它用图表的形式表现数据库中的数据，相对普通报表来说数据表现的形式更直观。

用Access提供的"图表向导"可以创建图表报表。"图表向导"的功能十分强大，它提供了多达20种的图表形式供用户选择。

应用"图表向导"只能处理单一数据源的数据，如果需要从多个数据源中获取数据，须先创建一个基于多个数据源的查询，然后在"图表向导"中选择此查询作为数据源创建图表报表。

3. 使用"标签向导"创建报表

标签是 Access 提供的一个非常实用的功能，利用它可将数据库中的数据加载到控件上，按照定义好的标签的格式打印标签。创建标签使用"标签向导"。"标签向导"的功能十分强大，不但支持标准型号的标签，也可以自定义尺寸制作标签。

7.2.2　使用设计器编辑报表

除了可以使用自动报表和向导功能创建报表以外，Access 中还可以从"设计"视图开始创建一个新报表，主要操作过程有：创建空白报表并选择数据源；添加页眉页脚；布置控件显示数据、文本和各种统计信息；设置报表排序和分组属性；设置报表和控件外观格式、大小位置和对齐方式等。

7.2.3　记录分组

以记录的某个或多个特征(字段)分组，可使具有共同特征的相关记录组成一个集合，在显示或打印报表时，它们将集中在一起。对分组产生的每个集合，可以设置计算汇总等信息。一个报表最多可以对 10 个字段或表达式进行分组。

分组后的报表设计视图下，增加了"组页眉"和"组页脚"节。一般在组页眉中显示和输出用于分组的字段的值；组页脚用于添加计算型控件，实现对同组记录的数据汇总、计算和显示输出。不同组的数据可以显示或打印在同一页上，也可以通过设置，使之显示或打印在不同页上。

7.2.4　在报表中计算和汇总

1. 使用计算控件

在报表的实际应用中，除了显示和打印原始数据，还经常需要包含各种计算用做数据分析，得出某些结论性的结果。报表的高级应用包括在报表中使用计算型控件，对报表进行排序、分组、统计汇总等。

2. 报表添加计算控件

报表中也能加入计算型控件用来计算包含在报表中的数据。与窗体一样，通过向未绑定的文本框中输入表达式，可以在报表中创建计算型控件。表达式的格式与窗体中使用的表达式格式相同。

文本框是最常用来显示计算数值的控件，但是也可以使用任何有"控件来源"属性的控件。

3. 报表统计计算

在 Access 中利用计算控件进行统计计算并输出结果主要有两种操作形式：

(1)主体节内添加计算控件

在主体节内添加计算控件对每条记录的若干字段值进行求和或求平均计算时，只要设置计算控件的控件源为不同字段的计算表达式即可。

(2)组页眉/组页脚节区内或报表页眉/报表页脚区内添加计算字段

在组页眉/组页脚节区内或报表页眉/报表页脚节区内添加计算字段对某些字段的一组记录或所有字段进行求和或求平均计算时，这种形式的统计计算一般是对报表字段列的纵向记录数据进行统计，而且要使用 Access 提供的内置统计函数来完成相应的计算操作。

怎么考

【试题 7-5】在报表中将大量数据按不同的类型分别集中在一起，称为( )。

(A)数据筛选 (B)合计 (C)分组 (D)排序

解析：分组是指报表设计时按选定的某个(或几个)字段值是否相等而将记录划分成组的过程。通过分组可以实现同组数据的汇总和输出，增强了报表的可读性。

答案：C

【试题 7-6】要显示格式为"页码/总页码"的页码，应当设置文本框控件的控件来源属性为( )。

(A)[Page]/[Pages] (B)=[Page]/[Pages]

(C)[Page]&"/"&[Pages] (D)=[Page]&"/"&[Pages]

解析：[Page]求解的是当前页码，[Pages]求解的是总页码；& 是字符连接运算符；计算控件的控件源必须是" = "开头的一个计算表达式。

答案：D

【试题 7-7】已知某个报表的数据源中含有名为"出生日期"的字段(日期型数据)。现以此字段数据为基础，在报表的一个文本框控件里计算并显示输出年龄值，则该文本框的"控件来源"属性应设置为( )。

(A)= Date( )–[出生日期]

(B)=[出生日期]–Date( )

(C)= Year(Date( ))–Year([出生日期])

(D)= Year(Date( )–[出生日期])

解析：本题考试 Access 中函数的使用方法。其中 C 选项中 Date( )可得出当前日期，则 Year(Date( ))即可得出当前年份，而 Year([出生日期])可得出出生年份，两者的差即为年龄值，则文本框将显示此结果。

答案：C

【试题 7-8】要实现报表按某字段分组统计输出，需要设置( )。

(A)报表页脚 (B)该字段组页脚

(C)主体 (D)页面页脚

解析：使用"排序与分组"属性来设置"组页眉/组页脚"区域，以实现报表的分组输出和分组统计。

答案：B

【试题 7-9】确定一个控件在窗体或报表上的位置的属性是( )。

（A）Width 或 Height　　　　　　　（B）Width 和 Height
（C）Top 或 Left　　　　　　　　　（D）Top 和 Left
解析：

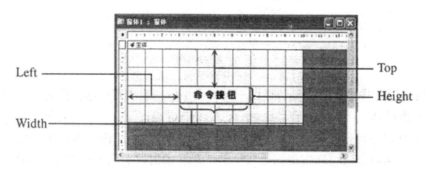

答案：D

【试题 7-10】如果设置报表上某个文本框的"控件来源"属性为"=2*3+1"，则打开报表视图时，该文本框显示信息为（　　）。

（A）未绑定　　　　　（B）7　　　　　（C）2*3+1　　　　　（D）#错误

解析：由题意可知此文本框是报表的计算控件，故它将显示其控件源中计算表达式的计算结果即 7。

答案：B

【试题 7-11】考生文件夹下存在一个数据库文件"samp3. accdb"，里面已经设计好表对象"tOrder"、"tDetail"和"tBook"，查询对象"qSell"，报表对象"rSell"。请在此基础上按照以下要求补充"rSell"报表的设计：

① 对报表进行适当设置，使报表显示"qSell"查询中的数据。

② 对报表进行适当设置，使报表标题栏上显示的文字为"销售情况报表"；在报表页眉处添加一个标签，标签名为"lTitle"，显示文本为"图书销售情况表"，字体名称为"黑体"、颜色为棕色（棕色代码为 128）、字号为 20、字体粗细为"加粗"，文字不倾斜。

③ 对报表中名称为"txtMoney"的文本框控件进行适当设置，使其显示每本书的金额（金额=数量×单价）。

④ 在报表适当位置添加一个文本框控件（控件名称为"txtAvg"），计算每本图书的平均单价。

说明：报表适当位置指报表页脚、页面页脚或组页脚。

要求：使用 Round 函数将计算出的平均单价保留两位小数。

⑤ 在报表页脚处添加一个文本框控件（控件名称为"txtIf"），判断所售图书的金额合计，如果金额合计大于 30000，"txtIf"控件显示"达标"，否则显示"未达标"。

注意：不允许修改报表对象"rSell"中未涉及的控件、属性；不允许修改表对象"tOrder"、"tDetail"和"tBook"，不允许修改查询对象"qSell"。

【操作步骤】

① 步骤 1：打开"samp3. accdb"数据库，在【开始】功能区的"报表"面板中右击

"rSell"报表，选择"设计视图"快捷菜单命令，打开"rSell"的设计视图。

步骤2：右键单击报表空白处，选择快捷菜单中的"报表属性"命令，在【属性表】对话框中将"记录源"设置为：qSell。

步骤3：单击快速访问工具栏中的"保存"按钮。

② 步骤1：接上小题操作，在【属性表】对话框中设置报表的标题为：销售情况报表。

步骤2：单击【控件】分组中的"标签"控件，在报表页眉处单击鼠标，在标签中输入：图书销售情况表；在【属性表】对话框中将标签名称设为：lTitle，"字体名称"为：黑体，"颜色"为：128，"字号"为：20，"字体粗细"为：加粗，"倾斜字体"为：否。

步骤3：单击快速访问工具栏中的"保存"按钮。

③ 步骤1：选中报表设计视图中的"txtMoney"文本框，在【属性表】对话框的"控件来源"中输入：=[数量]*[单价]。

步骤2：单击快速访问工具栏中的"保存"按钮。

④ 步骤1：单击【分组和汇总】分组中的"分组和排序"命令，在下方打开"分组、排序和汇总"窗口。在窗口中单击"添加组"按钮，在弹出的字段选择器中选择"书籍名称"字段，然后依次设置"排序次序"选择"升序"，单击"更多"按钮，设置"有页脚节"。

步骤2：单击【控件】分组中的"文本框"控件，在"书籍名称页脚"节中适当位置按住左键拖动鼠标新增一组文本框控件，（删除文本框前新增的标签），在【属性表】对话框中设置控件名称为：txtAvg，在"控件来源"中输入：=Round(Avg([单价]),2)。

步骤3：单击快速访问工具栏中的"保存"按钮。

⑤ 步骤1：继续在报表页脚处新增一个文本框控件，（删除文本框前新增的标签），在【属性表】对话框中设置控件名称为：txtIf，在"控件来源"中输入：=IIf(Sum([数量]*[单价])>30000,"达标","未达标")。

步骤2：关闭对话框。单击快速访问工具栏中的"保存"按钮，关闭设计视图。

课后总复习

一、选择题

1. 在报表每一页的底部都输出信息，需要设置的区域是(   )。

（A）报表页眉   （B）报表页脚   （C）页面页眉   （D）页面页脚

2. 如果设置报表上某个文本框的控件来源属性为" =7 Mod 4"，则打印预览视图中，该文本框显示的信息为(   )。

（A）未绑定   （B）3   （C）7 Mod 4   （D）出错

3. 以下叙述正确的是(   )。

（A）报表只能输入数据   （B）报表只能输出数据

（C）报表可以输入和输出数据   （D）报表不能输入和输出数据

4. 关于报表数据源设置，以下说法正确的是(   )。

(A)可以是任意对象　　　　　　　　　　(B)只能是表对象

(C)只能是查询对象　　　　　　　　　　(D)只能是表对象或查询对象

5. 在报表设计中，以下可以做绑定控件显示字段数据的是(　　　)。

(A)文本框　　　　　(B)标签　　　　　(C)命令按钮　　　　　(D)图像

6. 要在文本框中显示当前日期和时间，应当设置文本框的控件来源属性为(　　　)。

(A)= Date(　)　　　(B)= Time(　)　　　(C)= Now(　)　　　(D)= Year(　)

7. 要实现报表的分组统计，其操作区域是(　　　)。

(A)报表页眉或报表页脚区域　　　　　　(B)页面页眉或页面页脚区域

(C)主体区域　　　　　　　　　　　　　(D)组页眉或组页脚区域

8. 要设置只在报表最后一页主体内容之后输出的信息，需要设置(　　　)。

(A)报表页眉　　　　(B)报表页脚　　　　(C)页面页眉　　　　(D)页面页脚

9. 要实现报表按某字段分组统计输出，需要设置(　　　)。

(A)报表页脚　　　　(B)该字段组页脚　　(C)主体　　　　　　(D)页面页脚

10. 要在报表上显示格式为"4/总 15 页"的页码，则计算控件的控件来源应设置为(　　　)。

(A)= [Page] & "/总" & [Pages]　　　　　(B)[Page] & "/总" & [Pages]

(C)= [Page]/总[Pages]　　　　　　　　　(D)[Page]/总[Pages]

二、操作题

① 在报表"rReader"的报表页眉节区内添加一个标签控件，其名称为"bTitle"，标题显示为"读者借阅情况浏览"，字体名称为"黑体"，字体大小为"22"，字体粗细为"加粗"，倾斜字体为"是"，同时将其安排在距上边 0.5 厘米，距左侧 2 厘米的位置；

② 设计报表"rReader"的主体节区为"tSex"文本框控件设置数据源显示性别信息；

③ 将宏对象"rpt"改名为"mReader"；

④ 在窗体对象"fReader"的窗体页脚节区内添加一个命令按钮，命名为"bList"，按钮标题为"显示借书信息"；

⑤ 设置命令按钮"bList"的单击事件属性为运行宏对象"mRader"；

注意：不允许修改窗体对象"tBorrow"、"tReader"和"tBook"及查询对象"qT"；不允许修改报表对象"rReader"的控件和属性。

参考答案

一、选择题

1~5 DBBDA　　　　　　6~10 CDBBA

二、操作题

【解题分析】

本题考查窗体、报表和宏的编辑等操作。

【解题步骤】

① 在报表页眉中添加标签的具体步骤如下：

步骤 1：打开报表"rReader"的"设计视图"，选择"视图"|"报表页眉/ 页脚"选项；

步骤 2：在报表页眉添加标签控件；并输入"读者借阅情况浏览"；

步骤 3：按照题目要求设置相关属性：选中标签，单击"属性"按钮可以打开属性对话框，在"名称"行输入"bTitle"，类似地，选择对应文本格式为：黑体，22 号，加粗，斜体；设置左边距和上边距分别为 2 厘米和 0.5 厘米；

步骤 4：单击工具栏上的保存按钮保存对报表的修改。

② 在报表中，设置文本框控件源属性的具体步骤如下：

步骤 1：打开报表"rReader"的"设计视图"；

步骤 2：按照题目要求设置相关属性：选中"tSex"文本框，单击"属性"按钮可以打开属性对话框，点击"数据"选项卡，在"控件来源"属性行中选择"性别"；

步骤 3：单击工具栏上的保存按钮保存对报表的修改。

③ 将宏对象"rpt"改为"mReader"的步骤如下：

步骤 1：在"对象"列表中单击"宏"；

步骤 2：选中宏"rpt"；

步骤 3：单击主菜单中的"编辑"|"重命名"命令，将"rpt"改为"mReader"；

步骤 4：单击工具栏上的保存按钮保存对宏的修改。

④ 在窗体页脚中添加命令按钮的具体步骤如下：

步骤 1：打开窗体"fReader"的"设计视图"，从工具箱中选择按钮，添加到窗体页脚中，此时弹出"命令按钮向导"对话框，选择"取消"按钮；

步骤 2：按照题目要求设置相关属性：选中上述按钮，单击"属性"按钮可以打开属性对话框，设置"标题"属性行为"显示借书信息"，"名称"为"bList"；

步骤 3：单击工具栏上的保存按钮保存对窗体的修改。

⑤ 设置命令按钮单击时运行宏 mReader 的具体步骤如下：

步骤 1：打开窗体"fReader"的"设计视图"，选中按钮"bList"，单击"属性"按钮可以打开属性对话框；

步骤 2：在属性对话框中，点击"事件"选项卡，在单击属性行中选择"mReader"；

步骤 3：单击工具栏上的保存按钮保存对窗体的修改。

第8章 宏

本章主要内容

1. 宏的基本概念
2. 宏的基本操作
① 创建宏：创建一个宏，创建宏组。
② 运行宏。
③ 在宏中使用条件。
④ 设置宏操作参数。
⑤ 常用的宏操作。

8.1 认识宏 ★★

考什么

宏是指一个或多个操作的集合，其中每个操作实现特定的功能，例如打开某个窗体或打印某个报表。宏可以使某些普通的任务自动完成。在 Access 中，共定义了近 50 种这样的基本操作，也叫宏命令。

Access 中宏可以分为：操作序列宏、宏组和含有条件操作的条件宏。

宏组是共同存储在一个宏名下的相关宏的集合。

对于一些复杂的操作，还可以使用条件宏，即在执行宏的过程中按照一定的逻辑条件来决定执行哪些宏命令。

使用宏的好处：

创建的过程简单。不需编程，不需记住各种复杂的语法，即可实现某些特定的自动处理功能。

怎么考

【试题 8-1】下列有关宏操作的叙述中，不正确的是(　　)。

（A）宏的条件表达式中不能引用窗体的控件值

（B）所有宏操作都可以转换为模块代码

（C）使用宏可以启动其他应用程序

（D）可以利用宏组来管理相关的一系列宏

解析：在宏的条件表达式中，可以引用窗体或报表上的控件值。

答案：A

【试题 8-2】在 Access 中，自动启动宏的名称是(　　)。

（A）AutoExec

（B）Auto

（C）Auto. bat

（D）AutoExec. bat

解析：在 Access 中，自动启动宏的名称是 AutoExec。命名为 AutoExec 的宏在打开该数据库时会自动运行。

答案：A

【试题 8-3】有关宏的叙述中，错误的是(　　)。

（A）宏是一种操作代码的组合

（B）宏具有控制转移功能

（C）建立宏通常需要添加宏操作并设置宏参数

（D）宏操作没有返回值

解析：宏是由一个或多个操作组成的集合，其中的每个操作都能自动执行，并实现特定的功能。建立宏的过程主要有指定宏名、添加操作、设置参数及提供注释说明信息等。宏只能处理一些简单的操作，没有控制转移功能。

答案：B

【试题 8-4】在下列关于宏和模块的叙述中，正确的是(　　)。

（A）模块是能够被程序调用的函数

（B）通过定义宏可以选择或更新数据

（C）宏或模块都不能是窗体或报表上的事件代码

（D）宏可以是独立的数据库对象，可以提供独立的操作动作

解析：模块不是函数，宏是 Access 工具库中最通用的工具，可以使用它们打开窗体、筛选表中数据或查询结果、向用户显示信息甚至运行其他宏。模块可以是窗体上的事件代码，宏可以是独立的数据库对象，也可以提供独立的操作动作。

答案：D

8.2　创建宏★★★★

考什么

8.2.1　创建操作序列宏

① 在"宏"窗口的"操作"列单击第一个空白行。假如要在两个操作行之间插入一个操作，单击插入行下面的操作行的行选定器，然后在工具栏上单击"插入行"按钮。

② 在"操作"列，请单击箭头显示操作列表。

③ 选择要使用的操作。

④ 可以在"操作"列右侧的"备注"栏中为操作键入相应的说明，说明是可选的。

⑤ 假如需要，在窗口的下部指定参数。

宏窗口的组成：

① "操作"列。

② "宏名"列。

③ "条件"列。

④ "注释"列。

⑤ "操作参数"部分。

⑥ "说明"部分。

8.2.2　创建宏组

宏组由若干彼此相关的宏组成。

宏组中的每个宏有自己的宏名，执行宏组中的宏时需要在宏名前加宏组名，形式为：宏组名.宏名。

建立宏组的目的是方便管理。

8.2.3　条件操作宏

条件宏是设置了宏命令的执行条件的宏。

运行宏时先测试条件，如果条件成立，则执行对应的宏命令。否则，不执行。

关于创建条件宏：

操作时需要先执行菜单命令"视图"→"条件"，调出"条件"列。

其中，条件是任何计算结果为 True/False 或"是/否"的表达式。

例如：［Forms］!［按性别浏览学生］.［frm 性别］=1

8.2.4　设置宏的操作参数

在宏中添加了某个操作之后，可以在"宏"窗口的下部设置这个操作的参数。关于设置操作参数的一些提示如下：

① 可以在参数框中输入数值，也可以从列表中选择某个设置。

② 假如通过从"数据库"窗口拖曳数据库对象的方式来向宏中添加操作，系统会设置适当的参数。

③ 假如操作中有调用数据库对象名的参数，则可以将对象从"数据库"窗口中拖曳到参数框，从而设置参数及其对应的对象类型参数。

④ 可以用前面加等号的表达式来设置许多操作参数。

8.2.5　运行宏

运行宏时，系统按照宏中宏命令的排列顺序由上向下依次执行各个宏命令。

1. 直接运行宏

① 从"宏"窗口中运行宏，请单击工具栏上的"运行"按钮。

② 从"数据库"窗口中运行宏，请单击"宏"，然后双击相应的宏名。

③ 从"工具"菜单上选择"宏"，单击"运行宏"命令，再选择选择或输入要运行的宏。

④ 使用 Docomd 对象的 RunMacro 方法，在 VBA 代码过程中运行宏。

2. 运行宏组中的宏

① 将宏指定为窗体或报表的事件属性设置，或指定为 RunMacro 操作的宏名(Macro Name)参数。引用宏组的格式：宏组名. 宏名

② 从"工具"菜单中选择"宏"选项，单击"运行宏"命令，再选择或输入要运行的宏组中的宏。

③ 使用 Docomd 对象的 RunMacro 方法，在 VBA 代码过程中运行宏。

3. 通过窗体、报表或控件的事件运行宏或事件过程

Access 可以对窗体、报表或控件中的多种类型事件做出响应，包括鼠标单击、数据更改以及窗体或报表打开或关闭等。

将窗体、报表或控件的适当事件属性设为宏的名称；如果使用的是事件过程，可以设为"事件过程"。

8.2.6　宏的调试

在 Access 系统中提供了"单步"执行的宏调试工具。使用单步执行宏，可以观察宏的流程和每个操作的结果，并且可以排除导致错误或产生非预期结果的操作。

调试的步骤：

① 打开相应的宏。

② 在工具栏上单击"单步"按钮。

③ 在工具栏上单击"运行"按钮。

④ 单击"单步"按钮，以执行显示在"单步执行宏"对话框中的操作。

⑤ 单击"暂停"按钮，以停止宏的运行并关闭对话框。

⑥ 单击"继续"以关闭单步执行，并执行宏的未完成部分。

如果要在宏运行过程中暂停宏的执行，然后再以单步运行宏，请按［Ctrl+Break］快捷键。

8.2.7　通过事件触发宏

1. 事件的概念

事件是在数据库中执行的一种特殊操作，是对象所能辨识和检测的动作，当发生于某一个对象上时，其对应的事件就会被触发。

事件是预先定义好的活动，也就是说一个对象拥有哪些事件是由系统本身定义的，至于事件被引发后要执行什么内容，则由用户为此事件编写的宏或事件过程决定的。事件过程是为响应由用户或程序代码引发的事件或系统触发的事件而运行的过程。

宏运行的前提是有触发宏的事件发生。

2. 通过事件触发宏

常用的触发宏的操作有：

① 将宏和某个窗体、报表相连。当其中的数据被修改的前后，或者该窗体失去/获得焦点，或者在窗体中执行了鼠标或键盘操作，都可以设置使其触发运行宏。

② 用菜单或工具栏上的某个命令按钮触发宏。

③ 将宏和窗体、报表中的某个控件相连。

当单击了该控件，或其中的数据发生改变，或该控件失去/获得焦点时运行宏。

④ 用快捷键触发执行宏。

⑤ 制作 AutoExec 宏。使得打开数据库时自动运行宏。

附：常见操作：

(1)打开或关闭数据库对象

OpenForm 命令　用于打开窗体。

OpenReport 命令　用于打开报表。

OpenQuery 命令　用于打开查询。

Close 命令　用于关闭数据库对象。

(2)运行和控制流程

RunSQL 命令　用于执行指定的 SQL 语句。

RunApp 命令　用于执行指定的外部应用程序。

Quit 命令　用于退出 Access。

(3)设置值

SetValue 命令　用于设置属性值。

(4)刷新、查找或定位记录

Requery 命令　用于实施指定控件重新查询及刷新控件数据。

FindRecord 命令　用于查找满足指定条件的第一条记录。

FindNext 命令　用于查找满足指定条件的下一条记录。

GoToRecord 命令　用于指定当前记录。

(5)控制显示

Maxmize 命令　用于最大化激活窗口。

Minmize 命令　用于最小化激活窗口。

Restore 命令　用于将最大化或最小化窗口恢复至原始大小。

（6）通知或警告用户

Beep 命令　用于使计算机发出"嘟嘟"声。

MsgBox 命令　用于显示消息框。

SetWarnings 命令　用于关闭或打开系统消息。

（7）导入和导出数据

TransferDatabase 命令　用于从其他数据库导入和导出数据。

TransferText 命令　用于从文本文件导入导出数据。

怎么考

【试题 8-5】有关条件宏的叙述中，错误的是（　　）。

（A）条件为真时，执行该行中对应的宏操作

（B）宏在遇到条件内有省略号时，终止操作

（C）如果条件为假，将跳过该行中对应的宏操作

（D）宏的条件内为省略号表示该行的操作条件与其上一行的条件相同

解析：在创建条件操作宏时，"条件"栏内的省略号表示在条件式为"真"时连续执行其后的操作。

答案：B

【试题 8-6】以下是宏对象 m1 的操作序列设计操作序列操作对象名称：

OpenForm"fTest2"

OpenTable"tStud"

Close（无）

假定在宏 m1 的操作中涉及的对象均存在，现将设计好的宏 m1 设置为窗体"fTest1"上某个命令按钮的单击事件属性，则打开窗体"fTest1"运行后，单击该命令按钮，会启动宏 m1 的运行。宏 m1 运行后，前两个操作会先后打开窗体对象"fTest2"和表对象"tStud"，那么执行 Close 操作后，会（　　）。

（A）只关闭窗体对象"fTest1"

（B）只关闭表对象"tStud"

（C）关闭窗体对象"fTest2"和表对象"tStud"

（D）关闭窗体"fTest1"和"fTest2"及表对象"tStud"

解析：Close 操作命令主要用于关闭指定的对象窗口，如果无指定的对象窗口，则关闭激活的对象窗口。本题就是没有指定对象窗口的 Close 操作，这种情况下当前激活对象的判断就成为解决问题的主要环节。首先，在多个打开的 Access 对象窗口中，有且只能有一个激活窗口。利用键盘或鼠标可以改变窗口的激活状况，而在宏的运行过程中，操作序列是按先后顺序执行，新打开的对象窗口会自动地被激活，因此本题中宏

m1 的 Close 操作命令执行后，会关闭此时处于激活状态的表对象"tStud"窗口，故正确答案为 B。

答案：B

【试题 8-7】以下是宏组 m 的设计：

宏名	条件	操作	序列参数
m1	[tt] = 1	MsgBox	AA
m2	…	MsgBox	BB

现设置宏组 m 中的宏 m1 为窗体"fTest"上名为"bTest"命令按钮的单击事件属性(引用式为 m. m1)，打开窗体"fTest"运行后，在窗体上名为"tt"的文本框内输入数字 1，然后单击命令按钮 bTest，则(　　)。

(A)屏幕会先后弹出两个消息框，分别显示消息"AA"和"BB"

(B)屏幕会弹出一个消息框，显示消息"AABB"

(C)屏幕会弹出一个消息框，显示消息"AA"

(D)屏幕会弹出一个消息框，显示消息"BB"

解析：首先需要明确的是，宏组中的宏相互之间是独立的，这表现在宏的操作序列的执行只局限在宏组的每个宏自己的范围内，不会深入到相邻宏之中。前面也指出，宏组的使用实际上是引用宏组中的宏，而在本题中单击按钮后，就会运行宏组 m 的宏 m1，这里条件为"真"，执行第一个 MsgBox 操作命令，弹出消息框显示"AA"消息。第二个 MsgBox 操作命令属于宏 m2，不会被执行，故正确答案为 C。

下面，再将题目做修改，引申分析一下：

① 如果上面打开窗体"fTest"运行后，在窗体上名为"tt"的文本框内输入数字 2，然后单击命令按钮 bTest，则运行宏 m1，由于条件为"假"，不执行对应操作命令 MsgBox，屏幕没有显示。

② 如果设置宏组 m 的宏 m2 为命令按钮 bTest 的单击事件属性，这时打开窗体"fTest"运行后，在窗体上名为"tt"的文本框内输入某个数字(1 或其他数字)，然后单击命令按钮 bTest，则运行宏 m2，由于条件为省略号(…)，不起作用，是"真"值，因此执行对应操作命令 MsgBox，弹出消息框显示"BB"消息。也就是说，宏 m2 的省略号(…)条件替代符不会从上一个宏 m1 处继续起作用，这里宏 m2 的条件始终为"真"值，从而执行操作命令 MsgBox，弹出消息框显示"BB"消息。

答案：C

【试题 8-8】在宏的设计窗口中，可以隐藏的列是(　　)。

(A)宏名和参数　　(B)条件　　(C)宏名和条件　　(D)注释

解析：略。

答案：C

【试题 8-9】创建宏时至少要定义一个宏操作，并要设置对应的(　　)

(A)条件　　(B)命令按钮　　(C)宏操作参数　　(D)注释信息

解析：略。

答案：C

【试题 8-10】综合应用题：在考生文件夹下有"xx. mdb"数据库。

① 创建"平均分"宏，实现运行"平均分"查询。

② 在"学生成绩查询"窗体中添加"平均分"按钮，实现运行"平均分"宏。添加窗体页眉标签"学生成绩查询"，标签文本格式为：宋体、12 号、加粗、居中显示。

【解题步骤】

① 步骤 1：打开数据库，在"数据库"窗口中选择"宏"对象，单击"新建"按钮，在操作列选择"OpenQuery"选项，在"查询名称"下拉列表框中选择"平均分"。

步骤 2：单击"保存"按钮，在弹出的"另存为"对话框中输入宏名称为"平均分"，设置完成后单击"确定"按钮即可。

② 步骤 1：在"数据库"窗口中选择"窗体"对象，打开窗体"学生信息查询"的设计视图，从工具箱中选择命令按钮添加到窗体中，弹出"命令按钮向导"对话框，在类别列表框中选择"杂项"选项，同时在操作列表框中选择"运行宏"选项，单击"下一步"按钮。

步骤 2：在"请确定命令按钮运行的查询"列表框中选择"平均分"宏选项，单击"下一步"按钮。

步骤 3：单击"文本"单选按钮并在文本框中输入"平均分"，单击"下一步"按钮，最后单击"完成"按钮。

步骤 4：从工具箱中选择标签添加到窗体页眉中，输入标签名称为"学生成绩查询"，然后选中标签，在工具栏中设置对应文本的格式为"宋体，12 号，加粗，居中显示"，最后单击"保存"按钮进行保存即可。

课后总复习

一、选择题

1. 宏是一个或多个(　　)的集合。

(A)事件　　　　　(B)操作　　　　　(C)关系　　　　　(D)记录

2. 在宏的表达式中还可能引用到窗体或报表上控件的值。引用窗体控件的值可以用表达式(　　)。

(A)Forms! 窗体名! 控件名　　　　　(B)Forms! 控件名

(C)Forms! 窗体名　　　　　(D)窗体名! 控件名

3. 有多个操作构成的宏，执行时是按(　　)依次执行的。

(A)排序次序　　　(B)输入顺序　　　(C)从后往前　　　(D)打开顺序

4. 下列不属于打开或关闭数据表对象的命令是(　　)。

(A)OpenForm　　　(B)OpenReport　　　(C)Close　　　(D)RunSQL

5. 定义(　　)有利于对数据库中宏对象的管理。

(A)宏　　　　　(B)宏组　　　　　(C)数组　　　　　(D)窗体

6. 使用宏组的目的是(　　)。

(A)设计出功能复杂的宏　　　　　　　(B)设计出包含大量操作的宏

(C)减少程序内存的消耗　　　　　　　(D)对多个宏进行组织和管理

7. 以下是宏对象 m1 的操作序列设计：

假定在宏 m1 的操作中涉及的对象均存在，现将设计好的宏 m1 设置为窗体"fTest1"上某个命令按钮的单击事件属性，则打开窗体"fTest1"运行后，单击该命令按钮，会启动宏 m1 的运行。宏 m1 运行后，前两个操作会先后打开窗体对象"fTest2"和表对象"tStud"，那么执行 Close 操作后，会(　　　)。

(A)只关闭窗体对象"fTest1"

(B)只关闭表对象"tStud"

(C)关闭窗体对象"fTest2"和表对象"tStud"

(D)关闭窗体"fTest1"和"fTest2"及表对象"tStud"

8. 在宏的调试中，可配合使用设计器上的工具按钮(　　　)。

(A)"调试"　　　　(B)"条件"　　　　(C)"单步"　　　　(D)"运行"

9. 以下是宏 m 的操作序列设计：

条件　操作序列　操作参数

　　　　MsgBox　　消息为"AA"

[tt]>1　MsgBox　　消息为"BB"

…　　MsgBox　　消息为"CC"

现设置宏 m 为窗体"fTest"上名为"bTest"命令按钮的单击事件属性，打开窗体"fTest"运行后，在窗体上名为"tt"的文本框内输入数字 1，然后单击命令按钮 bTest，则(　　　)。

(A)屏幕会先后弹出三个消息框，分别显示消息"AA"、"BB"、"CC"

(B)屏幕会弹出一个消息框，显示消息"AA"

(C)屏幕会先后弹出两个消息框，分别显示消息"AA"和"BB"

(D)屏幕会先后弹出两个消息框，分别显示消息"AA"和"CC"

10. 打开查询的宏操作是(　　　)。

(A)OpenForm　　(B)OpenQuery　　(C)OpenTable　　(D)OpenModule

11. 为窗体或报表上的控件设置属性值的宏操作是(　　　)。

(A)Beep　　　　(B)Echo　　　　(C)MsgBox　　　　(D)SetValue

12. 要限制宏操作的操作范围，可以在创建宏时定义(　　　)。

(A)宏操作对象　　　　　　　　　　(B)宏条件表达式

(C)窗体或报表控件属性　　　　　　(D)宏操作目标

13. 在宏的条件表达式中，要引用"rptT"报表上名为"txtName"控件的值，可以使用的引用表达式是(　　　)。

(A)Reports！rptT！txtName　　　　　(B)Report！txtName

(C)rptT！txtName　　　　　　　　　(D)txtName

14. 在条件宏设计时，对于连续重复的条件，要替代重复条件式可以使用下面的符号(　　　)。

（A）…   （B）＝   （C），   （D）；

15. 在宏的表达式中还可能引用到窗体或报表上控件的值。引用窗体控件的值可以用表达式（   ）。

（A）Forms！窗体名！控件名   （B）Forms！控件名
（C）Forms！窗体名   （D）窗体名！控件名

二、上机题

在考生文件夹下有"xx. mdb"数据库。

① 创建"平均分"宏，实现运行"平均分"查询。

② 在"学生成绩查询"窗体中添加"平均分"按钮，实现运行"平均分"宏。添加窗体页眉标签"学生成绩查询"，标签文本格式为：宋体、12 号、加粗、居中显示。

参考答案

一、选择题

1~5 BAADB   6~10 DCCDB   11~15 DBAAA

二、上机题

【解题步骤】

① 步骤 1：打开数据库，在"数据库"窗口中选择"宏"对象，单击"新建"按钮，在操作列选择"OpenQuery"选项，在"查询名称"下拉列表框中选择"平均分"。

步骤 2：单击"保存"按钮，在弹出的"另存为"对话框中输入宏名称为"平均分"，设置完成后单击"确定"按钮即可。

② 步骤 1：在"数据库"窗口中选择"窗体"对象，打开窗体"学生信息查询"的设计视图，从工具箱中选择命令按钮添加到窗体中，弹出"命令按钮向导"对话框，在类别列表框中选择"杂项"选项，同时在操作列表框中选择"运行宏"选项，单击"下一步"按钮。

步骤 2：在"请确定命令按钮运行的查询"列表框中选择"平均分"宏选项，单击"下一步"按钮。

步骤 3：单击"文本"单选按钮并在文本框中输入"平均分"，单击"下一步"按钮，最后单击"完成"按钮。

步骤 4：从工具箱中选择标签添加到窗体页眉中，输入标签名称为"学生成绩查询"，然后选中标签，在工具栏中设置对应文本的格式为"宋体，12 号，加粗，居中显示"，最后单击"保存"按钮进行保存即可。

第9章 模块与 VBA 编程

本章主要内容

1. 模块的基本概念
① 类模块。
② 标准模块。
③ 将宏转换为模块。
2. 创建模块
① 创建 VBA 模块：在模块中加入过程，在模块中执行宏。
② 编写事件过程：键盘事件，鼠标事件，窗口事件，操作事件和其他事件。
3. 调用和参数传递
4. VBA 程序设计基础
① 面向对象程序设计的基本概念。
② VBA 编程环境：进入 VBE，VBE 界面。
③ VBA 编程基础：常量，变量，表达式。
④ VBA 程序流程控制：顺序控制，选择控制，循环控制。
⑤ VBA 程序的调试：设置断点，单步跟踪，设置监视点。

9.1 认识模块 ★★

考什么

9.1.1 模块的基本概念

模块是 Access 系统中的一个重要对象，它以 VBA(Visual Basic for Applications)为基础编写，以函数过程(Function)和子过程(Sub)为单元的集合方式存储。在 Access 中，模块分为类模块和标准模块两种类型。

1. 类模块

窗体模块和报表模块都是类模块,而且它们各自与某一窗体或报表相关联。窗体和报表模块通常都含有事件过程,该过程用于响应窗体或报表中的事件。可以使用事件过程来控制窗体或报表的行为,以及它们对用户操作的响应,例如:用鼠标单击某个命令按钮。

为窗体或报表创建第一个事件过程时,Microsoft Access 将自动创建与之关联的窗体或报表模块。如果要查看窗体或报表的模块,请单击窗体或报表"设计"视图中工具栏上的"代码"命令。

窗体和报表模块中的过程可以调用已经添加到标准模块中的过程。

窗体和报表模块具有局部特性,其作用范围局限在所属窗体和报表内部,而生命周期则是伴随着窗体和报表的打开而开始,关闭而结束。

2. 标准模块

标准模块一般用于存放供其他 Access 数据库对象使用的公共过程。在系统中可以通过创建新的模块对象而进入其代码设计环境。

标准模块通常安排一些公共变量或过程供类模块里的过程调用。在各个标准模块内部也可以定义私有变量和私有过程仅供本模块内部使用。

标准模块中的公共变量和公共过程具有局部特性,其作用范围在整个应用程序里,而生命周期则是伴随着应用程序的运行而开始,关闭而结束。

3. 将宏转换为模块

在 Access 系统中,根据需要可以将设计好的宏对象转换为模块代码的形式。

9.1.2 创建模块

过程是模块的组成单元,由 VBA 代码编写而成。过程分两种类型:Sub 子过程和 Function 函数过程。

1. 在模块中加入过程

模块是装着 VBA 代码的容器。在窗体和报表的设计视图中,单击工具栏"代码"按钮或者创建窗体和报表的事件过程可以加入类模块的设计和编辑窗口。单击数据库窗体中的"模块"对象标签,然后单击"新建"按钮即可进入标准模块的设计和编辑窗口。

一个模块包含一个声明区域,且可以包含一个或多个子过程或函数过程。

(1)Sub 过程(子过程)

执行一系列操作,无返回值。定义格式如下:

Sub 过程名

[程序代码]

End Sub

可以引用过程名来调用该子过程。此外,VBA 提供了一个关键字 Call,可显示调用一个子过程。

(2)Function 过程(函数过程)

执行一系列操作,有返回值。定义格式如下:

Function 过程名 As(返回值)类型

[程序代码]

End Function

函数过程不能使用 Call 来调用执行,需要直接引用函数过程名,并直接在函数过程名后的括号所辨别。

2. 在模块中执行宏

在模块的过程定义中,使用 DoCmd 对象的 RunMacro 方法,可以执行设计好的宏。其调用格式为:

DoCmd. RunMacro MacroName [, RepeatCount][, RepeatExpression]

其中,MacroName 表示当前数据库中宏的有效名称;RepeatCount 为可选项,用于计算宏运行次数的整数值;RepeatExpression 也是可选项,为数组表达式,在每一次运行宏时进行计算,结果为 False(0)时,停止运行宏。

9.1.3 VBA 程序设计基础

VBA 是 Microsoft Office 内置的编程语言,是根据 Visual Basic 简化的宏语言,其基本语法、词法与 Visual Basic 基本相同,因而具有简单、易学的特点。

与 Visual Basic 不同的是,VBA 不是一个独立的开发工具,一般被嵌入到 Word、Excel、Access 这样的软件中,与其配套使用,从而实现在其中的程序开发功能。

9.1.4 面向对象程序设计的概念

1. 对象和集合

对象:在采用面向对象程序设计方法的程序中,程序处理的目标被抽象成了一个个对象,每个对象具有各自的属性、方法和事件。

类:是对一类相似对象的定义和描述。因此类可看作是对象的模板,每个对象由类来定义。

集合:是由一组对象组成的集合,这些对象的类型可以相同,也可以不同。

Access 有几十个对象,其中包括对象和对象集合。所有对象和对象集合按层次结构组织,处在最上层的是 Application 对象,即 Access 应用程序,其他对象或对象集合都处在它的下层或更下层。

2. 属性和方法

对象的特征用属性和方法描述。

属性:用来表示对象的状态,如窗体的 Name(名称)属性、Caption(标题)属性等。

方法:用来描述对象的行为,如窗体有 Refresh 方法,Debug 对象有 Print 方法等。

引用对象的属性或方法时应该在属性名或方法名前加对象名,并用对象引用符"."连接,即对象. 属性或对象. 行为。

例如,DoCmd. OpenReport"教师信息"是指利用 DoCmd 对象的 OpenReport 方法打开报表"教师信息"。

3. 事件和事件过程

事件：是对象可以识别的动作，通常由系统预先定义。

事件过程：对象在识别了所发生的事件后执行的程序。

例如，下面的事件过程描述了单击按钮之后所发生的一系列动作。

Private Sub Command1_ Click( )

    Me！Label1. Caption ="合肥领航教育"

    Me！Text1 = " "

End Sub

怎么考

【试题 9-1】Access 的控件对象可以设置某个属性来控制对象是否可用(不可用时显示为灰色状态)。需要设置的属性是(   )。

(A)Default   (B)Cancel   (C)Enabled   (D)Visible

解析：Default 属性表示设置对象是否为默认，错误；选项 B：Cancel 属性表示设置对象是否中止，错误；选项 D：Visible 属性表示设置对象是否可见，错误；选项 C：Enable 属性表示设置对象是否可用。

答案：C

【试题 9-2】假定窗体的名称为 fmTest，则把窗体的标题设置为"Access Test"的语句是(   )。

(A)Me ="Access Test"   (B)Me. Caption ="Access Test"

(C)Me. text="Access Test"   (D)Me. Name="Access Test"

解析：窗体 fmTest 的标题属性可以表示为：Forms. fmTest. Caption 或 Me. Caption，Me. Name 表示的是名字属性。

答案：B

【试题 9-3】如下图，窗体的名称为 fmTest，窗体中有一个标签和一个命令按钮，名称分别为 Label1 和 bChange。

在"窗体视图"显示该窗体时，要求在单击命令按钮后标签上显示的文字颜色变为红色，以下能实现该操作的语句是(   )。

(A)label1. ForeColor=255   (B)bChange. ForeColor=255

（C）label1. ForeColor＝"255"　　　　　　（D）bChange. ForeColor＝"255"

解析：与对象相关的常用属性有：Caption（标题）、Name（名称）、ForeColor（前景色，值的范围为 0～255）、Default（默认值）、Visible（可见性，值为 True/False）、Enabled（可用性，值为 True/False）、Height（高度）、Width（宽度）。引用控件属性的方式为：对象名. 属性名。label1. ForeColor 表示标签 label1 的 ForeColor 属性，bChange. ForeColor 表示命令按钮的 ForeColor 属性。

答案：A

9.2　VBA 编程 ★★

考什么

9.2.1　VBA 编程环境

1. Visual Basic 编辑器

Visual Basic 编辑器 VBE（Visual Basic Editor）是编辑 VBA 代码时使用的界面。VBE 窗口主要由标准工具栏、工具窗口、属性窗口、代码窗口和立即窗口等组成。

2. 进入 VBA 编程环境

Access 模块分成类模块和标准模块两种。

对于类模块，可以直接定位到窗体或报表，然后单击工具栏上的"代码"按钮进入；或定位到窗体、报表和控件上通过指定对象事件处理过程进入。其方法有两种：

① 右键单击控件对象，单击快捷菜单上的"事件生成器命令"，打开"事件生成器"对话框，选择其中的"代码生成器"，单击"确定"按钮即可进入。

② 单击属性窗口的"事件"选项卡，选中某个事件直接单击属性右侧的"…"按钮，打开"事件生成器"对话框，选择其中的"代码生成器"，单击"确定"按钮即可进入。

对于标准模块，有三种方法进入：

① 对于已存在的标准模块，只需从数据库窗体对象列表上选择"模块"，双击要查看的模块对象即可进入。

② 要创建新的标准模块，需要从数据库窗体对象列表上选择"模块"，单击工具栏上的"新建"按钮即可进入。

③ 在数据库对象窗体中，选择"工具"菜单里"宏"子菜单的"Visual Basic 编辑器"选项即可进入。

9.2.2　VBE 环境中编写 VBA 代码

VBA 代码是由语句组成的，一条语句就是一行代码。例如：

```
intCount＝3                              '将 3 赋值给变量 intCount
Debug. Print　intCount                   '在立即窗口打印变量 intCount 的值 3
```

Access 的 VBE 编辑环境提供了完整的开发和调试工具。其中的代码窗口顶部包含两个组合框，左侧为对象列表，右侧为过程列表。操作时，从左侧组合框选定一个对象后，右侧过程组合框中会列出该对象的所有事件过程，再从该对象过程列表选项中选择某个事件名称，系统会自动生成相应的事件过程模块，用户添加代码即可。双击工程窗口中的任何类或对象都可以在代码窗口中打开相应代码进行编辑处理。

9.2.3 数据类型和数据库对象

1. 标准数据类型

（1）布尔型数据

布尔型数据只有两个值 True 或 False。布尔型数据转换为其他类型数据时，Ture 转换为−1，False 转换为 0；其他类型数据转换为布尔型数据时，0 转换为 False，其他类型转换为 Ture。

（2）日期型数据

"日期/时间"类型数据必须前后用"#"号封住。

如#2007-1-1#、#2002-5-4 14：30：00 PM#。

（3）变体类型数据

变体类型数据是特殊的数据类型。VBA 中规定，如果没有显示声明或使用符号来定义变量的数据类型，则默认为变体类型。

2. 用户定义的数据类型

应用过程中可以建立包含一个或多个 VBA 标准数据类型的数据类型，这就是用户定义数据类型。它不仅包含 VBA 的标准数据类型，还包含其他用户定义的数据类型。

用户定义数据类型可以在 Type…End Type 关键字间定义，定义格式如下：

Type［数据类型名］

    <域名>As<数据类型>

    <域名>As<数据类型>

    …

End Type

3. 常量与变量

常量是在程序中可以直接引用的实际值，其值在程序运行过程中不变。在 VBA 中，常量可以分为 3 种：直接常量、符号常量和系统常量。

变量是程序运行过程中值会发生变化的数据。如同一间旅馆客房，昨天可住旅客 A，今天住旅客 B，明天又有可能被闲置。变量的命名规则如下：

① 以字母或汉字开头，后可跟字母、数字或下划线。

② 变量名最长为 255 个字符。

③ 不区分变量名的大小写，不能使用关键字。

④ 字符之间必须并排书写，不能出现上下标。

以下是合法的变量名：

    a，x，x3，BOOK_1，sum5

以下是非法的变量名：

　　　3s　　　s*T　　　-3x　　　bowy-1　　　if

（1）变量的声明

VBA 变量声明有两种方法：

① 显式声明。

VBA 中定义变量的格式为：

Dim　变量名　［AS 类型］

格式中 Dim 是一个 VBA 命令，此处用于定义变量；As 是关键字，此处用于指定变量的数据类型。

例如：Dim　bAge　As　Integer　'bAge 为整型变量

② 隐式声明。

VBA 允许用户在编写应用程序时，不声明变量而直接使用，这就是隐式声明。所有隐式声明的变量都是 Variant 数据类型。例如：

Dim m，n，'m，n 为变体 Variant 变量　　　NewVar=528　　　'NewVar 为 Variant 类型变量，其值为 258。

（2）强制声明

在默认情况下，VBA 允许在代码中使用未声明的变量，如果在模块设计窗口的顶部"通用——声明"区域中，加入语句：

　　　　　　Option　Explicit

强制要求所有变量必须定义才能使用。这种方法只能为当前模块设置了自动变量声明功能，如果想为所有模块都启用此功能，可以单击菜单命令"工具"下"选项"对话框中，选中"要求变量声明"选项即可。

4. 变量的作用域

（1）局部范围（Local）

变量定义在模块的过程内部，过程代码执行时才可见。在子过程或函数过程中定义的或直接使用的变量作用范围都是局部的。在子过程或函数内部使用 Dim、Static…As 关键字说明的变量就是局部范围的。

（2）模块范围（Module）

变量定义在模块的所有过程之外的起始位置，运行时在模块所包含的所有子过程或函数过程中可见。在模块的通用说明区，用 Dim、Static、Private…As 关键字定义的变量作用域都是模块范围。

（3）全局范围（Public）

变量定义在标准模块的所有过程之外的起始位置，运行时在类模块和标准模块的所有子过程或函数过程中都可见。在标准模块的变量定义区域，用 Public…As 关键字说明的变量就属于全局的范围。

变量的持续时间（生命周期）是从变量定义语句所在的过程第一次运行，到程序代码执行完毕并将控制权交回调用它的过程为止的时间。

9.2.4 数据库对象变量

Access 建立的数据库对象及其属性，均可被看成是 VBA 程序代码中的变量及其指定的值来加以引用。例如，Access 中窗体和报表对象的引用格式为：

        Forms！窗体名称！控件名称［.属性名称］

或   Reports！报表名称！控件名称［.属性名称］

关键字 Forms 或 Reports 分别表示窗体或报表对象集合。感叹号"！"分隔开对象名称和控件名称。"属性名称"部分缺省，则为控件基本属性。

如果对象名称中含有空格或标点符号，就要用方括号把名称括起来。

9.2.5 数组

数组是在有规则的结构中包含一种数据类型的一组数据，也称作数组元素变量。数组变量由变量名和数组下标构成，使用数组必须先定义数组。通常用 Dim 语句来定义数组，定义格式为：

Dim 数组名（［<下标下限> to]<下标上限>)［As〈数据类型〉]

缺省情况下，下标下限为 0，数组元素从"数组名(0)"至"数组名(下标上限)"；如果使用 to 选项，则可以安排非 0 下限。

例如，Dim score(10)As　Integer 定义了 11 个整形数构成的数组，数组元素为 score(0) 至 score(10)。

再如，Dim　score(1 to 10)As　Integer 定义了 10 个元素的整型数组，数组元素为 score(1)至 score(10)。

注：① 所有数组元素在内存连续存放。

② 根据下标区分数组元素。

关于数组的定义，还有下面的几点说明：

① 定义数组时数组名的命名规则与变量名的命名规则相同。

② 一般在定义数组时应给出数组的上界和下界。但也可以省略下界，<下界>缺省为 0。

例如，Dim a(10) As Single

默认情况下，数组 a 由 11 个元素组成。

若希望下标从 1 开始，可在模块的通用声明段使用 Option Base 语句声明。其使用格式为

Option Base 0 | 1   '后面的参数只能取 0 或 1

③ <下界>和<上界>不能使用变量，必须是常量，常量可以是字面常量或符号常量，一般是整型常量。

④ 如果省略 As 子句，则数组的类型为 Varient 变体类型。

二维数组的定义

格式为：

Dim 数组名（［<下界> to]<上界>，［<下界> to]<上界>)［As　〈数据类型〉]

221

例如，Dim c(1 To 3, 1 To 4)As Single

c(1, 1)	c(1, 2)	c(1, 3)	c(1, 4)
c(2, 1)	c(2, 2)	c(2, 3)	c(2, 4)
c(3, 1)	c(3, 2)	c(3, 3)	c(3, 4)

9.2.6 VBA 流程控制语句

一个语句是能够完成某项操作的一条命令。VBA 程序的功能就是由大量的语句串命令构成。

VBA 程序语句按照其功能不同分成两大类型：

① 声明语句，用于给变量、常量或过程定义命名。

② 执行语句，用于执行赋值操作，调用过程，实现各种流程控制。

执行语句分为 3 种结构：

① 顺序结构，按照语句顺序顺次执行。

② 条件结构，又称为选择结构，根据条件选择执行路径。

③ 循环结构，重复执行某一段程序语句。

1. 赋值语句

赋值语句是最基本的语句。它的功能是给变量或对象的属性赋值。其格式为

<变量名>=<表达式> 或 <对象名. 属性>=<表达式>

例如：

Rate = 0. 1   '给变量 Rate 赋值 0. 1

Me！Text1. Value ="欢迎来到领航教育 "   '给控件的属性赋值

2. 条件语句

(1)If…Then 语句

语句格式为

If   <表达式>

Then

        <语句块 1>

End If

'输入一个数并在立即窗口输出其值

Dim x As Integer

x = InputBox("请输入 x 的值:")

If x Then

    Debug. Print   x

End If

(2)If…Then…Else   语句

语句格式为

If <表达式> Then

　　　　<语句块 1>

Else

　　　　<语句块 2>

End If

（3）If…Then…ElseIf　语句

语句格式为

If <表达式 1> Then

　　　<语句块 1>

ElseIf <表达式 2> Then

　　　<语句块 2>

…

［ElseIf <表达式 n> Then

　　　<语句块 n>

Else

　　　<语句块 n+1>　　］

End If

运行时，从表达式 1 开始逐个测试条件，当找到第一个为 True 的条件时，即执行该条件后所对应的语句块。

（4）Select Case…End Select 语句

语句格式为

Select　　Case <变量或表达式>

　　Case <表达式 1>

　　　　　语句块 1

　　Case <表达式 2>

　　　　　语句块 2

　　　　　…

　　［Case Else

　　　　　语句块 n+1］

End Select

说明：

① Select Case 后的变量或表达式只能是数值型或字符型表达式。

② 执行过程是先计算 Select Case 后的变量或表达式的值，然后从上至下逐个比较，决定执行哪一个语句块。如果有多个 Case 后的表达式列表与其相匹配，则只执行第一个 Case 后的语句块。

③ 语句中的各个表达式列表应与 Select Case 后的变量或表达式同类型。各个表达式列表可以采用下面的形式：

表达式:	a +5
用逗号分隔的一组枚举表达式:	2, 4, 6, 8
表达式 1　To　表达式 2	60 to 100
Is 关系运算符表达式	Is < 60

（5）条件函数

除了上述条件语句外，VBA 还提供了 3 个函数来完成相应选择操作：

① IIf 函数：IIf(条件式，表达式 1，表达式 2)。

该函数根据"条件式"的值来决定函数返回值。"条件式"值为真，函数返回"表达式 1"的值，"条件式"值为假，函数返回"表达式 2"的值。

② Switch 函数：Switch(条件式 1，表达式 1[，条件式 2，表达式 2][，条件式 3，表达式 3]…[，条件式 n，表达式 n])。

该函数是分别根据"条件 1"，"条件 2"直至"条件 n"的值来决定函数的返回值。

③ Choose 函数：Choose(索引式，选项 1[，选项 2]…[，选项 n])。

该函数式根据"索引式"的值来返回选项列表中的某个值。

3. 循环语句

循环控制结构也叫重复控制结构。特点是程序执行时，该语句中的一部分操作即循环体被重复执行多次。

循环语句可以实现重复执行一行或几行程序代码。VBA 支持以下循环语句结构：

① For…Next 语句。

② Do…Loop 语句。

③ While…Wend 语句。

（1）For…Next 循环语句

语句格式为

For <循环变量>=<初值> to <终值> [Step　<步长>]

    <循环体>

    Exit For

      <语句块>

Next <循环变量>

说明：

① 循环控制变量的类型必须是数值型。

② 步长可以是正数，也可以是负数。如果步长为 1，Step 短语可以省略。

③ 根据初值、终值和步长，可以计算出循环的次数，因此 For 语句一般用于循环次数已知的情况。

④ 使用 Exit For 语句可以提前退出循环。

例如，编程用 For 语句求 1+2+3+…+10 之和。

```
Public Sub gc2( )
    Dim s As Integer, i As Integer
    s=0
```

```
        For i = 1 To 10 Step 1
            s = s + i
        Next i
        Debug. Print s
    End Sub
```

（2）Do　While…Loop 语句

形式如下：

```
Do While <条件>
    循环体
    Exit　Do
    语句块
```

Loop

说明：

① 这里的条件可以是任何类型的表达式，非 0 为真，0 为假。

② 执行过程是：在每次循环开始时测试条件，对于 Do While 语句，如果条件成立，则执行循环体的内容，然后回到 Do Whlie 处准备下一次循环；如果条件不成立，则退出循环。

③ Exit Do 语句的作用是提前终止循环。

例如：下面的程序用 Do While…Loop 语句求 1+2+3+…+10 之和。

```
Dim s As Integer, i As Integer
s = 0
i = 1
Do While i <= 10
  s = s + i
  i = i + 1
Loop
Debug. Print s
```

（3）Do　Until…Loop 语句

形式如下：

```
Do Until <条件>
    循环体
    Exit　Do
    语句块
```

Loop

说明：

① 这里的条件可以是任何类型的表达式，非 0 为真，0 为假。

② 执行过程是：在每次循环开始时测试条件，对于 Do Until 语句，如果条件不成立，则执行循环体的内容，然后回到 Do Until 处准备下一次循环；如果条件成立，则退

出循环。

③ Exit Do 语句的作用是提前终止循环。

例如：下面的程序用 Do Until…Loop 语句求 1+2+3+…+10 之和。

```
Dim s As Integer, i As Integer
s = 0
i = 1
Do Until i > 10
  s = s + i
  i = i + 1
Loop
Debug. Print s
```

（4）Do…Loop　While 语句

格式如下：

```
Do
    循环体
    Exit　Do
    语句块
Loop　While<条件>
```

说明：

和 Do　While…Loop 不同的是，Do…Loop　While 语句在每次循环结束时测试条件。因此，二者的区别是如果一开始循环条件就不成立，则 Do　While…Loop 中的循环体部分一次也不执行，而 Do…Loop　While 中的循环体部分被执行一次。

（5）Do…Loop　Until 语句

格式如下：

```
Do
    循环体
    Exit　Do
    语句块
Loop　Until<条件>
```

说明：

和 Do　Until…Loop 不同的是，Do…Loop　Until 语句在每次循环结束时测试条件。因此，二者的区别是如果一开始循环条件就不成立，则 Do　Until…Loop 中的循环体部分一次也不执行，而 Do…Loop Until 中的循环体部分被执行一次。

（6）While…Wend 语句

格式如下：

```
While 条件式
    循环体
Wend
```

说明：

① While…Wend 循环与 Do While …Loop 结构类似，但不能在 While…Wend 循环中使用 Exit Do 语句。

② 在 VBA 中，尽量不要使用 While…Wend 循环。

(7)其他语句——标号和 goto 语句

goto 语句用于实现无条件转移。

使用格式为：goto 标号。

程序运行到此结构，会无条件转移到其后的"标号"位置，并从那里继续执行。goto 语句使用时，"标号"位置必须首先在程序中定义好，否则转移无法实现。

9.2.7 过程调用和参数传递

过程是一段可以实现某个具体功能的代码。

与函数不同，过程没有返回值。

既可以在类模块中，也可以在标准模块中创建过程。

1. 子过程的定义和调用

可以用 Sub 语句声明一个新的子过程、接收的参数和子过程代码。其定义格式为：

［Public｜Private］［Static］Sub 子过程名(［<形参>］)

    ［<子过程语句>］

    <语句块>

    ［Exit Sub］

    ［<子过程语句>］

End Sub

使用 Public 关键字可以使该过程适用于所有模块中的所有其他过程；使用 Private 关键字可以使该子过程只适用于同一个模块中的其他过程。

创建过程的方法是：

打开模块，选择菜单"插入"→"过程"命令，在"添加过程"对话框中输入过程名。

调用过程有以下两种格式：

格式 1：Call 过程名(［<实参列表>］)

格式 2：子过程名 ［<实参列表>］

这里过程名后的参数叫实际参数。

2. 函数过程的定义和调用

可以使用 Function 语句定义一个新函数过程、接收参数、返回变量类型及运行函数过程的代码。其格式如下：

    ［Public｜Private］［Static］Function 函数过程名［<形参>］［As 数据类型］

    ［<函数过程语句>］

    ［函数过程语句=<表达式>］

      ［Exit Function］

      ［<函数过程语句>］

［函数过程语句 = <表达式> ］

End Function

函数过程的调用格式只有一种：

函数过程名(［<实参>］)

由于函数过程返回一个值，实际上，函数过程的上述调用形式主要有两种方法：一是将函数过程返回值作为赋值成分赋予某个变量，其格式为"变量 = 函数过程名(［<实参>］)"；二是将函数过程返回值作为某个过程的实参成分使用。

3. 参数传递

过程定义时可以设置一个或多个形参(形式参数的简称)，多个形参之间用逗号分隔。其中，每个形参的完整定义格式：

［Optional］［ByVal ｜ ByRef］［ParamArray］varname［( )］［As type］［ = defaultvalue］

含参数的过程被调用时，主调过程中的调用式必须提供相应的实参(实际参数的简称)，并通过实参向形参传递的方式完成过程操作。

在函数的调用过程中，一般会发生数据的传递，即将主调过程中的实参传给被调过程的形参。

在参数传递过程中，可以有传址和传值两种形式。

(1)传址

如果在定义过程或函数时，形参的变量名前不加任何前缀，即为传址；若加前缀，须在形参变量名前加 ByRef。

传递过程是：调用过程时，将实参的地址传给形参。因此如果在被调过程或函数中修改了形参的值，则主调过程或函数中实参的值也跟着变化。

例如：如果输入 5 和 7，程序的结果会是多少？

```
Public Sub swap( x As Integer, y As Integer)
    Dim t As Integer
    t = x: x = y: y = t
End Sub
```

按钮的单击事件如下：

```
Private Sub Command0_ Click( )
    Dim x As Integer, y As Integer
    x = InputBox( "x = ")
    y = InputBox( "y = ")
    Debug. Print x, y
    swap x, y
    Debug. Print x, y
End Sub
```

(2)传值

如果在定义过程或函数时，形参的变量名前加 ByVal 前缀，即为传值。这时主调过程将实参的值复制后传给被调过程的形参，因此如果在被调过程或函数中修改了形参的值，则主调过程或函数中实参的值不会跟着变化。

例如：如果输入 5 和 7，程序的结果会是多少？

```
Public Sub swap1(ByVal x As Integer, ByVal y As Integer)
    Dim t As Integer
    t = x: x = y: y = t
End Sub
```

按钮的单击事件如下：

```
Private Sub Command0_ Click()
    Dim x As Integer, y As Integer
    x = InputBox("x=")
    y = InputBox("y=")
    Debug. Print x, y
    swap1 x, y
    Debug. Print x, y
End Sub
```

4. VBA 程序运行错误处理

VBA 中提供 On Error GoTo 语句来控制当有错误发生时程序的处理。

On Error GoTo 指令的一般语法如下：

On Error GoTo 标号

On Error Resume Next

On Error GoTo 0

"On Error GoTo 标号"语句在遇到错误发生时程序转移到标号所指定位置的代码处执行。"On Error Resume Next"语句在遇到错误发生时不会考虑错误，并继续执行下一条语句。

"On Error GoTo 0"用于关闭错误处理。

9.2.8　VBA 程序的调试

1. 设置断点

所谓"断点"就是在过程的某个特定语句上设置一个位置点以中断程序的执行。"断点"的设置和使用贯穿在程序调试运行的整个过程中。

在程序中人为设置断点，当程序运行到设置了断点的语句时，会自动暂停运行并进入中断状态。

设置断点的方法是：在代码窗口中单击要设置断点的那一行语句左侧的灰色边界标识条。

再次单击边界标识条可取消断点。

2. 单步跟踪

也可以单步跟踪程序的运行，即每执行一条语句后都自动进入中断状态。

单步跟踪程序的方法是：

　　将光标置于要执行的过程内,单击"调试"工具栏的"逐语句"按钮,或选择"调试"→"逐语句"命令。

　　3. 设置监视点

　　即设置监视表达式。一旦监视表达式的值为真或改变,程序也会自动进入中断模式。

　　设置监视点的方法如下:

　　(1)选择"调试"→"添加监视"命令,弹出"添加监视"对话框。

　　(2)在"模块"下拉列表框中选择被监视过程所在的模块,在"过程"下拉列表框中选择要监视的过程,在"表达式"文本框中输入要监视的表达式。

　　(3)最后在"监视类型"栏中选择监视类型。

怎么考

　　【试题 9-4】窗体上添加有 3 个命令按钮,分别命名为 Command1、Command2 和 Command3。编写 Command1 的单击事件过程,完成的功能为:当单击按钮 Command1 时,按钮 Command2 可用,按钮 Command3 不可见。以下正确的是(　　　)。

　　(A) Private Sub Command1_ Click( )

　　　　　　Command2. Visible = True

　　　　　　Command3. Visible = False

　　　　End Sub

　　(B) Private Sub Command1_ Click( )

　　　　　　Command2. Enabled = True

　　　　　　Command3. Enabled = False

　　　　End Sub

　　(C) Private Sub Command1_ Click( )

　　　　　　Command2. Enabled = True

　　　　　　Command3. Visible = False

　　　　End Sub

　　(D) Private Sub Command1_ Click( )

　　　　　　Command2. Visible = True

　　　　　　Command3. Enabled = False

　　　　End Sub

　　解析:控件的可用属性名为 Enabled,可见属性名为 Visible。Command2. Enabled 表示 Command2 的可用属性,Command3. Visible 表示 Command3 的可见属性。

　　答案:C

　　【试题 9-5】假定有以下程序段

　　　　n = 0

　　　　for i = 1 to 3

```
      for j = -4 to -1
         n = n+1
      next j
   next i
```

运行完毕后，n 的值是（　　）。

(A) 0　　　　　　(B) 3　　　　　　(C) 4　　　　　　(D) 12

解析：本题程序段包含一个二重循环，外循环执行三次（$i = 1$、2、3），内循环执行 4 次（$j = 4$、3、-2、-1），循环体（$n = n+1$）共执行 12 次（$3 * 4$），由于 n 的初值为 0，n 每次加 1，所以本题运行完毕后，n 的值是 12。

答案：D

【试题 9-6】在窗体中添加一个名称为 Command1 的命令按钮，然后编写如下事件代码：

```
Private Sub Command1_ Click( )
   A = 75
   If A>60 Then I = 1
   If A>70 Then I = 2
   If A>80 Then I = 3
   If A>90 Then I = 4
   MsgBox I
End Sub
```

窗体打开运行后，单击命令按钮，则消息框的输出结果是（　　）。

(A) 1　　　　　　(B) 2　　　　　　(C) 3　　　　　　(D) 4

解析：程序将首先判断变量 A 的值是否大于 60，条件满足，执行 Then 后的操作，此时 I 值等于 1；然后继续判断变量 A 的值是否大于 70，条件满足，执行 Then 后的操作，此时 I 值等于 2；接下来变量 A 的值不满足剩下的两个条件，所以变量 I 值不变，直至程序结束。此时 I 的值仍为 2。

答案：B

【试题 9-7】在窗体中添加一个名称为 Command1 的命令按钮，然后编写如下事件代码：

```
Private Sub Command1_ Click( )
   s = " ABBACDDCBA"
   For I = 6 To 2 Step-2
      x = Mid(s, I, I)
      y = Left(s, I)
      z = Right(s, I)
      z = x & y & z
   Next I
   MsgBox z
```

End Sub

窗体打开运行后，单击命令按钮，则消息框的输出结果是(　　)。

(A)AABAAB　　　　(B)ABBABA　　　　(C)BABBA　　　　(D)BBABBA

解析：当最后一次循环开始时，变量 I 的值为 2，则 Mid(s, I, I)(Mid(s, 2, 2))的值为"BB"，并赋予变量 x；Left(s, I)(Left(s, 2))的值为"AB"，并赋予变量 y；Right(s, I)(Right(s, 2))的值为"BA"，并赋予变量 z；最后这三个字符串连接，结果为"BBABBA"，并在 MsgBox 对话框中显示。

答案：D

【试题 9-8】在窗体中添加一个名称为 Command1 的命令按钮，然后编写如下程序：

```
Public x As Integer
Private Sub Command1_ Click( )
    x = 10
    Call s1
    Call s2
    MsgBox x
End Sub
Private Sub s1( )
    x = x+20
End Sub
Private Sub s2( )
    Dim x As Integer
    x = x+20
End Sub
```

窗体打开运行后，单击命令按钮，则消息框的输出结果为(　　)。

(A)10　　　　(B)30　　　　(C)40　　　　(D)50

解析：在程序中，首先将变量 x 定义为公共变量，并赋值为 10，然后调用子过程 s1，在子程序 s1 中，变量 x 加 20 后重新赋值给变量 x，此时 x 的值为 30；返回主程序后，再次调用子过程 s2，但在 s2 中首先定义了一个独立变量 x，独立变量只能在所在的过程中访问，完成过程后，变量失效，变量中的值消失，下次调用该过程，需重新声明。然后对该变量进行赋值(x=x+20)，此时公共变量 x 的值未变，所以在消息框中显示为 30。

答案：B

【试题 9-9】下列根据此段程序的运算的结果正确的是(　　)。

```
Dim x As Single
Dim y As Single
If x<0 Then
    y = 3
ElseIf x<1 Then
```

$y = 2 * x$

Else：$y = -4 * x + 6$

End If

（A）当 $x=2$ 时，$y=-2$　　　　　　（B）当 $x=-1$ 时，$y=-2$

（C）当 $x=0.5$ 时，$y=4$　　　　　　（D）当 $x=-2.5$ 时，$y=11$

解析：本题考查多分支结构语句的流程。注意 ElseIf x<1 句是接在上面的 If x<0 句后面的。其实相当于 if x>0 and x<1，Else 句的条件相当于 If x>1。选项 A，$x=2$ 时，$y=(-4)*2+6=-2$；选项（B），当 $x=-1$ 时，$y=3$。选项 C 错误，当 $x=0.5$ 时，$y=2*0.5=1$；选项 D，当 $x=-2.5$ 时，$y=3$。

答案：A

【试题 9-10】VBA 表达式 3 * 3 \ 3/3 的输出结果是（　　　）。

（A）0　　　　　（B）1　　　　　（C）3　　　　　（D）9

解析：算术运算符"＊"和"/"的优先级相同，都高于"\"。表达式"3＊3\3/3"的运算顺序是，首先计算整除符号"\"前的"3＊3"，结果等于9，然后计算整除符号后的"3/3"，结果等于1，最后，计算9被1整除的结果，所以正确答案为9。

答案：D

【试题 9-11】以下程序段运行结束后，变量 x 的值为（　　　）。

```
x = 2
y = 4
Do
  x = x * y
  y = y + 1
Loop While y<4
```

（A）2　　　　　（B）4　　　　　（C）8　　　　　（D）20

解析：首先为变量 x 及变量 y 分别赋值为 2 和 4，而执行循环体内语句后，变量 x 的值为 8（将 x 与 y 相乘后的结果赋值给变量 x），而 y 的值为 5（将变量 y 值加 1 后，赋值给变量 y）。循环继续执行的条件为 y 值小于 4，而此时 y 值为 5，不满足条件，跳出循环。此时 x 的值为 8。

答案：C

【试题 9-12】在窗体上添加一个命令按钮（名为 Command1），然后编写如下事件过程：

```
Private Sub Command1_ Click()
  For i = 1 To 4
    x = 4
    For j = 1 To 3
      x = 3
      For k = 1 To 2
        x = x + 6
```

```
            Next k
         Next j
      Next i
      MsgBox x
   End Sub
```

打开窗体后，单击命令按钮，消息框的输出结果是( )。

(A)7 　　　　　　(B)15 　　　　　　(C)157 　　　　　　(D)538

解析：在此题中，具有迷惑性的是，除了第一层循环之外，变量 x 分别在执行第二层循环和第三层循环之前被重新赋值，而 For…Next 循环可以执行固定次数的循环，所以，x 值仅仅是最后一次运行第三重循环之后的值，而在运行第三重循环之前，变量 x 被赋值为 3，执行两次循环后，变量 x 的值为 15(在循环内两次加 6)。

答案：B

【试题 9-13】假定有如下的 Sub 过程：

```
Sub sfun( x As Single, y As Single)
      t=x
      x=t/y
      y=t Mod y
   End Sub
```

在窗体上添加一个命令按钮(名为 Command1)，然后编写如下事件过程：

```
   Private Sub Command1_ Click()
      Dim a As single
      Dim b As single
      a=5
      b=4
      sfun a, b
      MsgBox a & chr(10)+chr(13)& b
   End Sub
```

打开窗体运行后，单击命令按钮，消息框的两行输出内容分别为( )。

(A)1 和 1 　　　(B)1.25 和 1 　　　(C)1.25 和 4 　　　(D)5 和 4

解析：在主过程中，变量 a 及变量 b 分别被赋值为 5 和 4，然后调用 Sub 过程，在该过程中，变量 x 被赋值为 a 除以 b 的商(1.25)，而变量 y 则被赋值为 a 除以 b 的余数(1)，Sub 过程结束后，参数返回，重新对变量 a 和 b 赋值，所以 MsgBox 所显示的值应当为 1.25 和 1。

答案：B

【试题 9-14】在窗体上画两个名称为 Text1、Text2 的文本框和一个名称为 Command1 的命令按钮，然后编写如下事件过程：

```
   Private Sub Command1_ Click( )
      Dim x As Integer, n As Integer
```

```
      x = 1
      n = 0
      Do While x<20
        x = x * 3
        n = n+1
      Loop
      Text1. Text = Str( x)
      Text2. Text = Str( n)
    End Sub
```

程序运行后,单击命令按钮,在两个文本框中显示的值分别是(   )。

(A)9 和 2　　　　　(B)27 和 3　　　　　(C)195 和 3　　　　　(D)600 和 4

解析:本题考查 While 循环的处理过程,循环第 1 次 x=1,执行循环,n=1,循环第 2 次,x=3,仍然执行循环,n=2,依次类推,当执行完第 3 次循环后,x=27>20,n=3,不再满足条件,跳出循环。

答案:B

【试题 9-15】在 MsgBox(prompt, buttons, title, helpfile, context)函数调用形式中必须提供的参数是(   )。

(A)prompt　　　　　(B)buttons　　　　　(C)title　　　　　(D)context

解析:略。

答案:A

【试题 9-16】在窗体上画一个命令按钮,名称为 Command1,然后编写如下事件过程:

```
Option Base 0
  Private Sub Command1_ Click(    )
    Dim city As Variant
    city = Array( "北京" , "上海" , "天津" , "重庆" )
    Print city( 1 )
  End Sub
```

程序运行后,如果单击命令按钮,则在窗体上显示的内容是(   )。

(A)空白　　　　　(B)错误提示　　　　　(C)北京　　　　　(D)上海

解析:解答本题的关键在于对 city = Array("北京" , "上海" , "天津" , "重庆")的理解。由 Array 函数的用法可知,执行该语句后 city 称为一个包含有 4 个元素的数组,因为有 Option Base 0 语句,因此,city(0)= "北京" ,city(1)= "上海" ,city(2)= "天津" ,city(3)= "重庆" 。由此可知,正确答案为选项 D。

答案:D

课后总复习

1. 在 VBA 中，如果没有显式声明或用符号来定义变量的数据类型，变量的默认数据类型为(　　)。

(A) Boolean　　　　(B) Int　　　　　　(C) String　　　　(D) Variant

2. 使用 VBA 的逻辑值进行算术运算时，True 值被处理为(　　)。

(A) −1　　　　　　(B) 0　　　　　　　(C) 1　　　　　　(D) 任意值

3. 在 VBA 代码调试过程中，能够显示出所有在当前过程中变量声明及变量值信息的是(　　)。

(A) 快速监视窗口　(B) 监视窗口　　　(C) 立即窗口　　　(D) 本地窗口

4. 已知程序序段：

s = 0

For i = 1 To 10 Step 2

　　s = s + 1

　　i = i * 2

Next i

当循环结束后，变量 i 的值为(　　)，变量 s 的值为(　　)。

(A) 10　　4　　(B) 11　　3　　(C) 22　　3　　(D) 16　　4

5. VBA 中去除前后空格的函数是(　　)。

(A) LTrim　　　　(B) RTrim　　　　(C) Trim　　　　(D) Ucase

6. 表达式 4+5 \ 6 * 7/8 Mod 9 的值是(　　)。

(A) 4　　　　　　(B) 5　　　　　　(C) 6　　　　　　(D) 7

7. 设 a=6，则执行 x=IIF(a>5, −1, 0)后，x 的值为(　　)。

(A) 6　　　　　　(B) 5　　　　　　(C) 0　　　　　　(D) −1

8. 下列命令中，属于通知或警告用户的命令是(　　)。

(A) Restore　　　(B) Requery　　　(C) Msgbox　　　(D) RunApp

9. ADO 对象模型层次中可以打开 RecordSet 对象的是(　　)。

(A) 只能是 Connection 对象

(B) 只能是 Command 对象

(C) 可以是 Connection 对象和 Command 对象

(D) 不存在

10. 假定有以下两个过程：

Sub S1(ByVal x As Integer, ByVal y As Integer)

　　Dim t As Integer

　　t = x

　　x = y

　　y = t

End Sub

Sub S2(x As Integer, y As Integer)

    Dim t As Integer

    t = x

    x = y

    y = t

End Sub

则以下说法中正确的是( )。

(A)用过程 S1 可以实现交换两个变量的值的操作，S2 不能实现

(B)用过程 S2 可以实现交换两个变量的值的操作，S1 不能实现

(C)用过程 S1 和 S2 都可以实现交换两个变量的值的操作

(D)用过程 S1 和 S2 都不能实现交换两个变量的值的操作

11. 假定有以下循环结构：

Do Until 条件

  循环体

Loop

则下列说法正确的是( )。

(A)如果"条件"是一个为-1 的常数，则一次循环体也不执行

(B)如果"条件"是一个为-1 的常数，则至少执行一次循环体

(C)如果"条件"是一个不为-1 的常数，则至少执行一次循环体

(D)不论"条件"是否为"真"，至少要执行一次循环体

12. 执行下面的程序段后，x 的值为( )。

    x = 5

    For I = 1 To 20 Step 2

        x = x + I \ 5

    Next I

(A)21   (B)22   (C)23   (D)24

13. 假定窗体的名称为 fmTest，则把窗体的标题设置为"Access Test"的语句是( )。

(A)Me = "Access Test"   (B)Me. Caption = "Access Test"

(C)Me. Text = "Access Test"   (D)Me. Name = "Access Test"

14. 窗体上添加有 3 个命令按钮，分别命名为 Command1、Command2 和 Command3。编写 Command1 的单击事件过程，完成的功能为：当单击按钮 Command1 时，按钮 Command2 可见，按钮 Command3 不可用。以下正确的是( )。

(A)Private Sub Command1_ Click( )

    Command2. Visible＝True

    Command3. Visible＝False

End Sub

（B）Private Sub Command1_ Click( )
　　Command2. Enabled＝True
　　Command3. Enabled＝False
End Sub
（C）Private Sub Command1_ Click( )
　　Command2. Enabled＝True
　　Command3. Visible＝False
End Sub
（D）Private Sub Command1_ Click( )
　　　Command2. Visible＝True
　　　Command3. Enabled＝False
End Sub

15. 假定有以下程序段
n＝0
for i＝1 to 3
　　for j＝−4 to −1
　　　　n＝n+1
　　next j
next i
运行完毕后，n 的值是(　　　)。
（A）0　　　　　　　（B）3　　　　　　　（C）4　　　　　　　（D）12

16. 以下程序段运行结束后，变量 x 的值为(　　　)。
x＝3
y＝4
Do
　x＝x * y
　y＝y+1
Loop While y<4
（A）12　　　　　（B）4　　　　　（C）8　　　　　（D）20

17. 在窗体上添加有一个命令按钮，（名为 Command1），然后编写如下事件过程：
Private Sub Command1_ Click( )
For i＝1 To 4
　　x＝4
　　For j＝1 To 3
　　　x＝3
　　　For k＝1 To 3
　　　　x＝x+9
　　　Next k

238

```
        Next j
    Next i
    MsgBox x
End Sub
```

打开窗体后，单击命令按钮，消息框的输出结果是(   )。

(A)7　　　　　　　(B)30　　　　　　　(C)157　　　　　　　(D)538

18. 假定有如下的 Sub 过程：

```
sub sfun(x  As  Single, y  As  Single)
    t=x
    x=t/y
    y=t Mod y
End Sub
```

在窗体上添加一个命令按钮(名为 Command1)，然后编写如下事件过程：

```
Private Sub Command1_ Click( )
Dim a as single
Dim b as single
a=5
b=4
sfun a, b
MsgBox a & chr(10)+chr(13) & b
End Sub
```

打开窗体运行后，单击命令按钮，消息框的两行输出内容分别为(   )。

(A)1 和 1　　　　(B)1.25 和 1　　　　(C)1.25 和 4　　　　(D)5 和 4

19. 在窗体中添加了一个文本框和一个命令按钮(名称分别为 tText 和 bComman D)，并编写了相应的事件过程。运行此窗体后，在文本框中输入一个字符，则命令按钮上的标题变为"计算机等级考试"。以下能实现上述操作的事件过程是(   )。

(A) Private Sub bCommand_ Click( )
    　　Caption="计算机等级考试"
    　End Sub

(B) Private Sub tText_ Click( )
    　　bCommand. Caption="计算机等级考试"
    　End Sub

(C) Private Sub bCommand_ Change( )
    　　Caption="计算机等级考试"
    　End Sub

(D) Private Sub tText_ Change( )
    　　bCommand. Caption="计算机等级考试"
    　End Sub

20. 在窗体中添加一个名称为 Command1 的命令按钮，然后编写如下事件代码：

```
Private Sub Command1_ Click( )
Dim a(10，10)
For m = 2 To 4
    For n = 4 To 5
        a(m，n) = m * n
    Next n
Next m
MsgBox a(2，5)+a(3，4)+a(4，5)
End Sub
```

窗体打开运行后，单击命令按钮，则消息框的输出结果是(　　)。

(A)22　　　　　　(B)32　　　　　　(C)42　　　　　　(D)52

参考答案

1~5 DADCC　　　　　　　　　　6~10 BDCCB

11~15 AABDD　　　　　　　　　　16~20　ABBDC

第四编　上机操作

第 10 章　实验一：Access 数据库创建与操作

（一）实验目的

① 熟悉 Access 2010 的工作界面和操作风格。

② 掌握创建数据库的方法，熟悉数据库的基本操作。

（二）实验内容与要求

① 启动 Access 2010，通过观察或借助帮助资源认识 Access 2010 的工作界面与主要组成部分。

② 利用模板创建"联系人 Web 数据库. accdb"数据库。

③ 新建空白数据库，要求：建立"教学管理. accdb"数据库，并将建好的数据库文件保存在"D：\ Access 实验 \ 实验一"文件夹中。

④ 将"教学管理. accdb"数据库转换为 Access 2003 能够打开的. mdb 格式。

（三）实验步骤

1. 启动 Access 2010，认识其工作界面

操作步骤：

① 单击选择 Windows"开始"→所有程序→Microsoft Office→Microsoft Access 2010 启动 Access 2010，观察 Access 2010 的工作界面与主要组成部分。

② 按 F1 快捷键打开 Access 帮助窗口，在搜索帮助框中输入"新增功能"并单击搜索按钮，在出现的页面单击"Microsoft Access 中的新增功能"，请仔细阅读出现的页面内容，了解 Access 2010 新增功能。

2. 利用模板创建"联系人 Web 数据库. accdb"数据库

操作步骤：

① 启动 Access 2010。

② 在启动窗口中的模板类别窗格中，双击样本模板，打开"可用模板"窗格，可以看到 Access 2010 提供的 12 个可用模板分成两组。一组是传统数据库模板，另一组是 Web 数据库模板。Web 数据库是 Access 2010 新增的功能。这一组 Web 数据库模板可以让新老用户比较快地掌握 Web 数据库的创建，如图 10-1 所示。

③ 选中"联系人 Web 数据库"，则自动生成一个文件名"联系人 Web 数据库 1. accdb"（注意：扩展名. accdb 可隐藏），保存位置在 Window 系统安装时默认路径下的"我的文档"中，如图 10-1 所示。用户可以自己指定文件名和文件保存的位置，如果要更改

文件名，直接在文件名文本框中删除默认的文件名，输入新的文件名，如要更改数据库的保存位置，单击浏览按钮 📁，在打开的"文件新建数据库"对话框中，选择数据库的保存位置。

图 10-1　"可用模板"和数据库保存位置

④ 单击"创建"按钮，开始创建数据库。

⑤ 数据库创建完成后，自动打开"联系人 Web 数据库"，并在标题栏中显示"联系人"，如图 10-2 所示。

图 10-2　联系人 Web 数据库

3. 创建空数据库

操作步骤：

① 启动 Access 2010，单击"空数据库"，在右侧窗格的文件名文本框中，有一个默认的文件名"Database1. accdb"，把它修改为"教学管理. accdb"，如图 10-3 所示。

图 10-3　创建教学管理数据库

② 单击 ![] 按钮，在打开的"新建数据库"对话框中，选择数据库的保存位置为"D：\ Access 实验 \ 实验一"（注意：需要先在 D 盘新建一个文件夹命名为"Access 实验"，然后在该文件夹里新建一个名为"实验一"的文件夹），单击"确定"按钮，如图 10-4 所示。

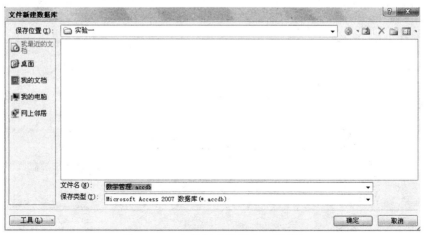

图 10-4　"文件新建数据库"对话框

③ 这时返回到 Access 启动界面，显示将要创建的数据库的名称和保存位置。

④ 在右侧窗格下面，单击"创建"命令按钮，如图 10-3 所示。

⑤ 这时开始创建空白数据库，自动创建了一个名称为"表 1"的数据表，并以数据表视图方式打开这个"表 1"，如图 10-5 所示。

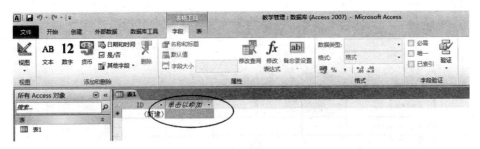

图 10-5　表 1 的数据表视图

⑥ 这时光标将位于"添加新字段"列中的第一个空单元格中，现在就可以输入添加数据，或者从另一数据源粘贴数据。

⑦ 单击数据库窗口右上角的"关闭"按钮，或在 Access 2010 主窗口选"文件"→"退出"菜单命令关闭数据库。

4. 数据库打开格式的转换

操作步骤：

① 选择"文件"→"打开"，弹出"打开"对话框。

② 在"打开"对话框的"查找范围"中选择"D:\ Access 实验\ 实验一"文件夹，在文件列表中选"教学管理. accdb"，然后单击"打开"按钮右边的箭头，在出现的四种打开方式中选择一种(注意：如果要设置密码，则必须选择"以独占方式打开")打开数据库，如图 10-6 所示。

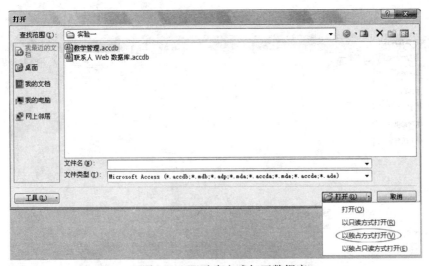

图 10-6　以独占方式打开数据库

③ 选择"文件"→"保存并发布"，在出现的"数据库另存为"窗格中选择"数据库文件类型"为"Access 2002—2003 数据库"，再单击"另存为"，在弹出的对话框中选择存储位置，并输入文件名即可。

（四）实训练习

① 创建数据库的两种方法的优缺点分别是什么？各自用于什么情况？

② 打开数据库时，各种打开方式有何不同？分别用于什么环境？

第 11 章　实验二：Access 数据表的创建

(一) 实验目的

① 熟练掌握数据表建立的方法，并能根据需要灵活的创建数据表。
② 熟练掌握建立表间关系、编辑表间关系的方法。

(二) 实验内容与要求

1. 使用"设计视图"创建"教师"表
① 在"教学管理. accdb"数据库中利用设计视图创建"教师"表，结构如表 11-1
所示。

表 11-1　"教师"表的结构

字段名称	数据类型	字段大小	格式
教师编号	文本	5	
姓名	文本	4	
性别	文本	1	
年龄	数字	整型	
工作时间	日期/时间	短日期	
政治面貌	文本	2	
学历	文本	5	
职称	文本	5	
邮箱密码	文本	6	
联系电话	文本	12	
在职否	是/否		是/否

② 根据"教师"表的结构，判断并设置主键。

③ 设置"工作时间"字段的有效性规则为：只能输入上一年度 5 月 1 日以前（含）的日期（规定：本年度年号必须用函数获取）。提示：用函数 DateSerial(year，month，day)

④ 将"在职否"字段的默认值设置为真值，设置"邮箱密码"字段的输入掩码为将输入的密码显示为 6 位星号（密码），设置"联系电话"字段的输入掩码，要求前 4 位为"010-"，后 8 位为数字。

⑤ 将"性别"字段值的输入设置为"男"、"女"列表选择。

2. 使用"数据表视图"创建"学生"表，并设置字段属性

① 使用"数据表视图"创建"学生"表，其结构如表 11-2 所示。

表 11-2　"学生"表的结构

字段名称	数据类型	字段大小	格式
学号	文本	10	
姓名	文本	4	
性别	文本	2	
年龄	数字	整型	
入校日期	日期/时间		短日期
党员否	是/否		是/否
住址	备注		
照片	OLE 对象		

② 设置"学生"表的字段属性：将"学生"表的"性别"字段的"字段大小"重新设置为 1，默认值设为"女"，索引设置为"有(有重复)"；将"入校日期"字段的"格式"设置为"短日期"，默认值设为当前系统日期；设置"年龄"字段，默认值设为 18，取值范围为 14~70，如超出范围则提示"请输入 14~70 的数据!"。

3. 通过导入方式来创建表

要求：将"课程表.xls"（如果该文件不存在，就先新建一个含有课程信息的 Excel 表，并另存为"课程表.xls"）如图 11-1 所示，导入到"教学管理.accdb"数据库中。

4. 创建"选课成绩"表

该表的结构如表 11-3 所示，并设置主键，且为"选课成绩"表中"课程编号"字段创建查阅列表，即该字段组合框的下拉列表中仅出现"课程表"中已有的课程信息。

图 11-1　课程表. xls

表 11-3　"选课成绩"表的结构

字段名称	数据类型	字段大小	格式
学号	文本	10	
课程编号	文本	10	
成绩	数字	整型	

5. 创建表间的关系，并实施参照完整性

6. 向表中输入数据

① 使用"数据表视图"，要求：将表 11-4 中的数据输入到"学生"表中。

表 11-4　"学生"表内容

学生编号	姓名	性别	年龄	入学日期	党员否	住址	照片
2012041101	张艺	女	21	2012-9-3	否	江西南昌	
2012041102	陈真	男	21	2012-9-2	是	北京海淀区	
2012041103	王洁	女	19	2012-9-3	是	江西九江	
2012041104	李飞	男	18	2012-9-2	是	上海静安区	
2012041105	张伟	男	22	2012-9-2	是	北京顺义	
2012041106	江吉	男	20	2012-9-3	否	湖北广水	
2012041107	严颜	男	19	2012-9-1	是	湖北仙桃	
2012041108	吴青	男	19	2012-9-1	是	福建福州	
2012041109	周舟	女	18	2012-9-1	否	广东中山	

② 向教师表中输入数据：在"教师"表中输入以下记录，如表 11-5 所示。

表 11-5　"教师"表的数据

教师编号	姓名	性别	年龄	工作时间	政治面貌	学历	职称	邮箱密码	联系电话	在职否
14001	李一	男	45	1970-6-1	群众	硕士	教授	Liyi	89789061	
14002	季节	女	30	1985-1-1	党员	博士	讲师	jijie	88906783	√
14003	胡青鸟	女	36	1979-4-20	党员	硕士	副教授	12345	87120987	√
14004	周细语	女	34	1981-1-1	党员	硕士	讲师	422211	89087698	√

7. 维护表

要求：① 将"学生"表备份，备份表名称为"学生 1"；

② 将"学生 1"表中的"性别"字段和"年龄"字段显示位置互换；

③ 将"学生 1"表中性别字段列隐藏起来；

④ 在"学生 1"表中冻结"姓名"列；

⑤ 在"学生 1"表中设置"姓名"列的显示宽度为 20；

⑥ 设置"学生 1"数据表格式，字体为黑体、大小 12、斜体、绿色。

(三) 实验步骤

1. 使用"设计视图"创建"教师"表

操作步骤：

① 打开"教学管理. accdb"数据库，在功能区上的"创建"选项卡的"表格"组中，单击"表设计"按钮，如图 11-2 所示。

图 11-2　创建表格

② 打开了表的设计视图，按照表 11-1 教师表结构内容，在字段名称列输入字段名称，在数据类型列中选择相应的数据类型，在常规属性窗格中设置字段大小，如图 11-3 所示。选择"教师编号"字段名称，在"表格工具/设计" 🔑 →"工具"组，单击按钮或在"教师编号"字段行单击鼠标右键后选择"主键"来设置主键。

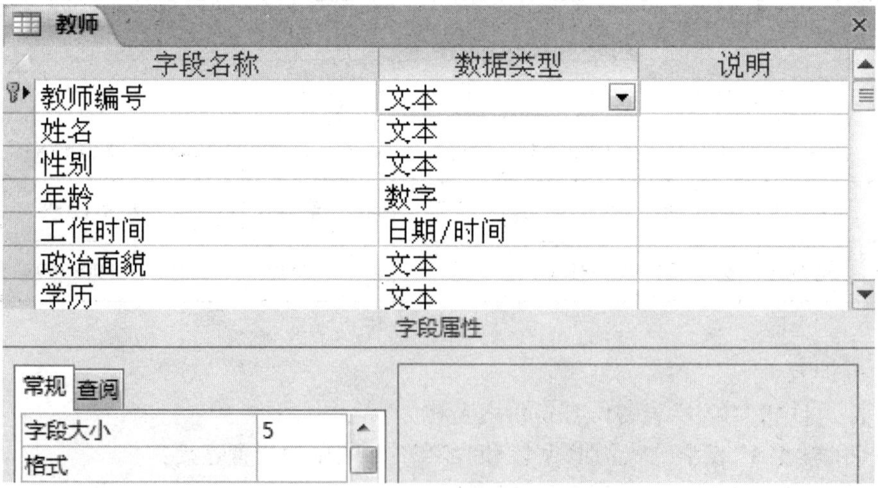

图 11-3　"设计视图"窗口

③ 单击保存按钮，在弹出的"另存为"对话框中输入表名称"教师"来保存表。

④ 在"教师"表设计视图中单击"工作时间"字段行任一处，在"有效性规则"行输入"<=DateSerial(Year(Date()) −1, 5, 1)"。

⑤ 步骤 1：在"教师"表设计视图中单击"在职否"字段行任一处，在"默认值"行输

入"True"，单击"保存"按钮。

步骤 2：单击"邮箱密码"字段行任一处，单击"常规"属性列表中"输入掩码"行的右侧生成器按钮，弹出"输入掩码向导"对话框，在列表选中"密码"行，单击"完成"按钮。

步骤 3：单击"联系电话"字段行任一处，在"输入掩码"行输入""010-"00000000"。

⑥ 在"性别"字段"数据类型"列表选中"查阅向导"，弹出"查阅向导"对话框，选中"自行键入所需的值"复选框，单击"下一步"按钮，分行依次输入"男"、"女"，单击"完成"按钮。单击"保存"按钮，关闭设计视图。

2. 使用"数据表视图"创建表，并设置字段属性

(1)使用"数据表视图"创建"学生"表

操作步骤：

① 打开"教学管理. accdb"数据库。

② 在功能区上的"创建"选项卡的"表格"组中，单击"表"按钮，如图 11-4 所示，这时会创建名为"表 1"的新表，并以"数据表视图"打开。

图 11-4　"表格"组

③ 选中 ID 字段，在"表格工具/字段"选项卡中的"属性"组中，单击"名称和标题"按钮，如图 11-5 所示。

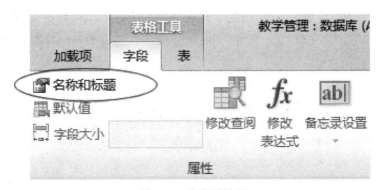

图 11-5　字段属性组

④ 打开了"输入字段属性"对话框，在"名称"文本框中，输入"学号"，如图 11-6 所示。

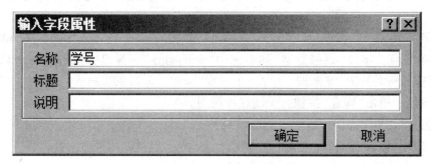

图 11-6 输入字段属性对话框

⑤ 选中"学号"字段列，在"表格工具/字段"选项卡的"格式"组中，把"数据类型"设置为"文本"，如图 11-7 所示。

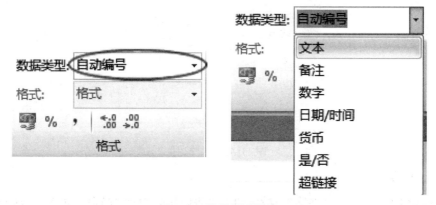

图 11-7 数据类型设置

⑥ 单击"单击以添加"，在出现的下拉菜单中，选择"文本"数据类型，这时 Access 自动为新字段命名为"字段 1"，双击"字段 1"，把"字段 1"的名称修改为"姓名"，如图 11-8 所示。

图 11-8 添加新字段

⑦ 以同样的方法，按表 11-2 学生表结构的属性所示，依次定义表的其他字段。

⑧ 最后在"快速访问工具栏"中，🅰️｜🖫 🔙 ▾ 🔜 ▾｜▼　单击保存🖫按钮。输入表名"学生"，单击"确定"按钮。

（2）设置"学生"表字段属性

操作步骤：

① 打开"教学管理. accdb"，双击"学生"表，打开学生表"数据表视图"，选择"开始"选项卡"视图"→"设计视图"。

② 选中"性别"字段行，在"常规"属性窗格中的"字段大小"框中输入 1，在"默认值"属性框中输入"女"，在"索引"属性下拉列表框中选择"有(有重复)"。

③ 选中"入校日期"字段行，在"格式"属性下拉列表框中，选择"短日期"格式，单击"默认值"属性框，再单击 ⌗ 弹出"表达式生成器"窗口，选中"函数"→"内置函数"→"日期/时间"→Date，双击 Date，如图 11-9 所示选择，再单击"确定"按钮。

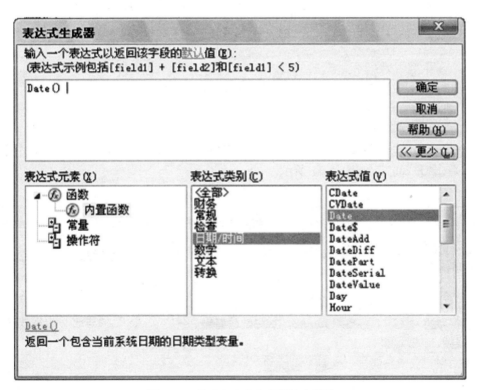

图 11-9　通过表达式生成器输入函数

④ 选中"年龄"字段行，在"默认值"属性框中输入 18，在"有效性规则"属性框中输入">= 14 and <= 70"，在"有效性文本"属性框中输入文字"请输入 14~70 之间的数据!"；单击"默认值"属性框，再单击 ⌗ 弹出"表达式生成器"窗口，选择"操作符"，按图 11-10 所示操作。

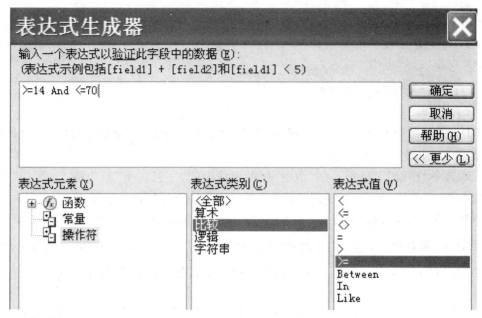

图 11-10　通过表达式生成器输入运算符

⑤ 单击快速工具栏上的"保存"按钮，保存"学生"表。

3. 通过导入来创建表

操作步骤：

① 打开"教学管理"数据库，在功能区，选中"外部数据"选项卡，在"导入并链接"组中，单击"Excel"，如图 11-11 所示。

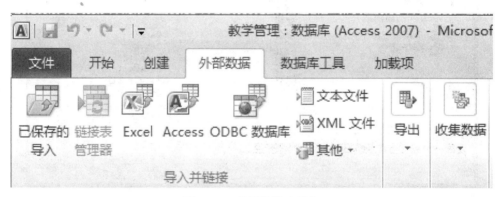

图 11-11　外部数据选项卡

② 在打开"获取外部数据库"对话框中，单击浏览按钮，在打开的"打开"对话框中，在"查找范围"定位与外部文件所在文件夹，选中导入数据源文件"课程表.xls"，单击打开按钮，返回到"获取外部数据"对话框中，单击"确定"按钮。如图 11-12 所示。

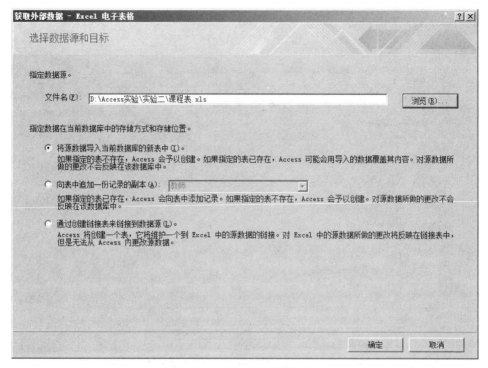

图 11-12　"获取外部数据"窗口

③ 在打开的"导入数据表向导"对话框中，直接单击"下一步"按钮，如图 11-13 所示。

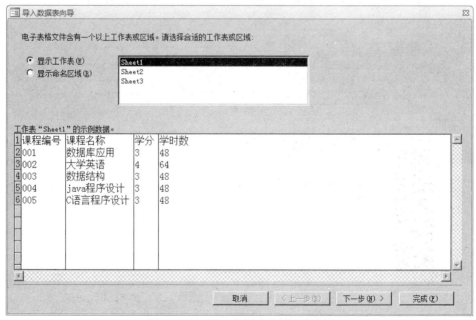

图 11-13　"导入数据表向导"对话框

④ 在打开的"请确定指定第一行是否包含列标题"对话框中，选中"第一行包含列标题"复选框，然后单击"下一步"按钮，如图 11-14 所示。

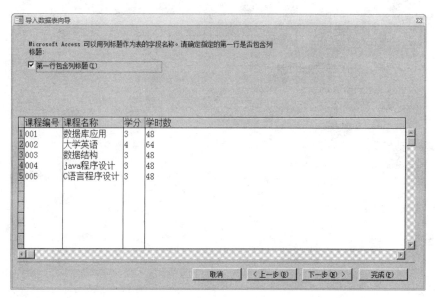

图 11-14　"请确定指定第一行是否包含列标题"对话框

⑤ 在打开的指定导入每一字段信息对话框中，指定"课程编号"的数据类型为"文本"，索引项为"有（无重复）"，如图 11-15 所示，然后依次选择其他字段，设置"学分"、"学时数"的数据类型为"整型"，其他默认。单击"下一步"按钮。

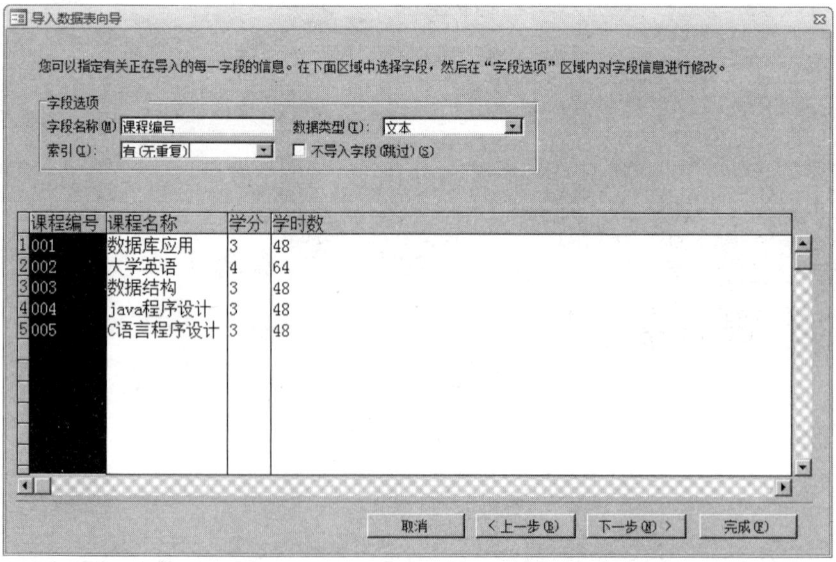

图 11-15　字段选项设置

⑥ 在打开的定义主键对话框中，选中"我自己选择主键"，选中"课程编号"，然后单击"下一步"按钮，如图 11-16 所示。

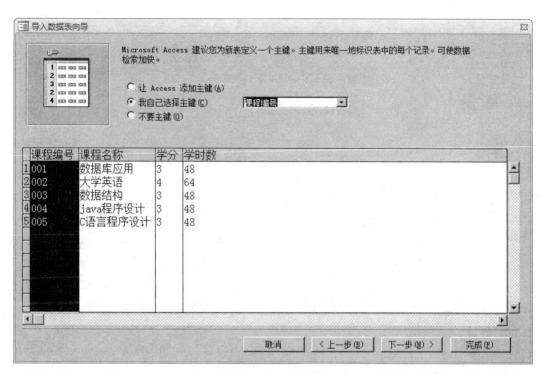

图 11-16 主键设置

⑦ 在打开的指定表的名称对话框中，在"导入到表"文本框中，输入"选课成绩"，单击完成按钮。

综上所述，即完成使用导入方法创建表。

4. 创建"选课成绩"表

操作步骤：

① 可使用"设计视图"或"数据表视图"创建"选课成绩"表，操作方法与前面的介绍类似。

② 这里的主键是组合主键："学号"和"课程编号"字段，所以在"选课成绩"表的"设计视图"中，按住 Ctrl 键，同时选中"学号"字段行和"课程编号"字段行，单击右键设置主键。

③ 选择"课程编号"字段，在"数据类型"列的下拉列表中选择"查阅字段向导"，打开"查阅向导"对话框，选中"使用查阅字段获取其他表或查询中的值"单选按钮。如图 11-17"请确定查阅字段获取其数值的方式"对话框所示。

④ 单击下一步按钮，在"请选择为查阅字段提供数值的表或查询"对话框中，选择"表：课程"，视图框架中选"表"单选项。如图 11-18"请选择为查阅字段提供数值的表或查询"对话框所示。

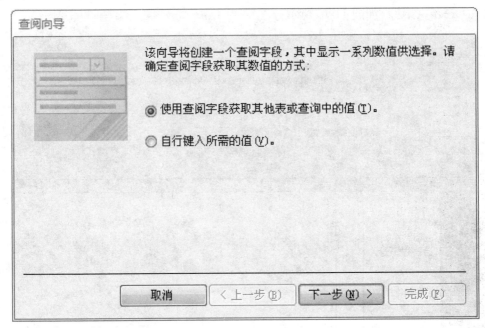

图 11-17 "请确定查阅字段获取其数值的方式"对话框

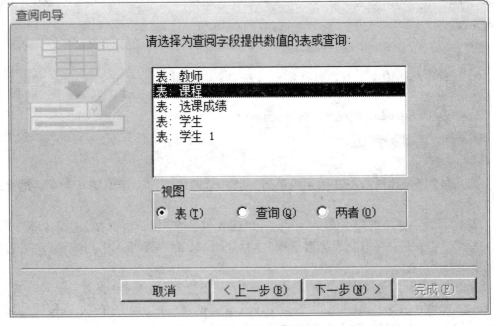

图 11-18 "请选择为查阅字段提供数值的表或查询"对话框

⑤ 单击下一步按钮，双击可用字段列表中的"课程编号"、"课程名称"，将其添加

到"选定字段"列表框中。如图 11-19 选择可用字段对话框所示。

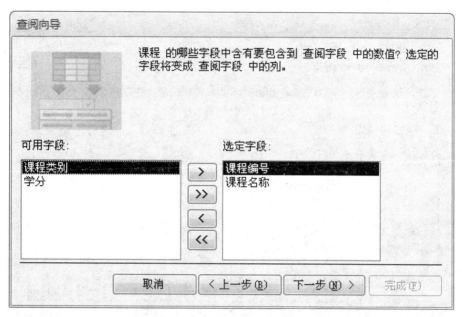

图 11-19　选择可用字段对话框

⑥ 单击下一步按钮，在"排序次序"对话框中，确定列表使用的排序次序，如图 11-20"排序次序"对话框所示。

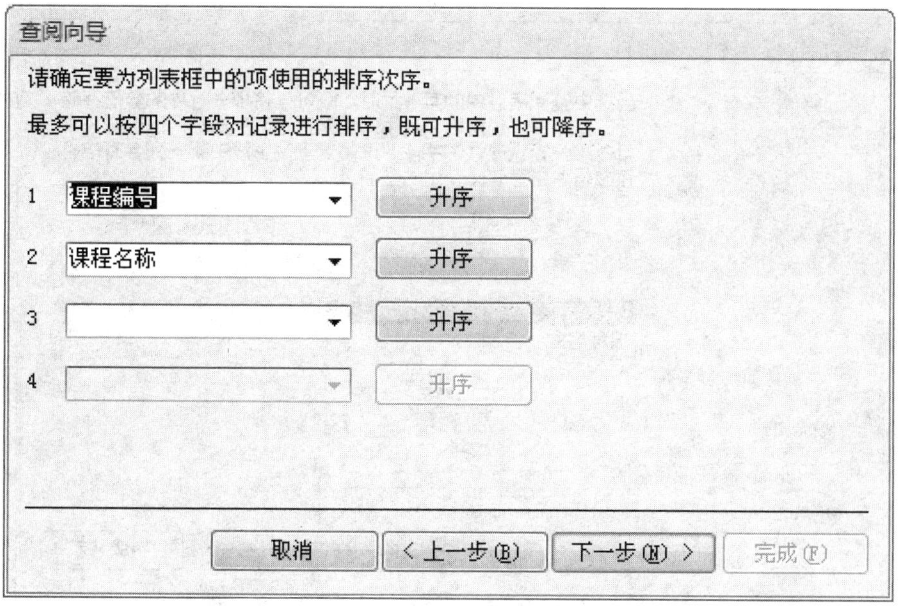

图 11-20　"排序次序"对话框

⑦ 单击下一步按钮，在"请指定查阅字段中列的宽度"对话框中，取消"隐藏键列"。如图 11-21 所示。

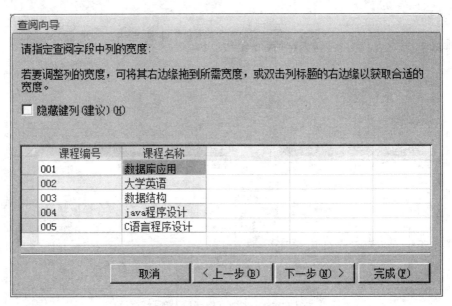

图 11-21 "请指定查阅字段中列的宽度"对话框

⑧ 单击下一步按钮，在"可用字段"中选择"课程编号"作为唯一标识行的字段。如图 11-22"选择可用字段作为唯一标识行的字段"对话框所示。

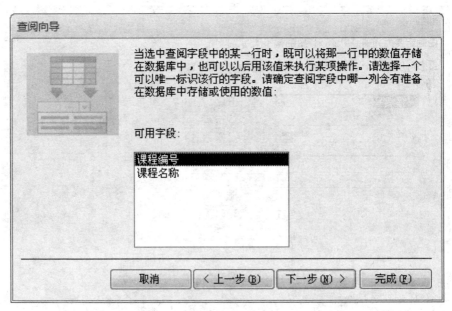

图 11-22 "选择可用字段作为唯一标识行的字段"对话框

⑨ 单击下一步按钮，为查阅字段指定标签。单击"完成"。如图 11-23"为查阅字段指定标签"对话框所示。

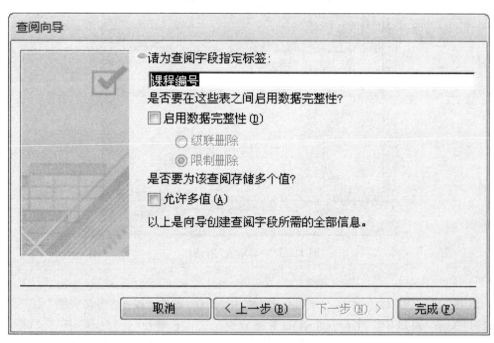

图 11-23 "为查阅字段指定标签"对话框

⑩ 切换到"数据表视图"，结果如图 11-24"结果数据表"所示。

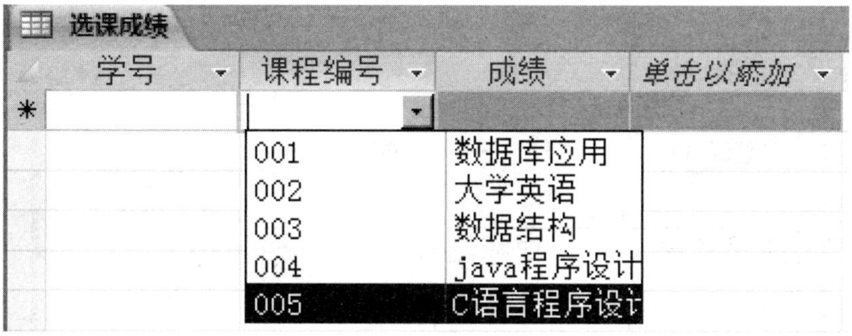

图 11-24 结果数据表

5. 创建表间的关系，并实施参照完整性

操作步骤：

① 打开"教学管理. accdb"数据库，"数据库工具/关系"组，单击功能栏上的"关系"按钮 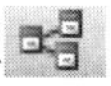 ，打开"关系"窗口，同时打开"显示表"对话框，如图 11-25 所示。

图 11-25　"显示表"对话框

　　② 在"显示表"对话框中，分别双击"学生"表、"课程"表、"选课成绩"表，将其添加到"关系"窗口中。注：三个表的主键分别是"学生编号"，"选课 ID"，"课程编号"。

　　③ 关闭"显示表"窗口。

　　④ 选定"课程"表中的"课程编号"字段，然后按下鼠标左键并拖动到"选课成绩"表中的"课程编号"字段上，松开鼠标。此时屏幕显示如图 11-26 所示的"编辑关系"对话框。

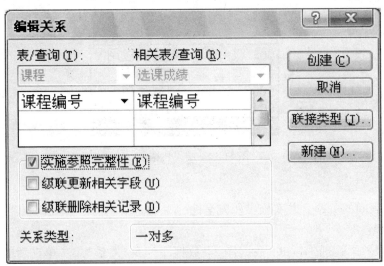

图 11-26　"编辑关系"对话框

⑤ 选中"实施参照完整性"复选框，单击"创建"按钮。

注意：必须保证工作区的表建立关系时都处于关闭状态，否则会报错，如图 11-27 所示，"选课成绩"表没有关闭，执行操作④ 、⑤ 时则弹出如图 11-28 所示的报错对话框。

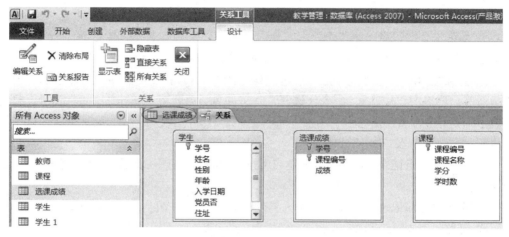

图 11-27　工作区"选课成绩"表处于打开状态

图 11-28　表打开时建立关系的报错对话框

⑥ 用同样的方法将"学生"表中的"学号"字段拖到"选课成绩"表中的"学号"字段上，并选中"实施参照完整性"，结果如图 11-29 所示。

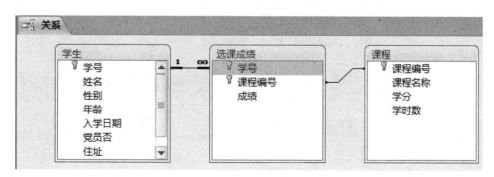

图 11-29　表间关系

⑦ 单击"保存"按钮，保存表之间的关系，单击"关闭"按钮，关闭"关系"窗口。

6. 向表中输入数据

① 使用"数据表视图"将表 11-4 中的数据输入到"学生"表中。

操作步骤：

a. 打开"教学管理. accdb"，在"导航窗格"中选中"学生"表双击，打开"学生"表"数据表视图"。

b. 从第 1 个空记录的第 1 个字段开始分别输入"学生编号"、"姓名"和"性别"等字段的值，每输入完一个字段值，按 Enter 键或者按 Tab 键转至下一个字段。

c. 输入"照片"时，将鼠标指针指向该记录的"照片"字段列，单击鼠标右键，打开快捷菜单，选择"插入对象"命令，选择"由文件创建"选项，单击"浏览"按钮，打开"浏览"对话框，在"查找范围"栏中找到存储图片的文件夹，并在列表中找到并选中所需的图片文件，单击"确定"按钮。

d. 输入完一条记录后，按 Enter 键或者按 Tab 键转至下一条记录，继续输入下一条记录。

e. 输入完全部记录后，单击快速工具栏上的"保存"按钮，保存表中的数据。

② 向教师表中输入数据：在"教师"表中输入记录，如表 11-5 所示。

操作步骤：参照①的操作步骤。

7. 维护表

操作步骤：

① 打开"教学管理. accdb"数据库，在导航窗格中，选"学生"表，选"文件"选项卡，单击"对象另存为"菜单命令，打开"另存为"对话框，将"学生"表另存为"学生 1"。如图 11-30 所示。

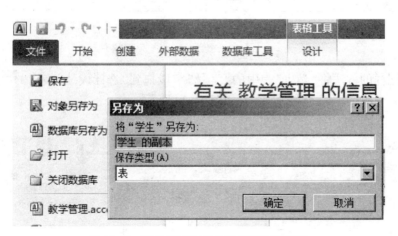

图 11-30　对象另存为菜单及另存为对话框

② 用"数据表视图"打开"学生 1"表，选中"性别"字段列，按下鼠标左键拖动鼠标到"年龄"字段后，释放鼠标左键。

③ 选中"性别"列，右键弹出菜单→选择"隐藏字段"菜单命令，如图 11-31 所示。

④ 选中"姓名"列，右键弹出菜单→选择"冻结字段"菜单命令。

⑤ 选中"姓名"列，右键弹出菜单→选择"字段宽度"菜单命令，将列宽设置为 20，单击"确定"按钮。

图 11-31 右键弹出菜单

⑥ 打开"学生 1"的数据表视图，选中所有数据，在"开始"|"文本格式"组按要求进行设置。如图 11-32 所示。

图 11-32 字体格式设置

（四）实训练习

① 在考生文件夹下，"教学管理. accdb"数据库文件中已建立两个表对象（名为"学生表"和"班级表"）。试按以下要求，顺序完成表的各种操作：

a. 将"学生表"的行高设为 15。

b. 设置表对象"学生表"的年龄字段有效性规则为：大于 3 岁且小于 45 岁（不含 3 岁和 45 岁）；同时设置相应有效性文本为"请输入有效年龄"。

c. 在表对象"学生表"的年龄和入学日期两字段之间新增一个字段，字段名称为"密码"，数据类型为文本，字段大小为 6，同时，要求设置输入掩码使其以星号方式（密码）显示。

d. 冻结学生表中的姓名字段。

e. 将表对象"学生表"数据导出到考生文件夹 E：\ ，以文本文件形式保存，命名为Test. txt。要求：第一行包含字段名称，各数据项间以分号分隔。

f. 创建表对象"班级表"，该表包含字段：班级编号、班级名称，为"学生表"新增字段"班级编号"。

g. 建立表对象"学生表"和"班级表"的表间关系，实施参照完整性。

② 在考生文件夹下，"samp1. accdb"数据库文件中已建立两个表对象（名为"职工表"和"部门表"）。试按以下要求，顺序完成表的各种操作：

a. 设置表对象"职工表"的聘用时间字段默认值为系统日期。

b. 设置表对象"职工表"的性别字段有效性规则为：男或女；同时设置相应有效性文本为"请输入男或女"。

c. 将表对象"职工表"中编号为"000019"的员工的照片字段值设置为考生文件夹下的图像文件"000019. bmp"数据。

d. 删除职工表中姓名字段含有"江"字的所有员工记录。

e. 将表对象"职工表"导出到考生文件夹下的"samp. accdb"空数据库文件中，要求只导出表结构定义，导出的表命名为"职工表 bk"。

f. 建立当前数据库表对象"职工表"和"部门表"的表间关系，并实施参照完整性。

第 12 章　实验三：查询的创建与操作

（一）实验目的

① 掌握各种查询的创建方法。

② 掌握查询条件的表示方法。

③ 掌握应用 SQL 中 SELECT 语句进行数据查询的方法。

④ 理解 SQL 中数据定义和数据操纵语句。

（二）实验内容与要求

1. 创建选择查询

① 利用"简单查询向导"创建一个查询，要求：以"教师"表为数据源，查询教师的姓名和职称信息，所建查询命名为"教师职称情况"。

② 创建一个多表选择查询，要求：查询学生所选课程的成绩，并显示"学号"、"姓名"、"课程名称"和"成绩"字段，将该查询命名为"学生选课成绩查询"。

③ 创建带条件的选择查询，要求：查找 2012 年 9 月 3 日入学的女生信息，要求显示"学号"、"姓名"、"性别"、"党员否"信息。

④ 创建带条件的统计查询，要求：统计 2012 年入学的女生人数。

⑤ 创建分组统计查询，要求：统计男、女学生年龄的最大值、最小值和平均值。

⑥ 创建带计算字段的查询，要求：显示教师的姓名、工作时间和工龄。

2. 创建参数查询

要求：从"学生选课成绩查询"里查找成绩在某范围内的学生的"姓名"和"成绩"信息，保存为"按成绩范围查询"。

3. 创建交叉表查询

① 使用交叉表查询向导创建查询，统计每个学生的选课情况和平均成绩，行标题为"学号"，列标题为"课程编号"，计算字段为"成绩"。注意：交叉表查询不做各行小计。

② 使用设计视图创建交叉表查询，用于统计各门课程男女生的平均成绩。

4. 创建操作查询

① 创建生成表查询：将成绩在 90 分以上学生的"学号"、"姓名"、"课程名称"、"成绩"存储到"优秀成绩"表中。

② 创建删除查询：将"学生"表的备份表"学生表副本"表中姓"张"的学生记录

删除。

③ 创建更新查询：将"课程编号"为"001"的"成绩"乘以 60%。

④ 创建追加查询：将选课成绩在 80~89 分之间的学生记录添加到已建立的"优秀成绩"表中。

5. 使用 SQL 中 SELECT 语句进行数据查询

① 对"学生"表进行查询，显示全部学生信息。

② 求出所有教师的平均年龄。

③ 列出成绩在 90 分到 100 分之间的学生名单。

④ 列出所有的姓"张"的学生名单。

⑤ 分别统计"学生"表中男女生人数。

6. SQL 的数据定义与数据操纵语句

① 在"教学管理"数据库中建立"班级"表结构：包括班级编号，班级名称，班主任，其中班主任允许为空值，写出 SQL 语句。

② 为"课程"表增加一个整数类型的"学时"字段，写出 SQL 语句。

③ 在"教学管理"数据库中删除已建立的"班级"表，写出 SQL 语句。

④ 向"学生"表中添加记录，学号为"1501"，姓名为"齐心"，写出 SQL 语句。

⑤ 将所有党员学生的成绩加 2 分，写出 SQL 语句。

⑥ 写出对"教学管理"数据库进行如下操作的 SQL 语句：将"学生"表备份为"学生表 1"，删除"学生表 1"中所有男生的记录。

(三) 实验步骤

1. 创建选择查询

(1) 利用"简单查询向导"创建一个查询

操作步骤：

① 打开"教学管理. accdb"数据库，单击"创建" | "查询"组→单击"查询向导"弹出"新建查询"对话框。如图 12-1 所示。

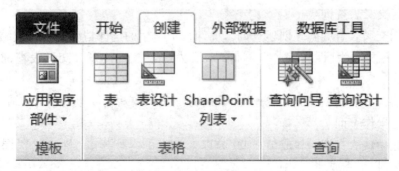

图 12-1　创建查询

② 在"新建查询"对话框中选择"简单查询向导"，单击"确定"按钮，在弹出的对话框的"表/查询"下拉列表框中选择数据源为"表：教师"，再分别双击"可用字段"列表中的"姓名"和"职称"字段，将它们添加到"选定的字段"列表框中，如图 12-2 所示。然后单击"下一步"按钮，为查询指定标题为"教师职称情况"，最后单击"完成"按钮。

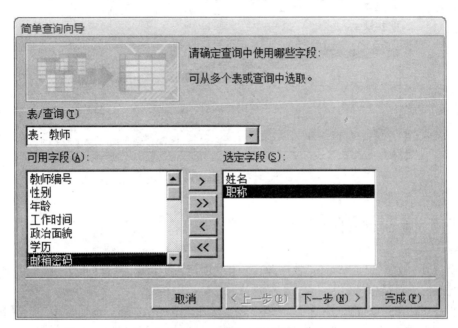

图 12-2　简单查询向导

（2）创建多表选择查询

操作步骤：

① 打开"教学管理. accdb"数据库，在导航窗格中，单击"查询"对象，单击"创建" ｜ "查询"组→"查询向导"弹出"新建查询"对话框。

② 在"新建查询"对话框中选择"简单查询向导"，单击"确定"按钮，在弹出的对话框的"表/查询"中先选择查询的数据源为"学生"表，并将"学号"、"姓名"字段添加到"选定字段"列表框中，再分别选择数据源为"课程"表和"选课成绩"表，并将"课程"表中的"课程名称"字段和"选课成绩"表中的"成绩"字段添加到"选定字段"列表框中。选择结果如图 12-3 所示。

③ 单击"下一步"按钮，选"明细"选项。

④ 单击"下一步"按钮，为查询指定标题"学生选课成绩"，选择"打开查询查看信息"选项。

⑤ 单击"完成"按钮，弹出查询结果数据表。

注意：查询涉及"学生"、"课程"和"选课成绩" 3 个表，在创建查询前要先建立好三个表之间的关系。

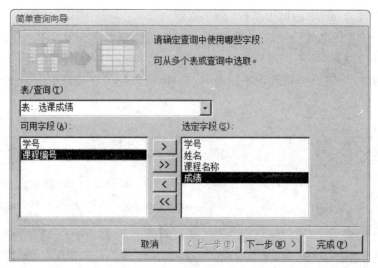

图 12-3 多表查询

（3）创建带条件的选择查询

操作步骤：

① 打开"教学管理.accdb"数据库，单击"创建"选项卡，"查询"组→"查询设计"，出现"显示表"对话框。

② 在"显示表"对话框中选择"学生"表，单击"添加"按钮，添加学生表，关闭"显示表"对话框。依次双击"学号"、"姓名"、"性别"、"入学日期"、"党员否"字段，将它们添加到查询设计器的字段列表窗格中"字段"行的第 1~5 列中，如图 12-4 所示。

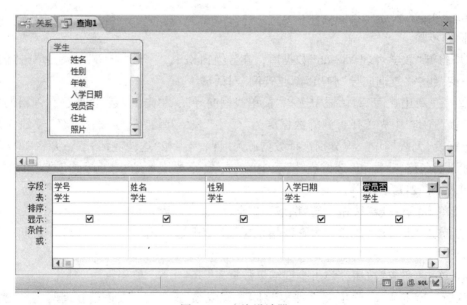

图 12-4 查询设计器

③ 单击"入学日期"字段"显示"行上的复选框，使其空白，查询结果中不显示入学日期字段值。

④ 在"性别"字段列的"条件"行中输入条件"女"，在"入学日期"字段列的"条件"行中输入条件#2012-9-3#，设置结果如图 12-5 所示。

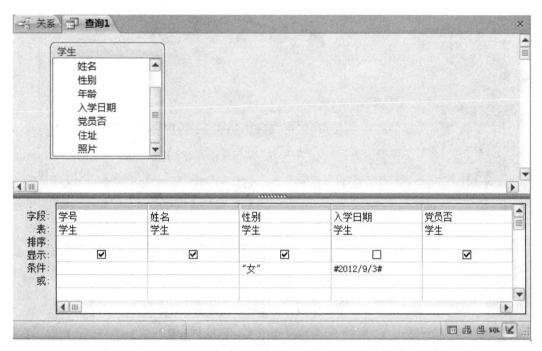

图 12-5　带条件的查询

⑤ 单击保存按钮，在"查询名称"文本框中输入"2012 年 9 月 3 日入学的女生信息"，单击"确定"按钮。

⑥ 单击"查询工具/设计"→"结果"组的"运行"按钮，查看查询结果。

(4)创建带条件的统计查询

操作步骤：

① 在设计视图中创建查询，添加"学生"表到查询设计视图中。

② 双击"学号"、"性别"和"入学日期"字段，将它们添加到"字段"行的第 1～3 列中。

③ 单击"性别"、"入校日期"字段"显示"行上的复选框，使其复选框空白。

④ 单击"查询工具/设计"→"显示/隐藏"组上的"汇总"按钮，就插入了一个"总计"行，单击"学号"字段的"总计"行右侧的向下箭头，选择"计数"函数，"性别"和"入校日期"字段的"总计"行选择"where"选项。

⑤ 在"性别"字段列的"条件"行中输入条件"女"；在"入学日期"字段列的"条件"行中输入条件 Year([入学日期])= 2012，如图 12-6 所示。

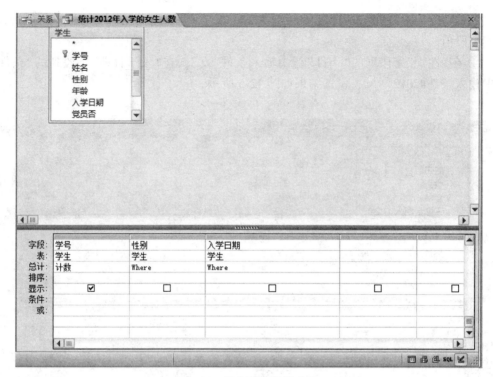

图 12-6　带条件的统计查询

⑥ 单击保存按钮，在"查询名称"文本框中输入"统计 2012 年入学的女生人数"。

⑦ 运行查询，查看结果。

（5）创建分组统计查询

操作步骤：

① 在设计视图中创建查询，添加"学生"表到查询设计视图中。

② 双击"性别"，双击 3 次"年龄"，使之分别添加到字段行的第 1～4 列。

③ 单击"查询工具/设计"→"显示/隐藏"组上的"汇总"按钮，就插入了一个"总计"行，在"性别"字段的"总计"行中选择"Group By"，"年龄"字段的"总计"行分别选择最大值、最小值和平均值，查询的设计窗口如图 12-7 所示。

④ 单击保存按钮，在"查询名称"文本框中输入"统计男女生年龄"。

⑤ 运行查询，查看结果。

（6）创建带计算字段的查询

操作步骤：

① 在设计视图中创建查询，添加"教师"表到查询设计视图中。

② 双击"姓名"添加到"字段"行第 1 列中，双击"工作时间"添加到"字段"行第 2 列，在"字段"行第 3 列输入"工龄：Year（Date（））–Year（［工作时间］）"，并选中该列"显示"行上的复选框。如图 12-8 所示。

③ 单击"保存"按钮，将查询命名为"教师工龄"，运行并查看结果。

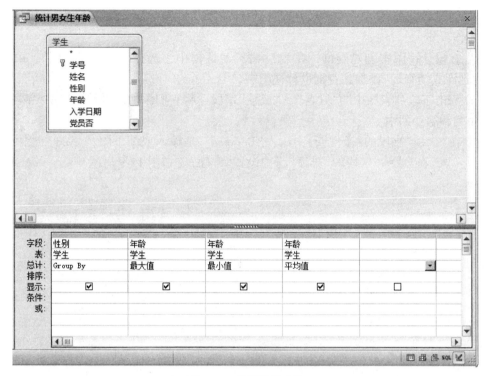

图 12-7　分组统计查询

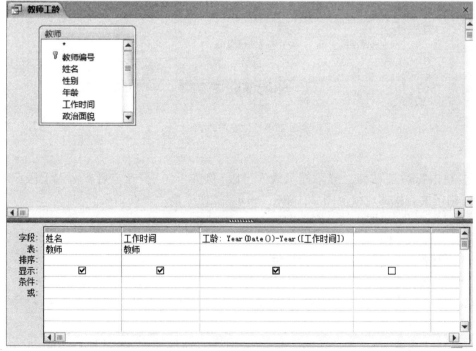

图 12-8　带计算字段的查询

2. 创建参数查询

操作步骤：

① 在设计视图中创建查询，在"显示表"对话框中，选择"查询"选项卡，并双击"学生选课成绩查询"添加到查询设计视图中。

② 双击字段列表区中的"姓名"、"成绩"字段，将它们添加到设计网格中"字段"行的第 1 列和第 2 列中。

③ 在"成绩"字段的"条件"行中输入"Between［请输入成绩下限：］And［请输入成绩上限：］"，在"成绩"字段的"排序"行中设置"升序"。如图 12-9 所示。

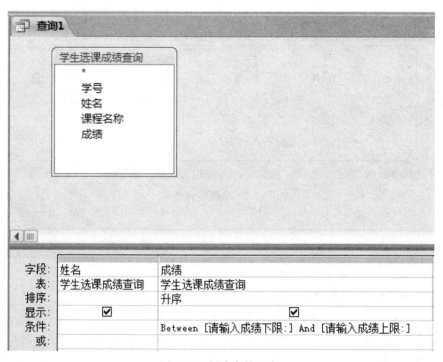

图 12-9　创建参数查询

④ 单击"运行"按钮，屏幕提示输入下限（例如：60），确定后，输入上限（例如：100），指定要查找的成绩范围后，单击"确定"按钮，显示查询结果。

⑤ 保存查询为"按成绩范围查询"。

3. 创建交叉表查询

（1）利用"交叉表查询向导"创建查询

操作步骤：

① 选择"创建"选项卡"查询"组的"查询向导"，在弹出的对话框中，选择"交叉表查询向导"。

② 选择"视图"选项中选择"表"选项，选择"选课成绩"表，如图 12-10 所示。单击"下一步"按钮。

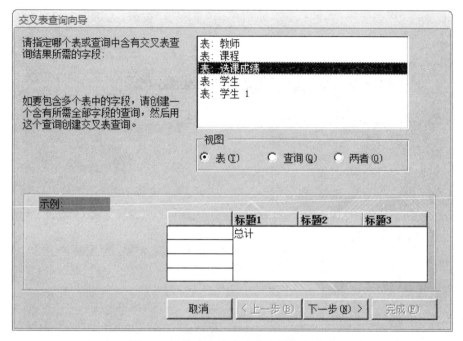

图 12-10　指定包含交叉表查询字段的表

③ 将"可用字段"列表中的"学号"添加到其右侧的"选定字段"列表中，即将"学号"作为行标题，单击"下一步"按钮。如图 12-11 所示。

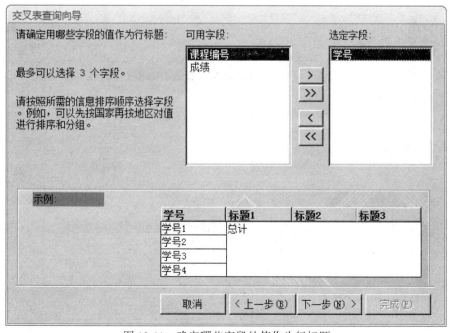

图 12-11　确定哪些字段的值作为行标题

④ 选择"课程编号"作为列标题，然后单击"下一步"按钮，如图 12-12 所示。

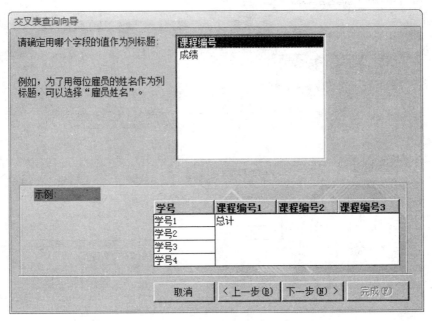

图 12-12　确定哪个字段的值作为列标题

⑤ 在"字段"列表中，选择"成绩"作为统计字段，在"函数"列表中选"平均"选项，取消"是，包含各行小计"的选择，如图 12-13 所示。单击"下一步"按钮。

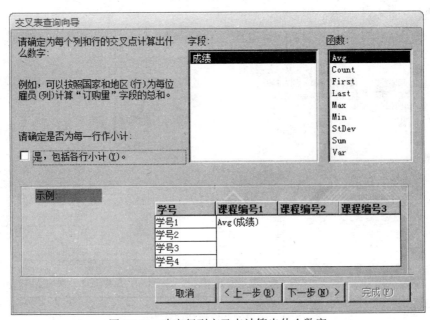

图 12-13　确定行列交叉点计算出什么数字

⑥ 在"指定查询的名称"文本框中输入"选课成绩交叉查询"，选择"查看查询"选项，最后单击"完成"按钮。

（2）使用设计视图创建交叉表查询

操作步骤：

① 打开"教学管理. accdb"数据库，单击"创建"选项卡，"查询"组→"查询设计"，出现"显示表"对话框，将"课程"、"选课成绩"和"学生"三个表添加到查询设计视图中。

② 双击"课程"表中的"课程名称"字段，"学生"表中的"性别"字段，"选课成绩"表中的"成绩"字段，将它们添加到"字段"行的第 1~3 列中。

③ 选择"查询工具 | 设计"选项卡的"查询类型"组→"交叉表"。

④ 在"课程名称"字段的"交叉表"行，选择"行标题"选项，在"性别"字段的"交叉表"行，选择"列标题"选项，在"成绩"字段的"交叉表"行，选择"值"选项，在"成绩"字段的"总计"行，选择"平均值"选项，如图 12-14 所示。

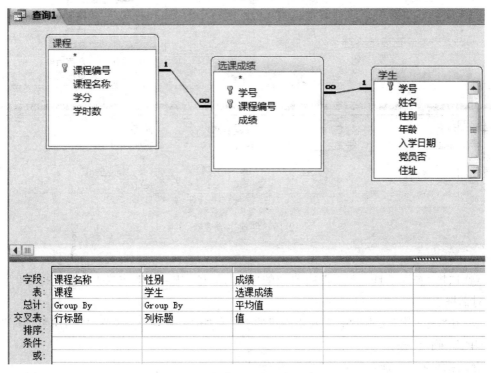

图 12-14　创建交叉表查询设计视图

⑤ 单击"保存"按钮，将查询命名为"统计各门课程男女生的平均成绩"，运行查询，查看结果数据表。

4. 创建操作查询

（1）创建生成表查询

操作步骤：

① 打开"教学管理. accdb"数据库，单击"创建"选项卡，"查询"组→"查询设计"，出现"显示表"对话框，将"课程"、"选课成绩"和"学生"三个表添加到查询设计视图中。

② 双击"学生"表中的"学号"、"姓名"字段，"课程"表中的"课程名称"字段，"选课成绩"表中的"成绩"字段，将它们添加到设计网格中"字段"行中。

③ 在"成绩"字段的"条件"行中输入条件"＞＝90"，如图 12-15 所示。

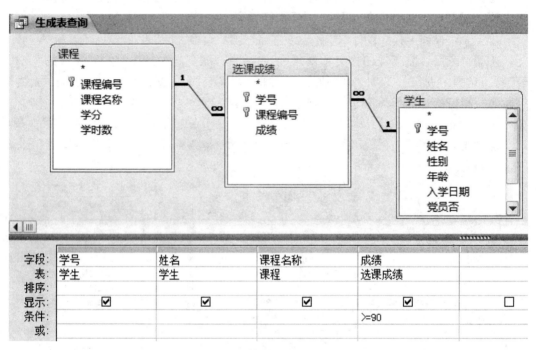

图 12-15　创建生成表查询

④ 选择"查询工具 | 设计"选项卡的"查询类型"组→"生成表"命令，打开"生成表"对话框。

⑤ 在"表名称"文本框中输入要创建的表名称"优秀成绩"，并选中"当前数据库"选项，单击"确定"按钮。

⑥ 保存查询，查询名称为"生成表查询"。

⑦ 单击"查询工具 | 设计"选项卡的"结果"组→"运行"按钮，屏幕上出现一个提示框，单击"是"按钮，开始建立"优秀成绩"表。

⑧ 在"导航窗格"中的"表"对象项，可以看到生成了"优秀成绩"表，双击它，在数据表视图中查看其数据。

（2）创建删除查询

操作步骤：

① 在"导航窗格"→"表"对象→选中"学生"表，单击"文件"选项卡→"对象另存为"菜单命令，输入新的表名"学生表副本"。

② 单击"创建"选项卡，"查询"组→"查询设计"，出现"显示表"对话框，将"学生表副本"表添加到查询设计视图中。

③ 双击字段列表中的"姓名"字段，将它添加到设计网格中"字段"行中。

④ 选择"查询工具 | 设计"选项卡的"查询类型"组→"删除"命令，设计网格中增加一个"删除"行。

⑤ "姓名"字段的"删除"行显示"Where"，在该字段的"条件"行中输入条件"Left（［姓名］，1）= "张""，如 12-16 所示。

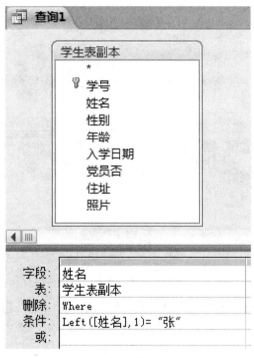

图 12-16　创建删除查询

⑥ 保存查询为"删除查询"。

⑦ 单击工具栏上的"运行"按钮，在弹出的提示框中单击"是"按钮，完成删除查询的运行。

⑧ 打开"学生的副本"表，查看姓"张"的学生记录是否被删除。

（3）创建更新查询

操作步骤：

① 打开"教学管理. accdb"数据库，单击"创建"选项卡，"查询"组→"查询设计"，出现"显示表"对话框，将"选课成绩"表添加到查询设计视图中。

② 双击"选课成绩"表中的"课程编号"、"成绩"字段，将它们添加到设计网格中

"字段"行中。

③ 选择"查询工具 | 设计"选项卡的"查询类型"组→"更新"命令，设计网格中增加一个"更新到"行。

④ 在"课程编号"字段的"条件"行中输入条件"001"，在"成绩"字段的"更新到"行中输入"[成绩]*0.6"，如图 12-17 所示。

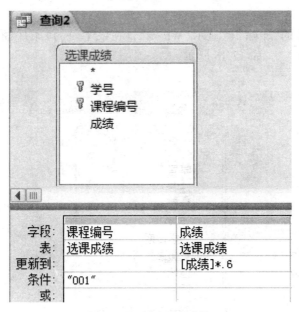

图 12-17　创建更新查询

⑤ 保存查询为"更新查询"。

⑥ 单击工具栏上的"运行"按钮，在弹出的提示框中单击"是"按钮。

⑦ 打开"选课成绩"表，查看成绩是否发生了变化。

(4)创建追加查询

操作步骤：

① 打开"教学管理.accdb"数据库，单击"创建"选项卡，"查询"组→"查询设计"，出现"显示表"对话框，并将"学生"表和"选课成绩"表添加到查询设计视图中。

② 双击"学生"表中的"学号"、"姓名"字段，"选课成绩"表中的"成绩"字段，将它们添加到设计网格中"字段"行中，"追加到"行中自动填上"学号"、"姓名"和"成绩"。

③ 在"成绩"字段的"条件"行中，输入条件">=80 And <89"。

④ 选择"查询工具 | 设计"选项卡的"查询类型"组→"追加查询"命令。

⑤ 在"追加到"选项中的"表名称"下拉列表框中选"优秀成绩"表，并选中"当前数据库"选项，单击"确定"按钮，如图 12-18 所示；这时设计网格中增加一个"追加到"行。如图 12-19 所示。

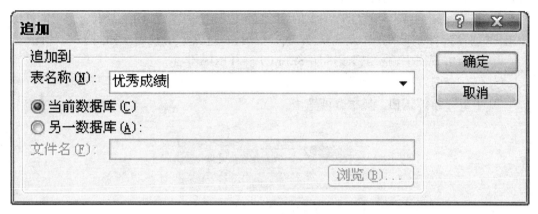

图 12-18　追加对话框

图 12-19　创建追加查询的设计视图

⑥ 保存查询为"追加查询"。

⑦ 单击工具栏上的"运行"按钮，单击"是"按钮，完成记录的追加。

⑧ 打开"优秀成绩"表，查看追加的记录。

5. 创建 SQL 查询

(1)对"学生"表进行查询，显示全部学生信息

操作步骤：

① 在设计视图中创建查询，不添加任何表，在"显示表"对话框中直接单击"关闭"

按钮，进入空白的查询设计视图。

②选择"查询工具|设计"选项卡的"查询类型"组，单击"SQL 视图"按钮（也可以单击鼠标右键，在弹出的快捷菜单选择 SQL 视图），进入 SQL 视图。如图 12-20 所示。

③在 SQL 视图中输入以下语句：SELECT ＊ FROM 学生。

④保存查询为"SQL 查询"。

⑤单击"运行"按钮，显示查询结果。

图 12-20 SQL 视图菜单

（2）在 SQL 视图中输入以下语句

SELECT AVG(年龄) AS 平均年龄 FROM 教师

（3）在 SQL 视图中输入以下语句

SELECT 学号，成绩 FROM 选课成绩 WHERE 成绩 BETWEEN 90 AND 100

（4）在 SQL 视图中输入以下语句

SELECT 学号，姓名 FROM 学生 WHERE 姓名 LIKE"张＊"

（5）在 SQL 视图中输入以下语句

SELECT 性别，COUNT(＊) AS 人数 FROM 学生 GROUP BY 性别

6. SQL 的数据定义与数据操纵语句

（1）在 SQL 视图中输入以下语句

CREATE TABLE 班级(班级编号 Char(20)，班级名称 Char(20)，班主任 Char(20) Null)

（2）在 SQL 视图中输入以下语句

ALTER TABLE 课程 ADD 学时 Smallint

（3）在 SQL 视图中输入以下语句

DROP TABLE 班级

（4）在 SQL 视图中输入以下语句

INSERT INTO 学生（学号，姓名）VALUES（"1501"，"齐心"）

（5）在 SQL 视图中输入以下语句

UPDATE 选课成绩 SET 成绩＝成绩+2

WHERE 学号 IN（SELECT 学号 FROM 学生 WHERE 政治面貌＝"党员"）

（6）在 SQL 视图中输入以下语句

DELETE FROM 学生 1 WHERE 性别＝"男"

（四）实训练习

考生文件夹下存在一个数据库文件"教学管理. accdb"，里面已经设计好"学生"、"课程"、"选课成绩"三个关联表对象和一个临时表"tTemp"（该表为教师表的副本）。试按以下要求完成设计：

① 创建一个查询，查找并显示不是党员的学生的"学号"、"姓名"、"性别"和"年龄"四个字段内容，所建查询命名为"qT1"。

② 创建一个查询，查找并显示所有学生的"姓名"、"课程号"和"成绩"三个字段内容，所建查询命名为"qT2"。注意：这里涉及选课和没选课的所有学生信息，要考虑选择合适查询连接属性。

③ 创建一个参数查询，查找并显示学生的"学号"、"姓名"、"性别"和"年龄"四个字段内容。其中设置性别字段为参数，所建查询命名为"qT3"。

④ 创建一个查询，删除临时表对象"tTemp"中年龄为奇数的记录，所建查询命名为"qT4"。

第13章　实验四：窗体的创建与设计

（一）实验目的

① 掌握窗体创建的方法。
② 掌握向窗体中添加控件的方法。
③ 掌握窗体的常用属性和常用控件属性的设置。

（二）实验内容和要求

① 使用"窗体"按钮创建"学生"窗体。
② 使用"自动创建窗体"在"教学管理.accdb"数据库中创建一个"纵栏式"窗体，用于显示"教师"表中的信息。
③ 以"学生"表为数据源自动创建一个"数据透视表"窗体，用于统计男女生的党员分布情况。
④ 以"学生"表和"选课成绩"表为数据源创建一个主/子窗体。
⑤ 在设计视图中创建窗体并使用控件，要求：以"学生"表的备份表"学生2"为数据源创建一个窗体，用于输入学生信息，添加选项组控件进行性别选择，使用命令按钮添加新记录等。

（三）实验步骤

1. 使用"窗体"按钮创建"学生"窗体
操作步骤：

① 打开"教学管理.accdb"数据库，在导航窗格中，选择作为窗体的数据源"学生"表，在功能区"创建"选项卡的"窗体"组，单击"窗体"按钮，窗体即创建完成，并以布局视图显示，如图13-1所示。

② 在快捷工具栏，单击"保存"按钮，在弹出的"另存为"对话框中输入窗体的名称"学生窗体"，然后单击"确定"按钮。

2. 使用"自动创建窗体"
操作步骤：

① 打开"教学管理.accdb"数据库，在导航窗格中，选择作为窗体的数据源"教师"表，在功能区"创建"选项卡的"窗体"组，单击"窗体向导"按钮。如图13-2所示。

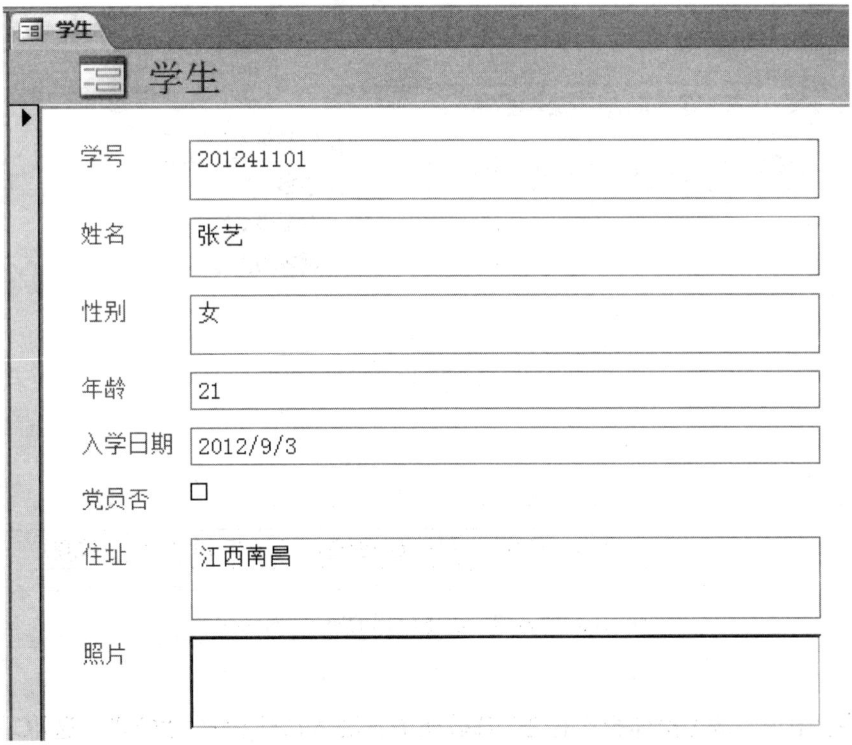

	学生
	学生

学号	201241101
姓名	张艺
性别	女
年龄	21
入学日期	2012/9/3
党员否	☐
住址	江西南昌
照片	

图 13-1　"学生窗体"布局视图

图 13-2　窗体向导按钮

　　② 弹出"请确定窗体上使用哪些字段"对话框，在该对话框的"表和查询"下拉列表中光标已经定位在所需的数据源"教师"表，单击 ❯❯ 按钮，把该表中全部字段送到"选定字段"窗格中，单击下一步按钮。

　　③ 在弹出的"请确定窗体使用的布局"对话框中，选择"纵栏表"，如图 13-3 所示。单击下一步按钮。

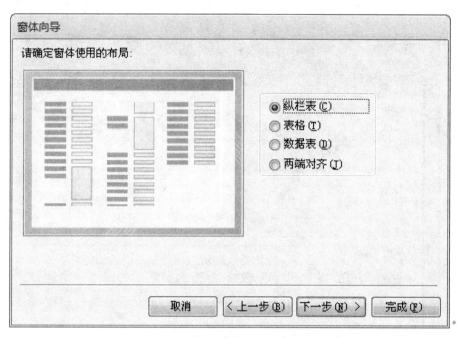

图 13-3 "请确定窗体使用的布局"对话框

④ 在弹出的"请为窗体指定标题"对话框中，输入窗体标题"教师"，选取默认设置"打开窗体查看或输入信息"，单击"完成"按钮，如图 13-4 所示。

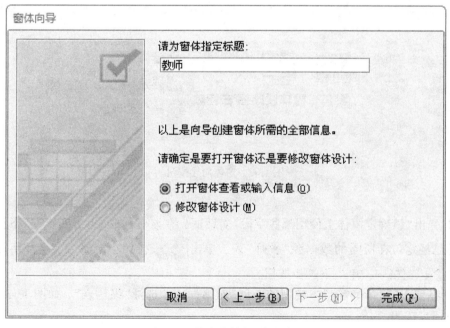

图 13-4 指定窗体标题"教师"

⑤ 这时显示窗体视图，可以看到所创建窗体的效果，如图 13-5 所示。

图 13-5 "纵栏式"窗体

3. 以"学生"表为数据源自动创建一个"数据透视表"窗体，用于统计男女生的党员分布情况

操作步骤：

① 在导航窗格中，选择"表"对象，选中"学生"表，"创建"选项卡→"窗体"组，单击"其他窗体"下拉列表，单击"数据透视表"。如图 13-6 所示。

② 单击"显示/隐藏"组→"字段列表"按钮，弹出"数据透视表字段列表"，如图13-7所示。

③ 将"数据透视表字段列表"窗口中的"性别"字段拖至"行字段"区域，将"党员否"字段拖至"列字段"区域，在数据透视表字段列表选中"学号"字段，在右下角的下拉列表框中选择"数据区域"选项，单击"添加到"按钮，这时就生成了数据透视表窗体，如图 13-8 所示。

④ 单击"保存"按钮，保存窗体，窗体名称为"学生党员统计"。

图 13-6　数据透视表菜单

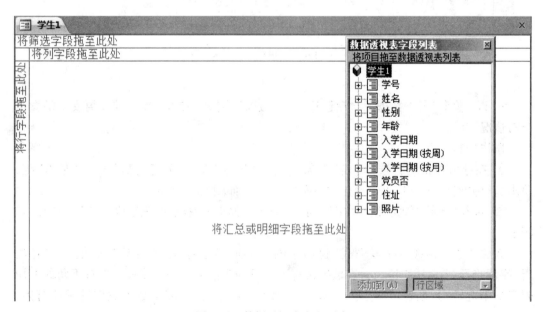

图 13-7　数据透视表字段列表

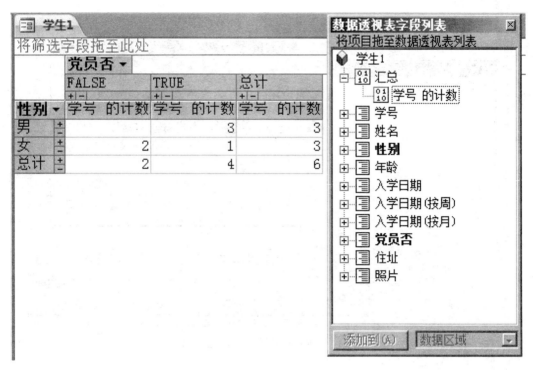

图 13-8　数据透视表窗体

4. 以"学生"表和"选课成绩"表为数据源创建一个主/子窗体

操作步骤：

① 在功能区"创建"选项卡的"窗体"组，单击"窗体向导"按钮，弹出"窗体向导"对话框。

② 在"窗体向导"对话框中，在"表/查询"下拉列表框中，选中"表：学生"，并将其全部字段添加到右侧"选定字段"中；再选择"表：选课成绩"，并将全部字段添加到右侧"选定字段"中。

③ 单击"下一步"，在弹出的窗口中，查看数据方式选择"通过学生"，并选中"带有子窗体的窗体"选项，如图 13-9 所示。

④ 单击"下一步"，子窗体使用的布局选择"数据表"选项。

⑤ 单击"下一步"，将窗体标题设置为"学生窗体"，"子窗体"标题设置为"选课成绩子窗体"。

⑥ 单击"完成"按钮。出现窗体视图，如图 13-10 所示。

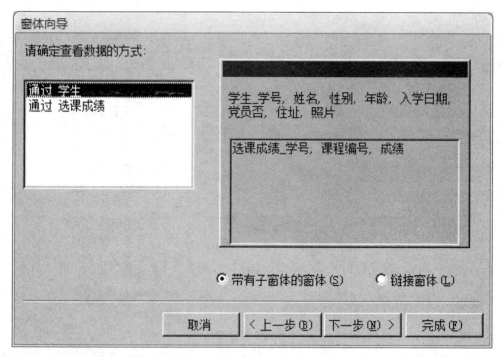

图 13-9 确定查看数据的方式对话框

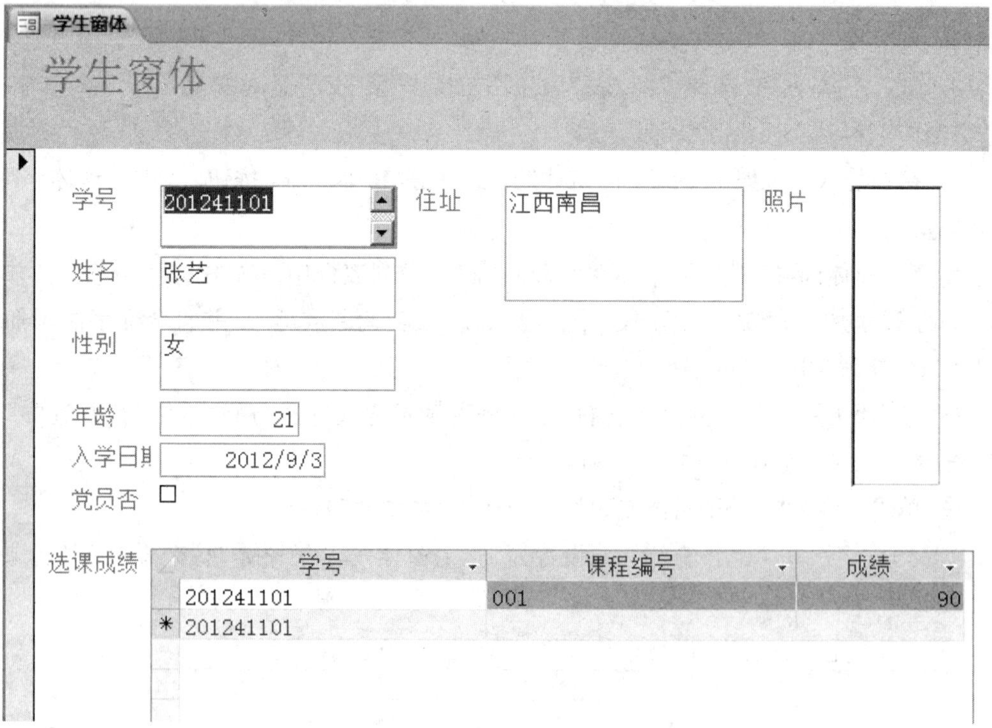

图 13-10 学生选课成绩主/子窗体

5. 在设计视图中创建窗体并使用控件

操作步骤：

① 在导航窗格中，选中"学生"表，文件→对象另存为"学生 2"。

② 在导航窗格中，选择"表"对象，双击"学生 2"表，在其数据表视图下，将光标定位到"性别"字段任一单元格中，单击"开始"选项卡下"查找"组→"查找"命令，弹出查找和替换对话框，在该对话框中单击"替换"选项卡，查找"男"，全部替换为 1，查找"女"，全部替换为 2，替换完成后关闭"学生 2"表。

③ 在导航窗格中，选"表"对象，选择"学生 2"表，单击"创建"选项卡→"窗体"组→"窗体设计"按钮，出现窗体设计视图，通过"窗体设计工具/设计"选项卡→"工具"组→"添加现有字段"按钮，弹出窗体"字段列表"，单击"显示所有表"。

④ 分别将字段列表中"学生 2"表的"学号"、"姓名"、"性别"、"住址"、"党员否"字段拖放到窗体的主体节中，并按图 13-11 调整好它们的大小和位置。

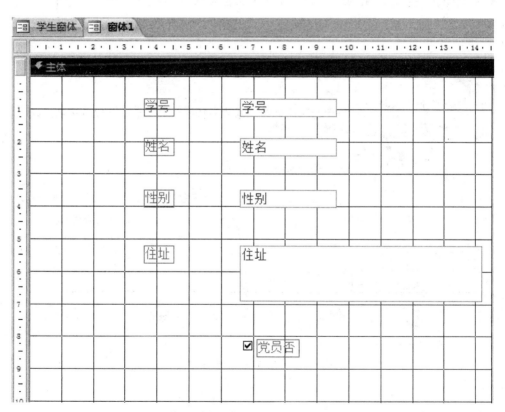

图 13-11 窗体设计视图中添加的控件

⑤ 在"窗体设计工具/设计"选项卡→"控件"组→单击"使用控件向导"，如图 13-12 所示。

图 13-12　控件组

⑥ 再单击"选项组"按钮，在窗体上单击以添加选项组控件。在"选项组向导"窗口中"标签名称"列表框中分别输入"男"、"女"。单击下一步，如图 13-13 所示。

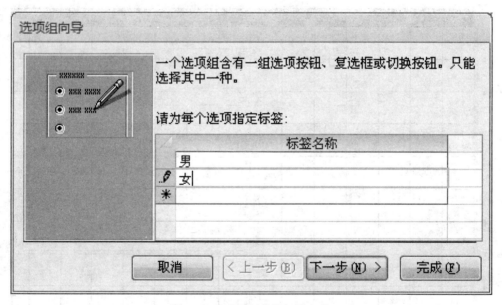

图 13-13　选项组向导标签名称

⑦ 在"默认项"中选择"是"，并指定"男"为默认选项。单击"下一步"，如图 13-14 所示。

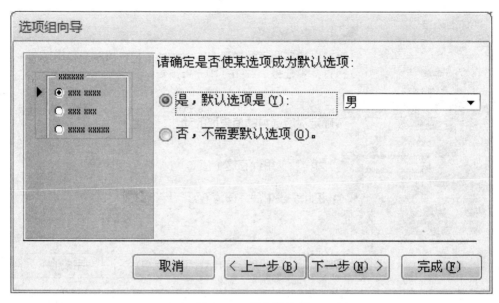

图 13-14 确定默认值

⑧ 设置"男"选项值为 1，"女"选项值为 2。单击"下一步"，如图 13-15 所示。

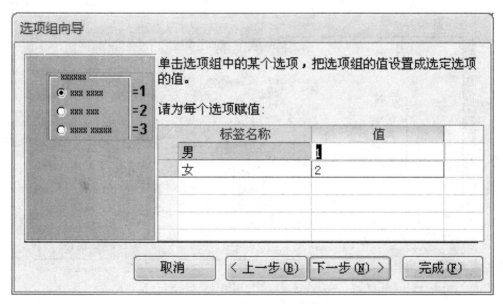

图 13-15 设置选项组的值

⑨ 选中"在此字段中保存该值"选项，并选中"性别"字段。单击"下一步"，如图 13-16 所示。

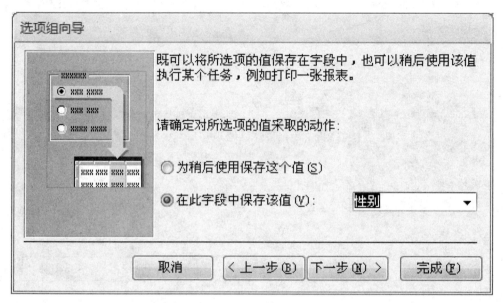

图 13-16　"在此字段中保存该值"选项

⑩ 选择"选项按钮"和"凹陷"样式，如图 13-17 所示。

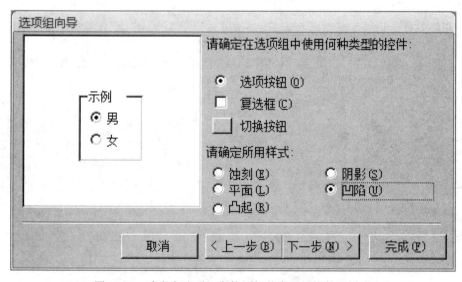

图 13-17　确定在选项组中使用何种类型的控件及样式

⑪ 单击"下一步"，输入标题为"性别"，如图 13-18 所示。单击"完成"按钮。再删除性别标签和文本框。

图 13-18   为选项组指定标题

⑫ 在"窗体设计工具/设计"选项卡→"控件"组→单击"使用控件向导"，再单击"按钮"，在窗体上添加按钮控件。在出现对话窗口中选择"记录操作"选项，然后在"操作"列表中选择"添加新记录"。如图 13-19 所示。

图 13-19   按钮控件向导

⑬ 单击"下一步"，选择"文本"，文本框内容为"添加记录"。单击"下一步"，为命令按钮命名，选默认值，然后单击"完成"按钮。用同样的方法，继续创建其他命令按钮。如图 13-20 所示。

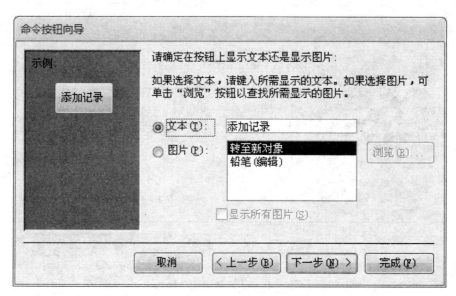

图 13-20　确定按钮显示文本

⑭ 保存窗体，窗体名称为"学生信息窗体"。如图 13-21 所示。

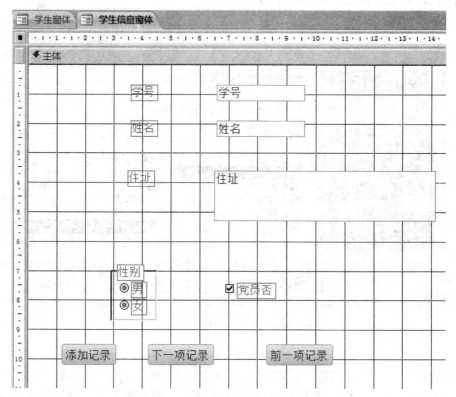

图 13-21　设计视图创建的学生信息窗体

（四）实训练习

考生文件夹下有一个数据库文件"教学管理. mdb"，其中存在已经设计好的窗体对象"学生窗体"。请在此基础上按照以下要求补充窗体设计：

① 在窗体的窗体页眉节区添加一个标签控件，名称为"bTitle"，标题为"窗体测试样例"。

② 在窗体主体节区添加两个复选框选项控件，复选框选项按钮分别命名为"opt1"和"opt2"，对应的复选框标签显示内容分别为"类型 a"和"类型 b"，标签名称分别为"bopt1"和"bopt2"。

③ 分别设置复选框选项按钮 opt1 和 opt2 的"默认值"属性为假值。

④ 在窗体页脚节区添加一个命令按钮，命名为"bTest"，按钮标题为"关闭窗体"，通过使用控件向导使该命令按钮具有关闭窗体的功能。

⑤ 将窗体标题设置为"测试窗体"。注意：不能修改窗体对象"学生窗体"中未涉及的属性。

第14章 实验五：报表的创建与操作

（一）实验目的

① 了解报表布局，理解报表的概念和功能。

② 掌握创建报表的方法。

③ 掌握报表的常用控件的使用。

（二）实验内容及要求

① 使用"自动创建报表"方式，要求：基于教师表为数据源，使用"报表"按钮创建报表。

② 使用报表向导创建报表，要求：使用"报表向导"创建"选课成绩"报表。

③ 使用"设计"视图创建报表，要求：以"学生选课成绩查询"为数据源，在报表设计视图中创建"学生成绩信息报表"。

④ 修改报表，要求：修改报表"学生选课成绩报表"，在页面页脚区添加日期、页码。

（三）实验步骤

1. 使用"自动创建报表"方式创建报表

操作步骤：

① 打开"教学管理"数据库，在"导航"窗格中，选中"教师"表。

② 在"创建"选项卡的"报表"组中，如图 14-1 所示，单击"报表"按钮，"教师"报表立即创建完成，并且布局显示视图，如图 14-2 所示。

图 14-1　报表组

教师								

教师							2015年9月9日 10:22:36	
教师编号	姓名	性别		年龄	工作时间	政治面貌	学历	职称	邮箱密码
14001	李一	男		45	1970/6/1	群众	硕士	教授	****
14002	季节	女		30	1985/1/1	党员	博士	讲师	*****
14003	胡青鸟	女		36	1979/4/20	党员	硕士	副教授	*****
14004	周细语	女		34	1981/1/1	党员	硕士	讲师	******
14005									

图 14-2　教师报表

③ 保存报表，报表名称为"教师工作情况表"。

2. 使用报表向导创建报表

操作步骤：

① 打开"教学管理"数据库，在"导航"窗格中，选择"选课成绩"表。

② 在"创建"选项卡的"报表"组中，单击"报表向导"按钮，打开"请确定报表上使用哪些字段"对话框，这时数据源已经选定为"表：选课成绩"（在"表/查询"下拉列表中也可以选择其他数据源）。在"可用字段"窗格中，将全部字段添加到"选定字段"窗格中，然后单击"下一步"按钮，如图 14-3 所示。

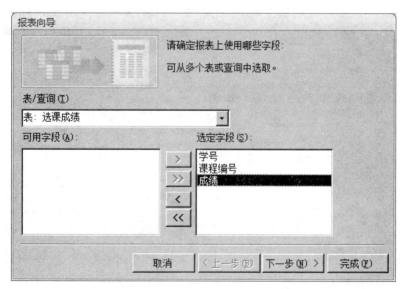

图 14-3　"请确定报表上使用哪些字段"对话框

③ 在打开的"是否添加分组级别"对话框中，自动给出了分组级别，并给出分组后报表布局预览。这里是按"学号"字段分组（这是由于学生表与选课成绩表之间建立的一

301

对多关系所决定的，否则就不会出现自动分组，而需要手工分组），单击"下一步"按钮，如图 14-4 所示。

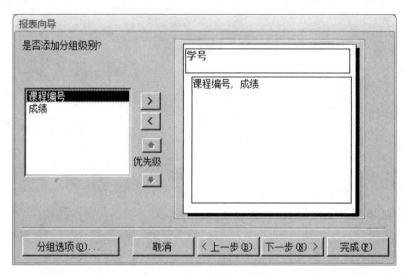

图 14-4　"是否添加分组级别"对话框

如果需要再按其他字段进行分组，可以直接双击左侧窗格中的用于分组的字段。

④ 在打开的"请确定明细信息使用的排序次序和汇总信息"对话框中，选择按"成绩"降序排序，单击"汇总选项"按钮，选定"成绩"的"平均"复选项，汇总成绩的平均值，选择"明细和汇总"选项，单击"确定"按钮。如图 14-5 所示。再单击"下一步"按钮。

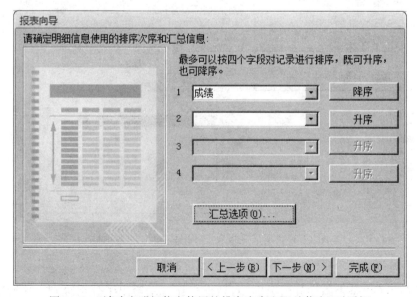

图 14-5　"请确定明细信息使用的排序次序和汇总信息"对话框

⑤ 在打开的"请确定报表的布局方式"对话框中，确定报表所采用的布局方式。这里选择"块"式布局，方向选择"纵向"，单击"下一步"按钮，如图 14-6 所示。

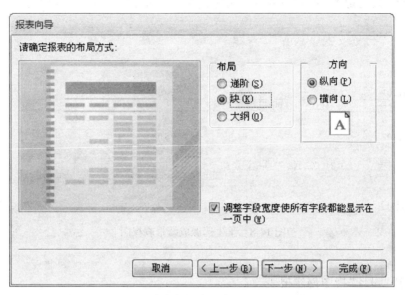

图 14-6 "请确定报表的布局方式"对话框

⑥ 在打开的"请为报表指定标题"对话框中，指定报表的标题，输入"学生选课成绩"，选择"预览报表"单选项，如图 14-7 所示，然后单击"完成"按钮。

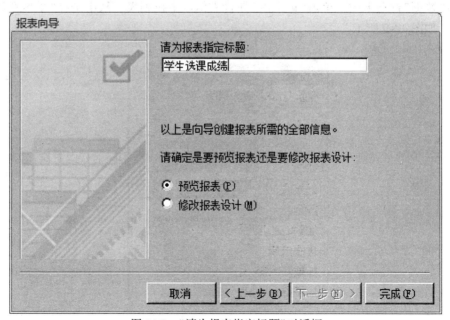

图 14-7 "请为报表指定标题"对话框

⑦ 显示结果报表视图，如图 14-8 所示。

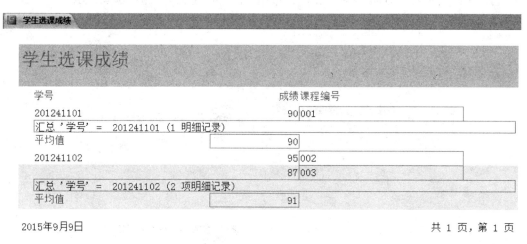

图 14-8　学生选课成绩报表视图

3. 使用"设计"视图创建报表

操作步骤：

① 打开"教学管理"数据库，在"创建"选项卡的"报表"组中，单击"报表设计"按钮，打开报表设计视图。这时报表的页面页眉/页脚和主体节同时都出现，这点与窗体不同。

② 在"设计"选项卡的"工具"分组中，单击"属性表"按钮，打开报表"属性表"窗口，在"数据"选项卡中，单击"记录源"属性右侧的下拉列表，从中选择"学生选课成绩查询"，如图 14-9 所示。

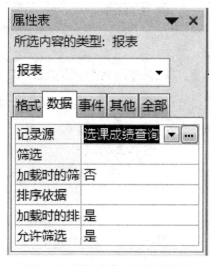

图 14-9　属性表窗口记录源设计

③ 在"设计"选项卡的"工具"分组中，单击"添加现有字段"按钮，打开"字段列表"窗格，并显示相关字段列表，如图 14-10 所示。

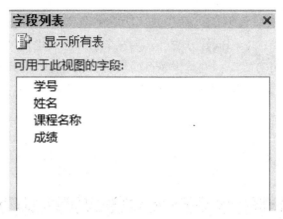

图 14-10　列表窗口

④ 在"字段列表"窗格中，把"学号"、"姓名"、"课程名称"、"成绩"字段，拖到主体节中。

⑤ 在快速工具栏上，单击"保存"按钮，以"学生选课信息"为名称保存报表。单击"开始"选项卡→视图→报表视图，显示"学生选课信息"报表视图，如图 14-11 所示。发现这个报表设计不太美观，需要进一步修饰和美化。

图 14-11　"学生选课信息"报表视图

⑥ 单击"开始"选项卡→视图→设计视图，在页面页眉(如果只需在报表首页显示，则在报表页眉节区)中添加一个标签控件，输入标题"学生选课信息"，使用属性窗口设置标题格式：字号 24、红色、居中。

⑦ 选中主体节区的一个附加标签控件，使用快捷菜单中的"剪切"、"粘贴"命令，将它移动到页面页眉节区，用同样方法将其余三个附加标签也移过去，然后调整各个控件的大小、位置及对齐方式等；调整报表页面页眉节和主体节的高度，以合适的尺寸容纳其中的控件，(注：可采用"报表设计工具/排列"→"调整大小和排序"进行设置)设置效果如图 14-12 所示。

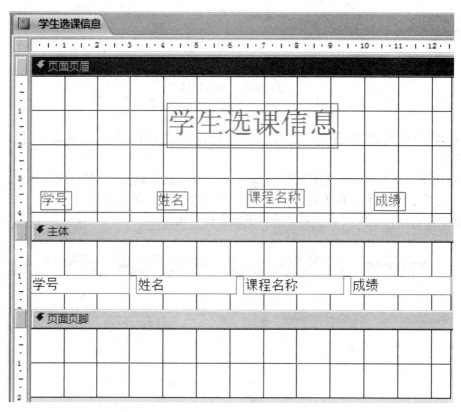

图 14-12　设计视图效果

⑧ "报表设计工具/设计"→"控件"组，选"直线"控件，按住 Shift 键画直线，如图 14-13 所示。

⑨ 选中"学生选课信息"标签，在属性窗口中修改字号为 28。

⑩ 单击"视图"组→"报表视图"，查看报表，如图 14-14 所示。

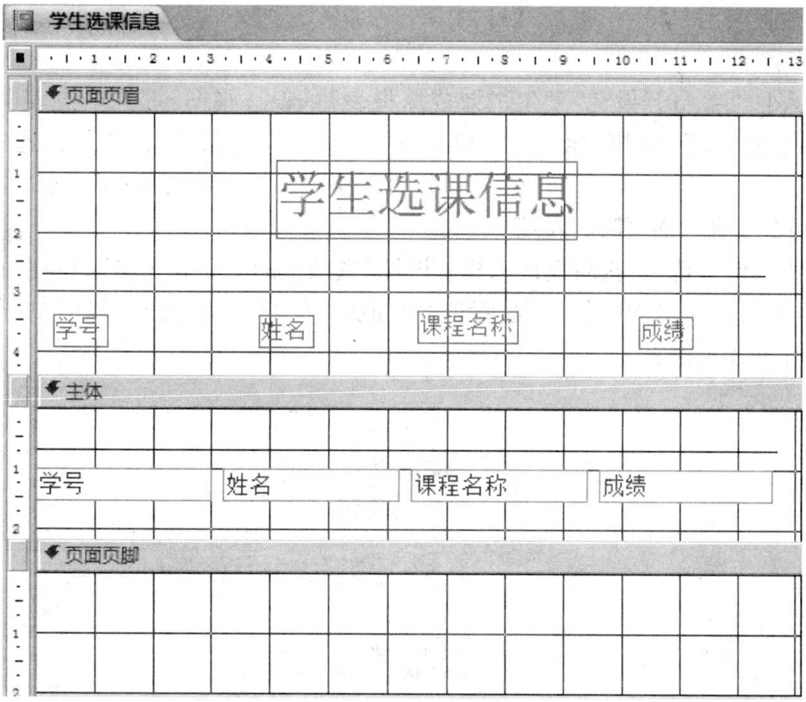

图 14-13 画直线后的设计效果

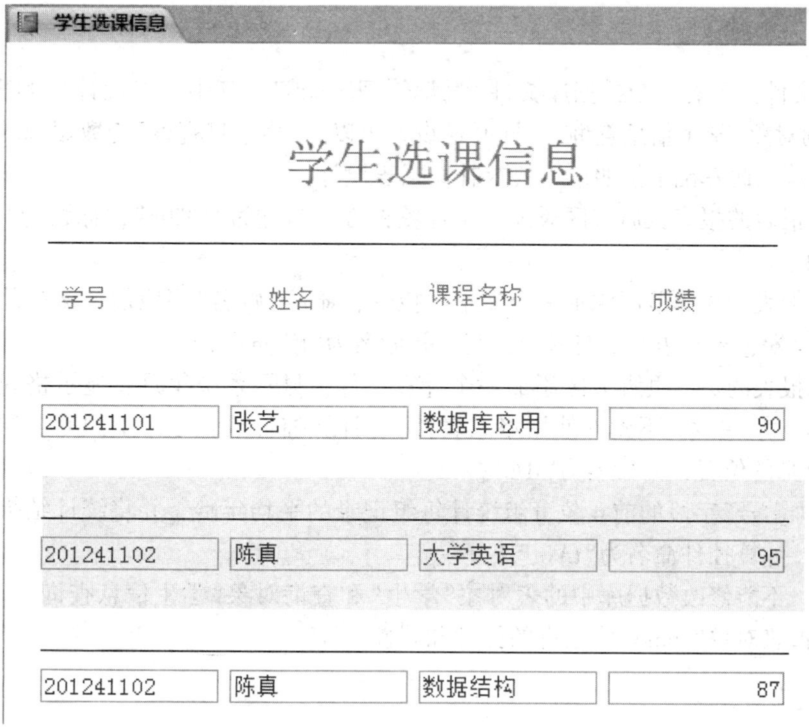

图 14-14 学生选课成绩表打印预览视图效果

4. 修改报表

操作步骤：

① 插入日期。打开报表"学生选课成绩报表"的设计视图，选择"报表设计工具｜设计"选项卡的"页眉/页脚"组（如图 14-15 所示）→"日期和时间"按钮，选中"包含日期"复选框，取消"包含时间"选择，选择短日期格式，然后单击"确定"按钮，将新添加的日期控件移动到页面页脚的左端。

② 插入页码。选择"报表设计工具｜设计"选项卡的"页眉/页脚"组→"页码"按钮，格式选"第 N 页，共 M 页"选项，位置选"页面底端(页脚)"，对齐选"居中"选项。

③ 保存并预览报表。

图 14-15　"页眉/页脚"组命令按钮

（四）实训练习

考生文件夹下有一个数据库文件"教学管理．mdb"，其中存在设计好的表对象"学生"和查询对象"学生信息查询"，同时还设计出以"学生信息查询"为数据源的报表对象"rStud"。请在此基础上按照以下要求补充报表设计：

① 在报表的报表页眉节区添加一个标签控件，名称为"bTitle"，标题为"2012 年入学学生信息表"。

② 在报表的主体节区添加一个文本框控件，显示"姓名"字段值。该控件放置在距上边 0.1 厘米、距左边 3.2 厘米的位置，并命名为"tName"。

③ 在报表的页面页脚节区添加一个计算控件，显示系统年月，显示格式为：××××年××月(注意，不允许使用格式属性)。计算控件放置在距上边 0.3 厘米、距左边 10.5 厘米的位置，并命名为"tDa"。

④ 按"学号"字段的前 4 位分组统计每组记录的平均年龄，并将统计结果显示在组页脚节区。计算控件命名为"tAvg"。

注意：不能修改数据库中的表对象"学生"和查询对象"学生信息查询"，同时也不允许修改报表对象"rStud"中已有的控件和属性。

第 15 章 实验六：宏的创建与使用

（一）实验目的

① 掌握宏的创建方法。
② 掌握宏的使用与运行方法。

（二）实验内容及要求

① 创建宏。要求：在"教学管理. accdb"数据库中创建宏，功能是打开"学生"表。
② 创建宏组，并运行其中每个宏。要求：在"教学管理. accdb"数据库中创建宏组，宏 1 的功能打开"学生"表，打开前发出"嘟嘟"声，关闭前要用消息框提示操作。宏 2 的功能是打开和关闭"学生选课成绩"查询，打开前发出"嘟嘟"声，关闭前要用消息框提示操作。
③ 创建并运行条件操作宏。要求：创建一个登录窗体。当用户输入正确的用户名"admin"和密码"123456"后，打开"学生信息窗体"，否则要求用户重新输入用户名和密码。
④ 创建自动运行宏。要求：当用户打开数据库后，系统弹出"欢迎使用教学管理信息系统！"界面。

（三）实验步骤

1. 创建宏
操作步骤：
① 在"教学管理. accdb"数据库中，选择"创建"选项卡→"代码与宏"组，单击"宏"按钮，系统自动创建名为"宏 1"的宏，同时打开宏设计窗口。
② 在"添加新操作"组合框选择"OpenTable"宏命令，展开操作参数，如图 15-1 所示。
③ 在"操作参数"窗口中，单击"表名称"下拉按钮，在下拉列表框选择"学生"，在"视图"选项选择"数据表"；在下一个"添加新操作"框中输入 MsgBox，在消息框中输入"学生表打开了！"，类型设置为"信息"。

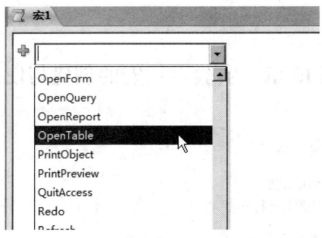

图 15-1　宏的设计视图及添加新操作组合框

④ 在下一个"添加新操作"组合框中输入 CloseWindow，在"操作参数"窗口中，设置对象类型为"表"，对象名称为"学生"表，保存为"是"，如图 15-2 所示。

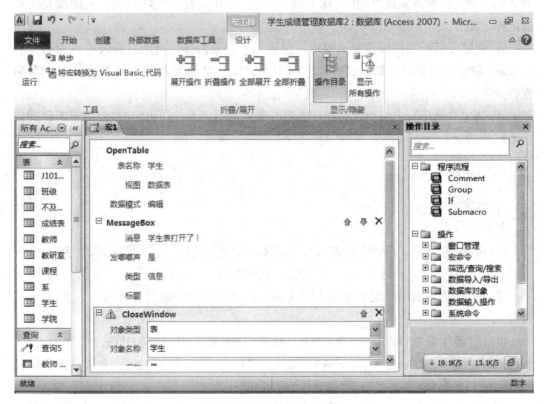

图 15-2　宏的设计视图

⑤ 单击"保存"按钮，打开"另存为"对话框，在"宏名称"文本框中输入"打开学生表宏"，再单击"确定"按钮。

⑥ 单击"运行"按钮，运行宏

2. 创建宏组，并运行其中每个子宏

操作步骤：

① 在"教学管理. accdb"数据库中，选择"创建"选项卡→"代码与宏"组，单击"宏"按钮，系统自动创建名为"宏 1"的宏，同时打开宏设计窗口。

② 在"操作目录"窗格中，把程序流程中的"Submacro"拖到"添加新操作"组合框中（也可以双击"Submacro"），在子宏名称文本框中，默认名称为 Subl，把该名称修改为"宏 1"。如图 15-3 所示。

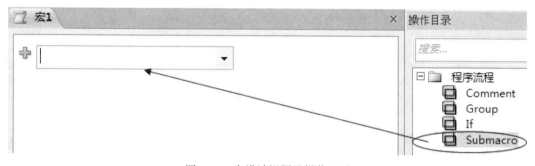

图 15-3　宏设计视图及操作目录

③ 在"添加新操作"列，选择"Beep"操作。

④ 在下一个"添加新操作"列，选择"OpenTable"操作，"操作参数"区中的"表名称"选择"学生"表。"数据模式"选"只读"。

⑤ 在下一个"添加新操作"列，选择"MessageBox"操作。"操作参数"区中的"消息"框中输入"关闭表吗?"。

⑥ 在下一个"添加新操作"列，选择"RunMenuCommand"操作→命令行选择"Close"。

⑦ 重复②、③步骤，将 Sub2 改为"宏 2"。

⑧ 在"添加新操作"组合框中，选中"OpenQuery"，设置查询名称为"选课成绩查询"。数据模式为"只读"。

⑨ 重复⑤、⑥步骤。

⑩ 单击"保存"按钮，"宏名称"文本框中输入"宏组"。

⑪ 创建一个窗体，在该窗体上添加一个"打开学生表"按钮和一个"查询学生成绩"按钮，在"打开学生表"按钮属性表中的单击事件框中选择"宏组. 宏 1"，在"查询学生成绩"按钮属性表中的单击事件框中选择"宏组. 宏 2"，在窗体视图中分别单击这两个按钮可以看到宏组中各子宏运行的结果，如图 15-4 所示。

⊟ **子宏:** 宏1

Beep

⊟ **OpenTable**

表名称 学生

视图 数据表

数据模式 只读

MessageBox

消息 关闭表吗？

发嘟嘟声 是

类型 无

标题

RunMenuCommand

命令 Close

RunMacro

宏名称 宏组.宏2

重复次数

重复表达式

End Submacro

⊟ **子宏:** 宏2

Beep

OpenQuery

查询名称 选课成绩查询

视图 数据表

数据模式 只读

MessageBox

消息 关闭选课成绩查询吗？

发嘟嘟声 是

类型 警告!

标题

RunMenuCommand

命令 Close

End Submacro

图 15-4 宏组设计视图

3. 创建并运行条件操作宏

操作步骤：

① 首先使用窗体设计视图，创建一个窗体，在属性表中将窗体的标题设置为"登录窗体"。在登录窗体添加两个文本框，分别用来输入用户名和密码，在属性表中将密码文本框 Text2 的"数据"选项卡下的"输入掩码"设置为密码，再添加一个"登录"按钮用来验证密码，该登录窗体的设计视图，如图 15-5 所示，保存该窗体为"登录窗体"。

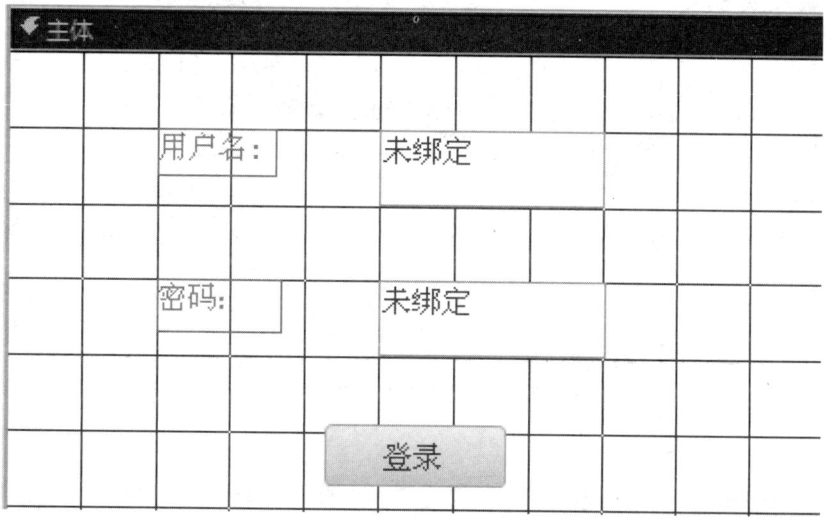

图 15-5　"登录"窗体设计视图

② 在"创建"选项卡的"宏与代码"组中，单击"宏"按钮，打开"宏设计器"。

③ 在"添加新操作"组合框中，输入"IF"，单击条件表达式文本框右侧的按钮 ✄。

④ 打开"表达式生成器"对话框，在"表达式元素"窗格中，展开"教学管理/Forms/所有窗体"，选中"登录窗体"。在"表达式类别"窗格中，双击"Text0"，在表达式值中输入＝"admin" and，再双击"表达式类别"窗格中的"Text2"，在表达式值中输入＝"666666"，如图 15-6 所示。单击"确定"按钮，返回到"宏设计器"中。

⑤ 在"添加新操作"组合框中单击下拉箭头，在打开的列表中选择"OpenForm"，在"操作参数"窗格的"窗体名称"行中选择"学生信息窗体"。如图 15-7 所示。

⑥ 在"添加新操作"组合框的右侧，单击"添加 Else"按钮，在出现的"添加新操作"组合框中选择 MessageBox，在"操作参数"窗格的"消息"行中输入"用户名或密码错误！请重新输入！"，"消息"行中选择"警告！"，如图 15-7 所示。保存宏名称为"登录验证"。

⑦ 打开"登录窗体"切换到设计视图中，选中"登录"按钮，在属性窗口中"事件"选项卡的"单击"行选择"登录验证"。如图 15-8 所示。

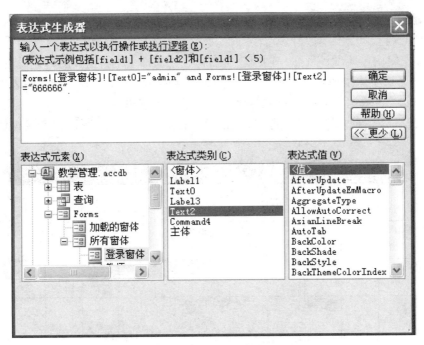

图 15-6　"表达式生成器"对话框

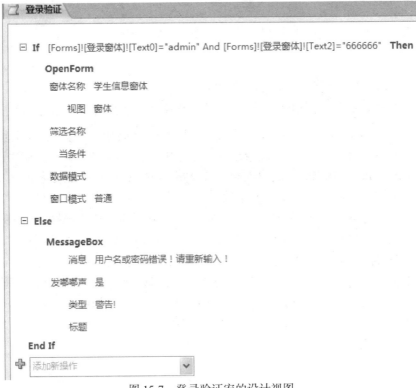

图 15-7　登录验证宏的设计视图

图 15-8 "登录"按钮"单击"属性设置

⑧ 打开"登录窗体"窗体视图，如图 15-9 所示，分别输入正确的用户名和密码、错误的用户名或密码，单击"登录"按钮，查看运行结果。

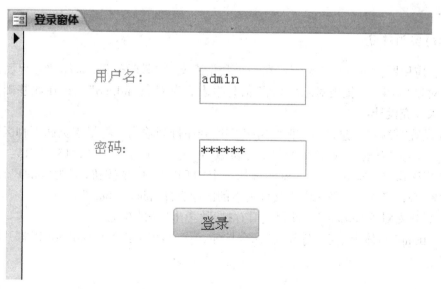

图 15-9 "登录窗体"窗体视图

4. 创建自动运行宏

操作步骤：

① 在"创建"选项卡的"宏与代码"组中，单击"宏"按钮，打开"宏设计器"。

② 在"添加新操作"组合框中单击下拉箭头，在打开的列表中选择"MessageBox"，在"操作参数"窗格的"消息"行中输入"欢迎使用教学管理信息系统!"，在类型组合框中，选择"信息"，其他参数默认。如图 15-10 所示。

③ 保存宏，宏名为"AutoExec"。

④ 关闭"教学管理"数据库。

⑤ 重新打开"教学管理. accdb"数据库，宏自动执行，弹出"欢迎使用教学管理信息系统!"消息框。

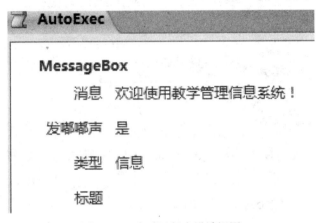

图 15-10 自动运行宏设计视图

(四) 实训练习

综合应用题：考生文件夹下存在一个数据库文件"教学管理. accdb"，里面已经设计了表对象"学生"、报表对象"教师"信息报表和宏对象"mEmp"。试在此基础上按照以下要求补充设计：

① 设置"教师"信息报表按照"年龄"字段升序排列输出；将报表页面页脚区域内名为"tPage"的文本框控件设置为"页码/总页数"形式的页码显示(如 1/15、2/15、…)。

② 新建窗体"fEmp"，为该窗体添加一个"打开表"命令按钮(名为"btnQ")，设置窗体对象"fEmp"背景图像为考生文件夹下的图像文件"photo. bmp"。

③ 新建宏对象"mEmp"，使得其具有打开"学生"表的功能。

④ "fEmp"窗体上单击"打开表"命令按钮，代码调用宏对象"mEmp"以打开数据表"学生"。

第 16 章　实验七：模块与 VBA 编程

（一）实验目的

① 掌握建立标准模块及窗体模块的方法。
② 熟悉 VBA 开发环境及数据类型。
③ 掌握常量、变量、函数及其表达式的用法。
④ 掌握程序设计的顺序结构、分支结构、循环结构。

（二）实验内容及要求

① 创建标准模块。要求：在"教学管理. accdb"数据库中创建一个标准模块"M1"，并添加过程"P1"。
② 为模块"M1"添加一个子过程"P2"。
③ 创建窗体模块。
④ 常量、变量、函数及表达式的使用。
⑤ 顺序结构与输入输出。要求：输入两个数，求它们的和。
⑥ 选择结构。

a. 要求：编写一个过程，从键盘上输入两个数 x 和 y，比较这两个数的大小。

b. 要求：使用 if 选择结构程序设计方法，编写一个子过程，从键盘上输入成绩 x（0~100），如果 $x \geq 90$ 且 $x \leq 100$ 输出"优秀"，$x \geq 80$ 且 $x < 90$ 输出"良好"，$x \geq 70$ 且 $x < 80$ 输出"中等"，$x \geq 60$ 且 $x < 70$ 输出"及格"，$x < 60$ 输出"不及格"。

c. 要求：使用选择结构程序 select case 语句，编写一个子过程，从键盘上输入成绩 x（0~100），如果 $x \geq 90$ 且 $x \leq 100$ 输出 A，$x \geq 80$ 且 $x \leq 89$ 输出 B，$x \geq 70$ 且 $x \leq 79$ 输出 C，$x \geq 60$ 且 $x \leq 69$ 输出 D，$x < 60$ 输出"不及格"。

⑦ 循环结构

a. 要求：计算 10 以内的奇数的平方和，要使用 for 语句控制循环。

b. 要求：使用 Do While 语句控制循环，求前 10 个自然数的和。

⑧ 综合应用

创建一个登录窗体，先判断用户名和密码是否正确，如果正确，则显示"欢迎进入教学管理系统！"。

(三) 实验步骤

1. 在"教学管理. accdb" 数据库中创建一个标准模块"M1"，并添加过程"P1"

操作步骤：

① 打开"教学管理. accdb"数据库，选择"创建"选项卡→"宏与代码"组→单击"模块"按钮，打开 VBE 窗口。选择"插入"→"过程"，如图 16-1 所示，弹出过程对话框，如图 16-2 所示。

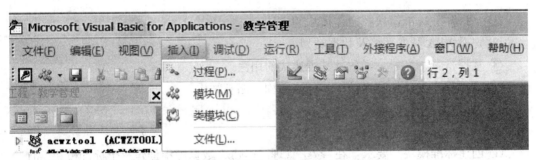

图 16-1　VBE 菜单栏及插入菜单的下拉菜单

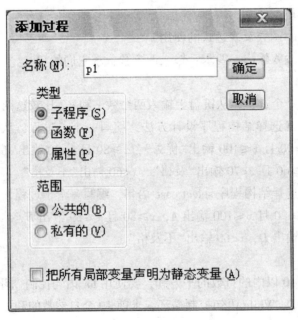

图 16-2　添加过程对话框

② 在代码窗口中输入一个名称为"P1"的子过程，如图 16-3 所示。单击"视图"→"立即窗口"菜单命令，打开立即窗口，并在立即窗口中输入"Call P1(　　)"，并按回

车键，或单击工具栏中的"运行子过程/用户窗体"按钮 ▶，查看运行结果。

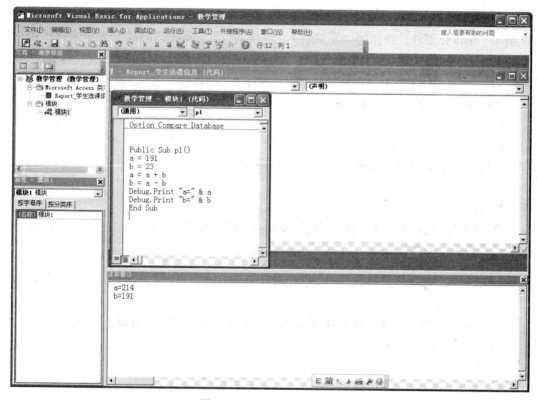

图 16-3 过程的建立及调用

③ 单击工具栏中的"保存"按钮，输入模块名称为"M1"，保存模块。单击工具栏中的"视图 Microsoft office Access"按钮 🗝，返回 Access。

2. 为模块"M1"添加一个子过程"P2"

操作步骤：

① 在数据库窗口中，选择"模块"对象，再双击"M1"，打开 VBE 窗口。

② 输入以下代码：

```
SubP2( )
Dim name As String
name = InputBox("请输入姓名","输入")
MsgBox name & "，欢迎您" & "进入教学管理系统!"
End Sub
```

③ 单击工具栏中的"运行子过程/用户窗体"按钮，运行 P2，输入自己的姓名，查看运行结果。

④ 单击工具栏中的"保存"按钮，保存模块。

3. 创建窗体模块

操作步骤：

① 在数据库窗口中，单击"创建"按钮，选择"窗体设计"，打开窗体的设计视图，再添加一个按钮控件，按钮的标题属性为"转换"，单击该按钮的属性表中事件选项卡下"单击"框右侧的表达式生成器，选择代码生成器，打开 VBE 窗口，在光标处输入以下代码：

```
Dim Str As String, k As Integer
Str = "ab"
For k = Len(Str) To 1 Step −1
   Str = Str & Chr(Asc(Mid(Str, k, 1)) + k)
Next k
MsgBox Str
```

② 单击保存按钮，将窗体保存为"Form7_1"，单击工具栏中的"视图 Microsoft office Access"按钮 🔑，返回到窗体的设计视图中。

③ 选择"视图"→"窗体视图"菜单命令，单击"转换"按钮，消息框里显示的结果是＿＿＿＿＿＿。

4. Access 常量、变量、函数及表达式，要求通过立即窗口完成以下各题

(1) 填写命令的结果

? 9 \ 4	结果为＿＿＿＿＿＿
? 5 mod 3	结果为＿＿＿＿＿＿
? 9/2<=6	结果为＿＿＿＿＿＿
? #2015−09−10#	结果为＿＿＿＿＿＿
?"x+y="&6+7	结果为＿＿＿＿＿＿
?"VBA"&"模块"	结果为＿＿＿＿＿＿
?"Access"+"数据库"	结果为＿＿＿＿＿＿

(2) 填写以下数值处理函数的结果

表 16-1　数值处理函数

在立即窗口中输入命令	结果	功能
? int(−8.1)		
? sqr(4)		
? sgn(−9)		
? fix(24.123)		
? round(36.1234, 2)		
? abs(−9)		

(3)常用字符函数

表 16-2 常用字符函数

在立即窗口中输入命令	结果	功能
? InStr("ABCDEF","BC")		
c="Wu Han City"		
? Mid(c, 4, 3)		
? Left(c, 6)		
? Right(c, 4)		
? Len(c)		

(4)日期与时间函数

表 16-3 日期与时间函数

在立即窗口中输入命令	结果	功能
? Date()		
? Time()		
? Year(Date())		

(5)类型转换函数

表 16-4 类型转换函数

在立即窗口中输入命令	结果	功能
? Asc("EF")		
? Chr(70)		
? Str(1101)		
? Val("305.1")		

5. 顺序结构与输入输出
操作步骤：
① 在数据库窗口中，选择"模块"对象，单击"新建"按钮，打开 VBE 窗口。
② 在代码窗口中输入"Add"子过程，过程 Add 代码如图 16-4 所示。

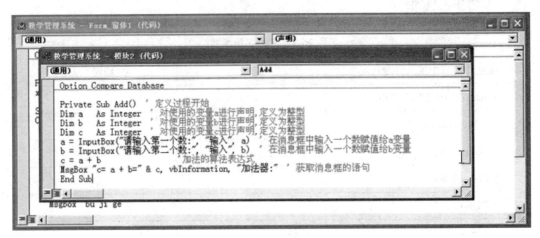

图 16-4　实现两个数相加的 VBA 代码

③ 运行过程 Add，在输入框中，如果分别输入 23、978，则输出的结果为：_____。

④ 单击工具栏中的"保存"按钮，输入模块名称为"M2"，保存模块。

6．选择结构

(1) 编写一个过程，从键盘上输入两个数 x 和 y，比较二者的大小

操作步骤：

① 在数据库窗口中，双击模块"M2"，打开 VBE 窗口。

② 在代码窗口中添加"Pr1"子过程，过程"Pr1"代码如下：

```
Sub Pr1( )

Dim x as Integer

Dim y as Integer

x= InputBox("请输入第一个要比较的数：", " 输入 ", 1)

y = InputBox("请输入第二个要比较的数：", " 输入 ", 1)

If x> y Then                     '比较两个数的大小

MsgBox "最大的数是" & Str(x), vbOKOnly + vbInformation, "提示最大的数"'消息框

Else

MsgBox "最大的数是" & Str(y), vbOKOnly + vbInformation, "提示最大的数"'消息框命令　vbOKOnly 仅有确定按钮　　Str(SecoNum)将括号中的数转换为字符串'vbInformation 给出消息框标题名称

End If

End Sub
```

③ 运行 Pr1 过程，如果在"请输入 x 的值："中输入：9；在"请输入 y 的值："中输

入：9，则结果为：_____。

④ 单击工具栏中的"保存"按钮，保存模块 M2。

（2）双击模块"M2"，进入 VBE，添加子过程"Pr2"

代码如下：

```
SubPr2( )
num1 = InputBox("请输入成绩0~100")
If num1 >=90 Then
    result = "优秀"
ElseIf num1 >=80 Then
    result = "良好"
ElseIf num1 >= 70 Then
    result = "中等"
ElseIf num1 >=60 Then
    result = "及格"
Else
    result = "不及格"
End If
MsgBox result
End Sub
```

反复运行过程 Pr2，输入各个分数段的值，查看运行结果，如果输入的值为 75，则输出结果是_____。如果输入的是"50"，则运行结果为_____。最后保存模块 M2。

（3）双击模块"M2"，进入 VBE 窗口，添加子过程"Pr3"

代码如下：

```
Public SubPr3( )
    Dim x As String
    Dimy y as String
x =InputBox("请输入成绩0~100")
Select Case x
Case 90 To 100
y = " A"
    Case 80 To89
    y = "B"
    Case 70 To79
    y = "C"
    Case 60 To69
```

```
    y = "D"
   Case Else
   MsgBox "不及格!"
      End Select
   Msgbox y
End sub
```

反复运行过程 Pr3，分别输入各个分数段的值，查看运行结果。如果输入的是"95"，则运行结果为_____。如果输入的是"55"，则运行结果为_____。最后保存模块 M2。

7. 循环结构

(1)使用 for 语句控制循环，计算 10 以内的奇数的平方和

操作步骤：

双击模块"M2"，进入 VBE 窗口，输入并补充完整子过程"Pr4"代码，运行该过程，最后保存模块 M2。

P5( )过程代码如下：

```
SubPr4( )
Dim s&, x%
s = 0
For x = 1 To 10 Step 2
s = s + x ^ 2
Next x
MsgBox "1--10 之间的奇数的平方和为:" & str(s), vbInformation, "奇数的平方和"
End Sub
```

(2)使用 Do While 语句控制循环，求前 10 个自然数的和

操作步骤：

双击模块"M2"，进入 VBE 窗口，输入并补充完整子过程"Pr5"的代码，运行该过程，最后保存模块 M2。

过程 Pr5( )代码如下：

```
SubPr5( )
  I = 0
  Do While _____
    I = I + 1
    s = _____
  Loop
  MsgBox s
End Sub
```

8. 综合应用

创建登录窗体，先判断用户名和密码是否正确，如果正确，则显示"欢迎进入教学管理系统！"。

操作步骤：

① 新建窗体，进入窗体的设计视图。

② 在窗体的主体节中添加两个文本框和一个命令按钮，如图 16-5 所示，在属性窗口中将命令按钮"名称"属性设置为"CmdLogin"，"标题"属性设置为"登录"，将输入用户名的文本框"名称"属性设置为"UserName"，输入密码的文本框"名称"属性设置为"PassWord"。

图 16-5　登录窗体的界面

③ 选中"登录"按钮，在属性表中，单击"事件"选项卡下的"单击"属性框右侧的按钮，在弹出的"选择生成器"中单击"代码生成器"，进入 VBE 窗口。输入并补充完整以下事件过程代码：

```
Private Sub CmdLogin_ Click( )
        If Me！ UserName ＝ "lcl" Then
            If Me！ PassWord ＝ "123456" Then
                MsgBox "欢迎进入教学管理系统！", vbInformation, "登录成功的提示"
                                                    '登录成功的提示消息框
            Else
                MsgBox "密码有误！非正常退出！", vbCritical, "出错信息提示"
    '消息框命令完成密码有误时的处理
                DoCmd. Close        '----为非正常退出
            End If
        Else
```

　　　　　　MsgBox "用户名有误! 非正常退出!", vbCritical, "出错信息提示"
　'下面是用户名有误时的处理非正常退出
　　　　　　　　DoCmd. Close
　　　　　　End If
　　　　　　End Sub
　　④ 保存窗体，窗体名称为"FormLogin"，切换至窗体视图，单击"最后得分"按钮，查看程序运行结果。

（四）实训练习

　　考生文件夹下存在一个数据库文件"sample1. accdb"，试在此基础上按照以下要求补充设计：
　　① 新建窗体对象"fEmp"，在该窗体上添加一个"输出"命令按钮（名为"btnP"）。
　　② 在窗体加载事件中实现代码重置窗体标题为标签"bTitle"的标题内容。
　　③ 在"fEmp"窗体上单击"输出"命令按钮（名为"btnP"），实现以下功能：计算满足表达式 $1+2+3+\cdots+n<=30000$ 的最大 n 值，将 n 的值显示在窗体上名为"tData"的文本框内并输出到外部文件保存。
　　试根据上述功能要求，对已给的命令按钮事件过程进行代码补充并调试运行。
　　注意：不允许修改窗体对象"fEmp"中未涉及的控件和属性；只允许在"＊＊＊＊＊ Add ＊＊＊＊＊"与"＊＊＊＊ Add ＊＊＊＊＊＊"之间的空行内补充语句、完成设计，不允许增删和修改其他位置已存在的语句。

参 考 文 献

[1]未来教育学与研究中心.全国计算机等级考试教程 二级 Access[M].北京：人民邮电出版社，2013

[2]全国计算机等级考试命题研究组.2013年全国计算机等级考试考眼分析与样卷解析——二级 Access(第3版)[M].北京：北京邮电大学出版社，2013

[3]董世方.全国计算机等级考试上机考题、全真笔试、历年真题三合一二级 Access[M].北京：电子工业出版社，2012

[4]方洁，胡征.数据库原理及应用——Access 2010[M].北京：中国铁道出版社，2014